叶片泵先进优化理论与技术

裴　吉　王文杰　袁寿其　著

科学出版社

北　京

内 容 简 介

本书为叶片泵的水力优化设计提供了较为完整的先进理论和技术。全书共 10 章，第 1 章介绍叶片泵设计与优化方法的国内外研究现状及发展趋势；第 2～4 章分别阐述试验设计方法、近似模型方法和优化算法的基本理论与改进策略，提出改进的优化设计方法，并进行函数集验证分析；第 5 章论述叶片泵数值计算理论和自动优化的实现方法，对全自动优化设计平台的搭建和技术实现进行详细研究与阐述；第 6～10 章详细介绍先进优化理论与技术在离心泵、轴流泵和混流泵中的应用实例。本书为提高叶片泵性能提供了较高的理论和工程应用价值，同时相关优化技术对能源系统、机械工程等其他领域仍具有参考价值。

本书可供从事叶片泵及相关流体机械的优化设计等方面工作的专业人员阅读，也可作为高等学校研究生和本科生的参考用书。

图书在版编目（CIP）数据

叶片泵先进优化理论与技术 / 裴吉，王文杰，袁寿其著. —北京：科学出版社，2019.12

ISBN 978-7-03-063860-1

Ⅰ. ①叶…　Ⅱ. ①裴…　②王…　③袁…　Ⅲ. ①叶片泵－最优设计　Ⅳ. ①TH310.22

中国版本图书馆 CIP 数据核字（2019）第 295268 号

责任编辑：惠　雪　沈　旭　赵晓廷 / 责任校对：杨聪敏
责任印制：师艳茹 / 封面设计：许　瑞

科学出版社 出版
北京东黄城根北街 16 号
邮政编码：100717
http：//www.sciencep.com

北京九天鸿程印刷有限责任公司 印刷
科学出版社发行　各地新华书店经销

*

2019 年 12 月第　一　版　开本：720 × 1000　1/16
2019 年 12 月第一次印刷　印张：16 1/2
字数：331 000

定价：169.00 元

（如有印装质量问题，我社负责调换）

前　言

本书是关于叶片泵水力优化理论与技术的专著。叶片泵作为一种输送液体的流体机械，不仅广泛应用于石油、化工、水利、灌溉等工业和农业领域，而且是核电、航空航天、舰船和潜艇等高技术领域的关键设备，可以说凡是有液体流动的地方，就有泵在工作。泵消耗的能量十分可观，约占全国用电总量的17%，《中华人民共和国节约能源法》《节能减排“十二五”规划》等国家政策法规都将泵列为节能重点，其节能潜力巨大。因此，在全球能源危机的大背景下，进一步提高叶片泵的运行效率、降低系统能耗是当今社会发展的必然要求。

水力优化设计是提升叶片泵性能的最根本途径，是泵设计制造和技术研发过程中需要考虑的一个核心问题，相关的先进理论与技术已成为流体机械高端装备制造及工程应用领域的研究热点。随着我国社会经济和科学技术的发展，相关行业对叶片泵的性能都提出了越来越高的要求，已从仅考虑单个设计工况点、单个性能指标的设计向同时满足多个设计工况点、多种不同性能指标的方向发展，同时要考虑不同部件之间的水力配合关系，设计难度显著增加，仅依靠半经验半理论的水力设计方法已较难满足要求，因此需要进一步对水力优化的理论和技术进行探索。本书作者在国家杰出青年科学基金（50825902）、国家重点研发计划（2018YFB0606103）、国家科技支撑计划（2011BAF14B04、2014BAB08B01）、国家自然科学基金（51879121、51409123、51779107）等国家级课题资助下对叶片泵先进优化理论与技术进行了长期、系统、深入的研究及推广应用，针对叶片泵水力性能优化中所面临的诸多强非线性、多参数、多目标等复杂数学问题和技术瓶颈，从收敛速度、优化精度、寻优能力等方面对包括试验设计、近似模型及智能优化算法等在内的先进优化方法进行了研究，实现了对水泵优化问题的快速、高精度、全局寻优求解，取得了突破性进展，研究成果促进了高端泵装备制造行业基础理论及技术水平的提高，并成功实现了工程应用，对进一步提升水泵运行性能、扩宽高效运行范围具有重要的科学意义和工程应用价值。

全书共分10章，第1章介绍叶片泵设计与优化方法的国内外研究现状及发展趋势；第2章阐述全因子法、中心复合法、正交试验及拉丁方方法等试验设计的理论；第3章阐述响应面法、人工神经网络、Kriging模型和混合近似模型等的理论与实现；第4章论述梯度算法、遗传算法、粒子群算法、蝙蝠算法等智能优化算法的基本理论，并针对单目标和多目标优化的粒子群算法提出改进策略，获得改进的粒子群智能优化方法，并进行函数集验证分析；第 5 章论述叶片泵数值计算理论和自动优化的实现方法，对全自动优化设计平台的搭建和技术实现进行详细研究与阐述；第 6 章介绍管道离心泵多目标多参数优化技术的应用实例；第 7 章介绍双吸离心泵近似模型优化技术的应用实例；第 8 章介绍带导叶离心泵优化技术的应用实例；第 9 章介绍轴流泵近似模型优化技术的应用实例；第 10 章介绍混流泵正交试验优化技术的应用实例，书后还给出人工神经网络等五个 MATLAB 代码实例（请访问科学商城 www.ecsponline.com，检索图书名称“叶片泵先进优化理论与技术”，在图书详情页“资源下载”栏目中获取本书的程序代码）。本书具有较高的理论和工程实用价值，相关优化技术对能源系统、机械工程等其他领域仍具有参考价值。

在本书的撰写过程中，参阅了大量国内外同行的专著、学术论文、学位论文、研究报告及网络信息等，在此向这些研究成果的作者和发布者表示感谢。本书的撰写得到了江苏大学国家水泵及系统工程技术研究中心领导和同事的大力支持。甘星城、邓起凡、孟凡、尹庭赟、顾延东、陈金维、蒋伟、曹健、吴天澄等为本书的写作和出版做了大量工作，在此一并致以衷心的感谢。

由于作者水平有限，书中难免存在不妥和疏漏之处，敬请广大读者批评指正。

作　者

2019 年 8 月

目　　录

第 1 章　叶片泵设计优化研究现状及发展趋势

1.1　引　　言

水力优化设计是提升叶片泵性能的最根本途径，是水泵设计制造和技术研发过程中需要考虑的一个核心问题，相关的先进理论与技术已成为流体机械高端装备制造及工程应用领域的研究热点。随着我国社会经济和科学技术的发展，相关行业对叶片泵的性能都提出了越来越高的要求，已从仅考虑单个设计工况点、单个性能指标的设计向同时满足多个设计工况点、多种不同性能指标的方向发展，同时要考虑不同部件之间的水力配合关系，设计难度大大增加，仅依靠半经验半理论的水力设计方法已较难满足要求，因此需要进一步对水力优化的理论和技术进行探索。

本章将分别从水力设计方法和优化理论两个方面详细介绍叶片泵的研究现状，在分析相关研究进展、存在问题和技术瓶颈的基础上，进一步提出叶片泵优化设计研究的发展趋势，为后续探索出快速、准确、稳定、全局寻优的叶片泵优化设计方法与理论打下基础。

1.2　叶片泵设计研究现状

随着对泵内部流动的认识逐渐深入，泵设计理论逐渐从传统的一元设计方法发展到二元设计方法和三元设计方法。泵一元设计方法是基于 Euler 理论和相似流动理论基础的相似模型换算法和速度系数法。相似模型换算法是基于比转数相同的模型泵通过相似原理设计实型泵，如式（1.1）所示，这种设计方法的前提是有一个较完整的水力模型库。速度系数法则是建立在相似泵基础上，通过大量优秀水力模型的统计结果绘制速度系数图来计算泵几何参数。设计者需要根据丰富的设计经验合理选取相关系数[1, 2]。

$$\frac{D_2}{D_{2m}}=\sqrt[3]{\frac{n_m}{n}\cdot\frac{Q}{Q_m}}=\frac{n_m}{n}\cdot\sqrt{\frac{H}{H_m}} \tag{1.1}$$

式中，D_2、Q、n、H 分别为实型泵的叶轮出口直径、设计流量、转速和扬程；D_{2m}、Q_m、n_m、H_m 分别为模型泵的叶轮出口直径、设计流量、转速和扬程。

泵二元设计方法是假设叶轮叶片数无限多，流体在轴面上是一种对称的有势流动，速度矩为常数。轴面速度可以分解为轴面流线方向和过水断面方向的两个速度。其设计方法是对轴面流线进行精确求解绘制叶片骨线，这种方法常用于设计高比转数混流泵。代表性的研究工作是曹树良等[3]基于泵二元理论采用 Fortran 语言实现了高比转数混流泵叶轮设计，采用流线迭代法求解轴面流线并应用逐点积分绘制叶片；张永学等[4]采用泵二元理论设计了低比转数的复合叶轮。

泵三元设计方法考虑叶轮内复杂的三元流动，假设流动是不对称的，速度非均匀分布。泵三元设计方法主要分为正问题设计和反问题设计两种。正问题是已知流体几何参数，借助数值计算方法求解泵性能；反问题是根据泵性能和内部流动分布求解，获得合理的几何参数。目前泵的正问题设计发展相对较快，采用三维湍流数值模拟计算，并根据数值模拟结果进行反复迭代计算。随后，20 世纪 90 年代 Zangeneh 等[5, 6]提出了一种泵全三元反设计方法，给定叶轮轴面投影图、流量和转速等设计参数，设置叶片前后盖板的载荷分布，直接生成叶轮三维模型，再采用数值模拟对叶轮进行流场分析。三元反设计可借助由 Advanced Design Technology（ADT）公司开发的 Turbodesign 商业软件。三元反设计方法结合数值模拟大量应用于泵叶轮、导叶等水力部件设计[7, 8]。朱保林等[9]在对离心泵的研究现状分析中重点介绍了三元反设计方法。卢金铃等[10]根据液流角动量控制离心泵叶轮叶片载荷进行了设计。三元反设计叶轮载荷的表达式如式（1.2）所示：

$$p^{+} - p^{-} = \rho \frac{2\pi}{Z_{im}} c_m \frac{\partial (rc_u)}{\partial m} \tag{1.2}$$

式中，p^{+}为叶片压力面压力；p^{-}为叶片吸力面压力；ρ 为流体密度；Z_{im} 为叶片数；c_m 为流体的轴面速度；c_u 为圆周速度分量；r 为叶片半径；m 为相对轴面流线长度。

在以上三种泵设计方法中，一元设计理论对流体运动进行了较大简化；二元设计理论比较完善，比一元设计理论更为科学，更接近于真实流动；三元设计方法研究湍流运动的求解，其中反问题设计可根据泵内较为真实的流动情况开展。但总体而言，无论是一元设计理论、二元设计理论，还是三元设计理论，都依赖一定的设计经验，仍是半经验半理论的方法，特别是对于考虑多工况点情况的设计问题，只能提供泵的初始设计方案。为了获得满足设计要求、更高性能的水力设计方案，需进一步采用最优化理论开展叶片泵水力优化研究。

1.3　叶片泵优化研究现状

泵设计往往要借助经验公式，其系数多，需要反复尝试，才有可能使泵性能达到最优。随着计算流体力学和模拟软件的快速发展，目前广泛采用数值模拟代替试验获得泵外特性曲线，这无疑加快了泵设计效率，从而为泵性能快速提高奠定了基础。泵性能优化成为泵初始设计之后的重要研究目标，国内外专家学者对泵性能优化进行了理论公式推导、试验和数值模拟研究。相关研究工作主要分为如下五类。

1）研究单因素对泵性能的影响

研究单因素对泵性能的影响是一种快捷有效提高泵性能的方式。通过固定泵的其他几何参数，改变单一几何参数，得到其对性能的影响规律。Liu 等[11]采用数值模拟和试验测量研究了叶片数对离心泵性能的影响规律。黄茜等[12]研究了叶片包角对高比转数离心泵性能和压力脉动的影响规律，发现叶片包角对蜗壳内的流场影响较大。张翔等[13]采用数值模拟方法研究了叶片包角对离心泵性能的影响规律，结果表明，包角大的叶片能改善流动结构，但叶轮流道内摩擦损失也会增大。吴志旺等[14]分析了叶片进口安放角对离心泵性能的影响，结果表明，正冲角大于 20°时，泵空化性能下降且效率也下降。Bacharoudis 等[15]采用数值模拟研究叶片出口安放角对离心泵性能的影响。Shi 等[16]采用数值模拟方法和试验分析了叶轮不同叶片出口宽度对深井离心泵性能的影响规律。宋文武等[17]研究了三种不同叶片出口厚度对低比转数离心泵性能的影响规律，数值模拟结果表明，增加叶片出口厚度可提高泵的扬程，功率也有所提高。周岭[18]研究了斜切叶轮后盖板对深井离心泵性能的影响，指出减小后盖板直径可有效减少轴向力，但泵性能会下降。郎涛[19]分析了径向间隙对半开式叶轮的无堵塞泵性能的影响规律，结果表明，径向间隙增大，泵性能也会下降。Luo 等[20]分析了叶轮叶片进口边位置对离心泵性能和空化性能的影响，指出向叶轮进口延伸进口边和增加叶片进口角可提高离心泵性能和空化性能。除此之外，杨敏官等[21]、邴浩等[22]、常书平等[23]都开展了单因素对混流泵性能的影响。通过对单一因素的研究，可以增加泵设计者的设计经验，同时也能为同一类型泵的设计提供参考。

2）优化半理论半经验的泵性能表达式

在传统的水力设计中，通过简化推导泵内部流体运动规律以及统计大量优秀泵水力模型，泵设计方法更加完善[24-26]。如何选取合适的设计系数成为泵设计成功与否的关键，应用优化算法对泵性能数学表达式进行极值寻优在一定程度上克服了依靠经验选取设计系数的缺点。水力损失法是应用较为广泛的一种方法，理论推导的离心泵扬程损失数学模型如式（1.3）所示。王幼民等[27]以离心泵的功率损失模型和空化余量模型为优化目标，采用遗传算法对叶轮几何参数进行了优化设计。滕书格[28]提出了泵水力损失、空化性能和稳定性三目标函数与超传递近似法相结合的多目标优化方法，使用线性加权的方法将三目标函数转换成单一目标函数。王凯[29]建立了离心泵三工况下的扬程水力损失数学模型，采用模拟退火算法进行了多目标优化设计。Oh 等[30, 31]分别对离心泵和混流泵中的效率和空化余量的数学模型采用 Hooke-Jeeves 直接搜索法进行优化。

$$\eta = \frac{\rho g Q(H_t - \Delta h)}{\rho g(Q+q)H_t + P_m} \tag{1.3}$$

式中，g 为重力加速度；Q 为流量；H_t 为理论扬程；Δh 为扬程损失；q 为流量泄漏量；P_m 为机械损失。

3）应用试验设计方法优化泵性能

试验设计（design of experiment，DOE）[32]是研究制订合适的试验方案和合理分析试验数据的一种数学理论方法，能有效地改善产品性能和缩短产品优化设计周期，因此取代了成本较高且耗时长的试错法。试验设计可以借助相关软件如Minitab、JMP、Statgraphics、Design Expert 等开展优化设计研究。试验设计可分为正交试验设计、响应面设计（response surface design）、部分因子设计（fractional factorial design）、全因子设计（full factorial design）和随机产生的拉丁超立方试验设计（experimental design of Latin hypercube）等。这一类型的优化研究主要采用的是正交试验设计（orthogonal experimental design）方法。正交试验设计是一种多因素多水平的设计方法，其通过设计参数的个数和水平数选取合适的正交表，制订正交试验方案，直观地分析多个设计参数对优化目标的影响程度，再通过组合获得较优目标的单个因素得到新的最优组合方案。袁寿其[33]采用正交试验设计方法选取多因素二水平正交表对低比转数离心泵的高效和无过载特性进行了试验优化研究；应用极差分析方法得到各因素对效率和功率的影响程度，并获得了最优设计方案。张金凤[34]采用正交试验设计方法研究了分流叶片参数对低比转数离心泵的效率和无过载特性的影响，并总结了低比转数离心泵分流叶片的设计方法。陈松山等[35]和齐学义等[36]分别对低比转数叶轮的分流叶片进行了正交设计优化。Nataraj 等[37]采用田口试验设计方法（由日本的田口玄一博士提出，也称“正交试验设计”）对离心泵叶轮进行了试验和数值模拟相结合的优化设计。Spence 等[38]基于数值模拟方法采用田口试验设计方法研究了隔舌与叶轮间隔、叶轮与蜗壳间的轴向间隙、叶轮前盖板与蜗壳间隙以及叶轮背靠背叶片的相对角度四个变量对双吸离心泵性能的影响，而且分析了四个变量对压力脉动的影响规律。正交试验设计方法也成功地应用于其他类型泵叶轮[39-43]、导叶[44-47]和蜗壳[48]等的优化设计中。

4）试验设计与近似模型相结合优化泵性能

这一类型优化研究中的试验设计主要采用的是响应面设计、部分因子设计和拉丁方试验设计方法等；近似模型（surrogate model）主要采用的是响应面模型（response surface model）、克里金模型（Kriging model）、人工神经网络（artificial neural network）或径向基神经网络（radial basis function network）等。这一类的优化研究可借助相关商业软件如 Isight、Optimus 和 modeFRONTIER 等。试验设计的作用在于创建优化目标与设计变量之间一一对应的数据样本，优化目标可以是一个或者多个。近似模型的作用是建立优化目标值和设计变量之间高精度的近似数学函数表达式。采用优化算法对近似数学函数进行寻优求解，获得最优设计目标值和最优设计变量的组合。寻优求解主要采用的优化算法包括梯度下降法、多目标遗传算法、人工蚁群算法、粒子群算法等。因此，得到的优化方案参数组合比上一种方法得到的参数组合更具有优越性，此优化设计方法的流程示意图如图 1.1 所示。

邓文剑等[49]对离心泵叶轮的三个几何参数进行了 13 组均匀试验设计，建立了效率与设计参数之间的二次响应面函数，并应用序列二次规划方法对二次响应函数求解，得到最优叶轮设计参数组合。Kim 等[50]对混流泵的叶轮和导叶进行了扬程与效率两个目标的优化设计研究，采用 2^k 部分因子试验设计方法分别对叶轮和导叶进行了多方案设计，并采用基于曲线回归分析的响应面模型建立目标函数与设计变量的数学函数表达式。Kim 等[51]采用同样的优化方法应用于多相流泵的叶轮优化设计。Lian 等[52]采用响应面模型和进化算法对离心泵叶轮进行了多目标优化。Zhang 等[53]应用径向基神经网络和多目标进化算法优化离心泵的扬程、效率和空化性能。袁寿其等[54]采用 Kriging 近似模型和遗传算法相结合的方法对低比转数离心泵设计工况下的效率和扬程进行了多目标优化设计。王春林等[55]采用径向基神经网络和多目标遗传算法对混流泵进行优化。石丽建等[56]对轴流泵的性能开展了多目标优化设计。赵安[57]应用人工神经网络和多目标优化算法对低比转数离心泵的效率和空化进行了优化研究。谢蓉等[58]搭建了基于 Isight 软件调用计算流体力学软件 Numeca 的优化设计平台，提出了集成试验设计、近似模型和优化算法的核主泵水力模型优化策略。王文杰等[59]采用拉丁方试验设计方法对叶轮轴面投影图设计了四参数的 36 组方案设计，以数值模拟得到设计工况的效率为优化目标，采用径向基神经网络与遗传算法相结合的方法来优化叶轮轴面投影图。Derakhshan 等[60]采用人工神经网络和人工蚁群算法对叶轮轮毂直径、进口直径、出口直径和叶片出口宽度进行了优化设计。Nourbakhsh 等[61]将人工神经网络和优化算法（多目标遗传算法和多目标粒子群算法）相结合对离心泵的效率和空化性能进行多目标优化。Zhang 等[62]应用人工神经网络和多目标遗传算法对螺旋轴流多相流泵叶轮进行优化设计。Kim 等[63]对混流泵导叶采用人工神经网络建立数值模拟得到的效率和四个导叶几何参数之间的近似数学模型，并应用序列二次规划方法求解近似模型。Zhao 等[64]对双流道泵叶轮进行多目标优化设计，采用均匀试验设计对叶轮设计了 50 组方案，先应用人工神经网络建立了以扬程和效率为优化目标与设计变量之间的近似模型，再采用多目标遗传算法对近似模型进行寻优。赵斌娟等[65]采用相同的优化方法考虑水力和结构两方面优化蜗壳的四个参数，提高了蜗壳的水力性能、降低了蜗壳结构内的最大应力。肖若富等[66]基于反问题设计方法对混流泵叶轮进行了优化设计，以叶片载荷分布参数为设计变量，选取设计工况下的水力效率为优化目标，应用正交试验设计方法和响应面模型建立优化目标与设计变量的函数表达式。Huang 等[67]基于反问题设计方法采用人工神经网络和多目标遗传算法对混流泵叶轮叶片载荷进行了优化设计。Takayama 等[68]采用反问题设计方法结合正交试验设计、响应面模型和多目标遗传算法对高比转数混流泵的叶轮和导叶进行了多目标优化研究。这一类的优化设计方法也可应用于优化水泵水轮机[69, 70]、压缩机[71, 72]和风机[73, 74]等其他种类流体机械领域。

5）应用智能算法提高泵性能

智能算法与第四种优化方法的不同之处在于不采用近似模型建立设计目标与设计变量之间的数学模型，而是采用智能算法对设计目标值直接进行寻优，不用求解目标具体的数学函数，此算法的优化流程图如图 1.2 所示。Wahba 等[75]首次采用遗传算法对泵性能进行了优化。郭涛等[76]采用 Fortran 语言实现了泵叶轮的三维设计、遗传算法和 Numeca 软件的性能预测三部分的联合，对泵的效率和扬程进行了自动多目标优化。Zangeneh 等[77]基于 Isight 软件平台采用多目标遗传算法结合三元反设计软件 Turbodesign 对离心泵的空化性能和叶轮叶片进口边的扫掠角两个目标进行了优化。王文杰[78]采用粒子群算法结合数值计算，实现了离心泵性能的自动优化。除此之外，这一类优化方法还应用于轴流泵[79, 80]、混流泵[81]、翼型[82]和压气机[83]等的性能优化。然而，目前这一种优化方法应用相对较少，其主要原因是所采用的遗传算法需要进行大量的迭代计算，计算周期长。

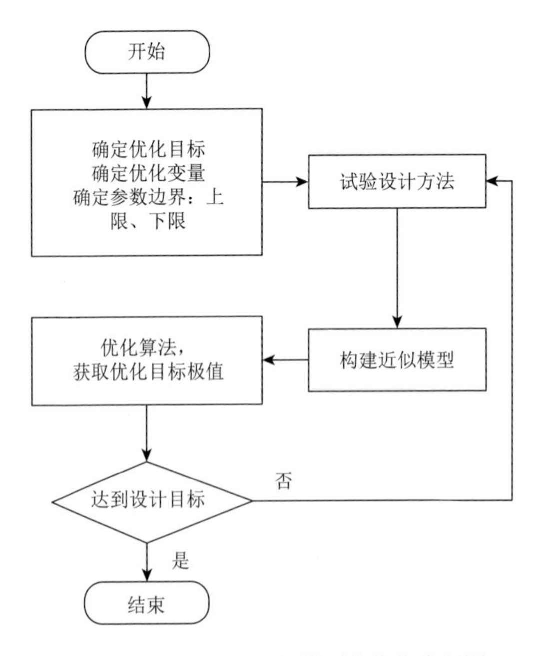

图 1.1　试验设计与近似模型的优化流程图

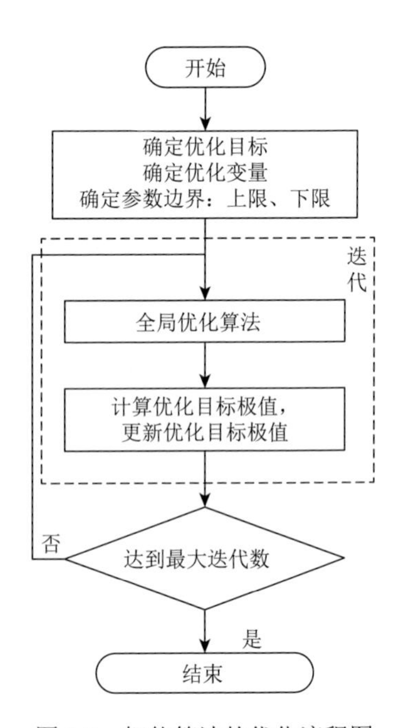

图 1.2　智能算法的优化流程图

表 1.1 总结了泵性能提高所采用的不同优化方法的优点和缺点。从表中可以看出，泵的优化方法经历了从简单到复杂、从考虑单因素到考虑多因素、从离散点因素到连续因素的发展过程，目前已经发展到设计因素随算法迭代更新优化的新阶段。

表 1.1　泵不同优化方法的优缺点对比

优化方法	优点	缺点
单一变量	基于设计经验快速提高性能，易修改参数	无法获得最优解
优化理论公式	直观建立半经验半理论性能公式	优化结果依赖经验系数的准确性
单一试验设计方法	优化周期短，分析参数影响程度顺序及参数之间的相关性，易获得最优方案匹配	优化结果取决于参数界限，无法找到最优解，设计参数个数受设计标准表的限制
试验设计与近似模型的结合	优化周期短，建立性能与参数之间高精度的近似数学函数表达式，易获得最优方案匹配	近似模型与真实性能有误差，无法找到最优解，设计参数个数受限制，数学模型变得更加复杂
智能优化算法	以性能为优化目标，直接优化参数，找到最优解，优化参数数量多	理论上可以找到最优解，优化周期长，计算资源消耗大

1.4　优化设计发展趋势

水力设计理论是获得高性能叶片泵的基础。传统的水力设计方法经过近几十年的不断发展和改进，已经能够帮助指导高性能水力模型的设计，这种理论基于所积累的实践经验和大量优秀水力模型的试验数据，能够较为合理地给定水力模型的主要几何参数范围。然而，这种方法仍是半经验半理论的，只能在一定程度上对考虑单个设计工况点、单个性能指标的设计给出初始设计方案，而对于多个设计工况点、多种不同性能指标以及需要考虑不同部件之间水力配合关系的设计问题，仅利用传统设计理论难度无疑是大大增加的。而借助计算流体动力学（computational fluid dynamics，CFD）或模型试验的最优化迭代，能够逐步趋近最优的设计方案。叶片泵由于内部复杂的湍流流动特性，很难从理论上建立多目标与部件几何参数之间的非线性数学表达式，同时多种优化目标之间往往也是相互制约、互相矛盾的，因此对于叶片泵的优化是一个极其繁杂的过程。目前，叶片泵的优化主要采用试验设计方法、近似模型法和智能优化算法等，不同的优化方法各有优缺点，在收敛速度、优化精度、寻优能力等方面各具特色，因此需要根据叶片泵不同的优化设计问题进行具体分析，探究不同优化方法的选择原则和适应性，对优化问题实现快速、稳定、高精度、全局的求解。

参 考 文 献

[1] 关醒凡. 现代泵理论与设计[M]. 北京：中国宇航出版社，2011.

[2] Gülich J F. Centrifugal Pumps[M]. Berlin：Springer，2008.

[3] 曹树良，梁莉，祝宝山，等. 高比转速混流泵叶轮设计方法[J]. 江苏大学学报（自然科学版），2005，26（3）：185-188.

[4] 张永学，周鑫，姬忠礼，等. 低比转数离心泵的水力设计及性能预测[J]. 排灌机械工程学报，2013，31（4）：300-304.

[5] Zangeneh M. Inviscid-viscous interaction method for 3D inverse design of centrifugal impellers[C]//ASME 1993 International Gas Turbine and Aeroengine Congress and Exposition，1993：V001T03A044.

[6] Zangeneh M，Goto A，Harada H. On the design criteria for suppression of secondary flows in centrifugal and mixed flow impellers[C]//ASME 1997 International Gas Turbine and Aeroengine Congress and Exhibition，1997：V001T03A058.

[7] Goto A，Nohmi M，Sakurai T，et al. Hydrodynamic design system for pumps based on 3-D CAD，CFD，and inverse design method[J]. Journal of Fluids Engineering，2002，124（2）：329-335.

[8] Goto A，Zangeneh M. Hydrodynamic design of pump diffuser using inverse design method and CFD[J]. Journal of Fluids Engineering，2002，124（2）：319-328.

[9] 朱保林，张淑佳，林锋，等. 离心泵叶轮设计方法现状与发展趋势[J]. 水泵技术，2005，（2）：25-28.

[10] 卢金铃，席光，祁大同，等. 离心泵三元扭曲叶片设计的研究[J]. 工程热物理学报，2002，23（1）：61-64.

[11] Liu H，Wang Y，Yuan S，et al. Effects of blade number on characteristics of centrifugal pumps[J]. Chinese Journal of Mechanical Engineering，2010，23（6）：742-747.

[12] 黄茜，袁寿其，张金凤，等. 叶片包角对高比转数离心泵性能的影响[J]. 排灌机械工程学报，2016，34（9）：742-747.

[13] 张翔，王洋，徐小敏，等.叶片包角对离心泵性能的影响[J]. 农业机械学报，2010，（11）：38-42.

[14] 吴志旺，见文，刘卫伟.叶片进口安放角对离心泵性能影响[J]. 水电能源科学，2012，30（9）：133-135.

[15] Bacharoudis E C，Filios A E，Mentzos M D，et al. Parametric study of a centrifugal pump impeller by varying the outlet blade angle[J]. Open Mechanical Engineering Journal，2008，2（5）：75-83.

[16] Shi W，Zhou L，Lu W，et al. Numerical prediction and performance experiment in a deep-well centrifugal pump with different impeller outlet width[J]. Chinese Journal of Mechanical Engineering，2013，26（1）：46-52.

[17] 宋文武，金永鑫，符杰，等. 叶片厚度对低比转速离心泵性能影响的研究[J]. 热能动力工程，2015，30（3）：442-446.

[18] 周岭.新型深井离心泵设计方法与试验研究[D]. 镇江：江苏大学，2014.

[19] 郎涛. 前伸式双叶片环保泵内部流动机理与水力设计方法研究[D]. 镇江：江苏大学，2015.

[20] Luo X，Zhang Y，Peng J，et al. Impeller inlet geometry effect on performance improvement for centrifugal pumps[J]. Journal of Mechanical Science and Technology，2008，22（10）：1971-1976.

[21] 杨敏官，陆胜，高波，等. 叶片厚度对混流式核主泵叶轮能量性能影响研究[J]. 流体机械，2015（5）：28-32.

[22] 邴浩，谭磊，曹树良. 叶片数及叶片厚度对混流泵性能的影响[J]. 水力发电学报，2013，32（6）：250-255.

[23] 常书平，王永生，靳栓宝，等. 载荷分布规律对混流泵叶轮设计的影响[J]. 排灌机械工程学报，2013，31（2）：123-127.

[24] 何希杰，劳学苏. 离心泵系数法设计中新的统计曲线和公式[J]. 水泵技术，1997，（5）：30-37.

[25] 谈明高，刘厚林，袁寿其. 离心泵水力损失的计算[J]. 江苏大学学报（自然科学版），2007，28（5）：405-408.

[26] 牟介刚. 离心泵现代设计方法研究和工程实现 [D]. 杭州：浙江大学，2005.

[27] 王幼民，唐铃凤. 低比转速离心泵叶轮多目标优化设计[J]. 机电工程，2001，18（1）：52-54.

[28] 滕书格. 离心泵水力模型多目标优化研究[D]. 济南：山东大学，2008.

[29] 王凯. 离心泵多工况水力设计和优化及其应用 [D]. 镇江：江苏大学，2011.

[30] Oh H W，Kim K Y. Conceptual design optimization of mixed-flow pump impellers using mean streamline analysis[J]. Proceedings of the Institution of Mechanical Engineers，Part A：Journal of Power and Energy，2001，215（1）：133-138.

[31] Oh H W，Chung M K. Optimum values of design variables versus specific speed for centrifugal pumps[J]. Proceedings of the Institution of Mechanical Engineers，Part A：Journal of Power and Energy，1999，213（3）：219-226.

[32] 任露泉. 试验设计及其优化[M]. 北京：科学出版社，2009.

[33] 袁寿其. 低比转速离心泵理论与设计[M]. 北京：机械工业出版社，1997.

[34] 张金凤. 带分流叶片离心泵全流场数值预报和设计方法研究[D]. 镇江：江苏大学，2007.

[35] 陈松山，周正富，葛强，等. 长短叶片离心泵正交试验研究[J]. 扬州大学学报（自然科学版），2005，8（4）：45-48.

[36] 齐学义，胡家昕，田亚斌. 超低比转速高速离心泵复合式叶轮的正交设计[J]. 排灌机械，2009，27（6）：341-346.

[37] Nataraj M，Arunachalam V P. Optimizing impeller geometry for performance enhancement of a centrifugal pump using the Taguchi quality concept[J]. Proceedings of the Institution of Mechanical Engineers，Part A：Journal of Power and Energy，2006，220（7）：765-782.

[38] Spence R，Amaral-Teixeira J. A CFD parametric study of geometrical variations on the pressure pulsations and performance characteristics of a centrifugal pump[J]. Computers & Fluids，2009，38（6）：1243-1257.

[39] 张金亚，朱宏武，李艳，等. 基于正交设计方法的混输泵叶轮优化设计[J]. 中国石油大学学报（自然科学版），2009，33（6）：105-110.

[40] 王洪亮，施卫东，陆伟刚，等. 基于正交试验的深井泵优化设计[J]. 农业机械学报，2010，（5）：56-63.

[41] 王秀礼，朱荣生，苏保稳，等. 无过载旋流泵正交设计数值模拟与试验[J]. 农业机械学报，2012，43（1）：48-51.

[42] 付强，习毅，朱荣生，等. AP1000 核主泵的优化设计及试验研究[J]. 原子能科学技术，2015，49（9）：1648-1654.

[43] Si Q，Yuan S，Yuan J，et al. Multiobjective optimization of low-specific-speed multistage pumps by using matrix analysis and CFD method[J]. Journal of Applied Mathematics，2013，2013：136195.

[44] 周岭，施卫东，陆伟刚，等. 井用潜水泵导叶的正交试验与优化设计[J]. 排灌机械工程学报，2011，29（4）：312-315.

[45] 王秀勇，黎义斌，齐亚楠，等. 基于正交试验的核主泵导叶水力性能数值优化[J]. 原子能科学技术，2015，49（12）：2181-2188.

[46] Wang W，Yuan S，Pei J，et al. Optimization of the diffuser in a centrifugal pump by combining response surface method with multi-island genetic algorithm[J]. Proceedings of the Institution of Mechanical Engineers，Part E：Journal of Process Mechanical Engineering，2017，231（2）：191-201.

[47] Long Y，Zhu R，Wang D，et al. Numerical and experimental investigation on the diffuser optimization of a reactor coolant pump with orthogonal test approach[J]. Journal of Mechanical Science and Technology，2016，30（11）：

4941-4948.

[48] 王春林，刘红光，司艳雷，等. 基于正交设计法的旋流自吸泵泵体结构优化[J]. 排灌机械，2009，27（4）：224-227.

[49] 邓文剑，楚武利，吴艳辉，等. 基于试验设计近似模型优化方法及其在离心泵上的应用[J]. 西北工业大学学报，2008，26（6）：707-711.

[50] Kim S，Lee K Y，Kim J H，et al. High performance hydraulic design techniques of mixed-flow pump impeller and diffuser[J]. Journal of Mechanical Science and Technology，2015，29（1）：227-240.

[51] Kim J H，Lee H C，Kim J H，et al. Improvement of hydrodynamic performance of a multiphase pump using design of experiment techniques[J]. Journal of Fluids Engineering，2015，137（8）：81301.

[52] Lian Y，Liou M S. Multiobjective optimization using coupled response surface model and evolutionary algorithm[J]. AIAA Journal，2005，43（6）：1316-1325.

[53] Zhang Y，Wu J，Zhang Y，et al. Design optimization of centrifugal pump using radial basis function metamodels[J]. Advances in Mechanical Engineering，2014，6：457542.

[54] 袁寿其，王文杰，裴吉，等. 低比转数离心泵的多目标优化设计[J]. 农业工程学报，2015，31（5）：46-52.

[55] 王春林，叶剑，曾成，等. 基于 NSGA-Ⅱ 遗传算法高比转速混流泵多目标优化设计[J]. 农业工程学报，2015，31（18）：100-106.

[56] 石丽建，汤方平，刘超，等. 轴流泵多工况优化设计及效果分析[J]. 农业工程学报，2016，32（8）：63-69.

[57] 赵安. 低比转速离心泵的多目标优化与湍流模拟方法研究[D]. 杭州：浙江大学，2015.

[58] 谢蓉，郝首婷，金伟楠，等. 基于近似模型核主泵模型泵水力模型优化设计[J]. 工程热物理学报，2016，37（7）：1427-1431.

[59] 王文杰，裴吉，袁寿其，等. 基于径向基神经网络的叶轮轴面投影图优化[J]. 农业机械学报，2015，46（6）：78-83.

[60] Derakhshan S，Pourmahdavi M，Abdolahnejad E，et al. Numerical shape optimization of a centrifugal pump impeller using artificial bee colony algorithm[J]. Computers & Fluids，2013，81：145-151.

[61] Nourbakhsh A，Safikhani H，Derakhshan S. The comparison of multi-objective particle swarm optimization and NSGA II algorithm：Applications in centrifugal pumps[J]. Engineering Optimization，2011，43（10）：1095-1113.

[62] Zhang J，Zhu H，Yang C，et al. Multi-objective shape optimization of helico-axial multiphase pump impeller based on NSGA-II and ANN[J]. Energy Conversion and Management，2011，52（1）：538-546.

[63] Kim J H，Kim K Y. Analysis and optimization of a vaned diffuser in a mixed flow pump to improve hydrodynamic performance[J]. Journal of Fluids Engineering，2012，134（7）：71104.

[64] Zhao B，Wang Y，Chen H，et al. Hydraulic optimization of a double-channel pump's impeller based on multi-objective genetic algorithm[J]. Chinese Journal of Mechanical Engineering，2015，28（3）：634-640.

[65] 赵斌娟，仇晶，赵尤飞，等. 双流道泵蜗壳多目标多学科设计优化[J]. 农业机械学报，2015，46（12）：96-101.

[66] 肖若富，陶然，王维维，等. 混流泵叶轮反问题设计与水力性能优化[J]. 农业机械学报，2014，45（9）：84-88.

[67] Huang R F，Luo X W，Ji B，et al. Multi-objective optimization of a mixed-flow pump impeller using modified NSGA-II algorithm[J]. Science China Technological Sciences，2015，58（12）：2122-2130.

[68] Takayama Y，Watanabe H. Multi-objective design optimization of a mixed-flow pump[C]//ASME 2009 Fluids Engineering Division Summer Meeting，2009：371-379.

[69] Yang W，Xiao R. Multiobjective optimization design of a pump-turbine impeller based on an inverse design using a combination optimization strategy[J]. Journal of Fluids Engineering，2014，136（1）：14501.

[70] Zhu B，Wang X，Tan L，et al. Optimization design of a reversible pump-turbine runner with high efficiency and

stability[J]. Renewable Energy，2015，81：366-376.

[71] Samad A，Kim K Y，Goel T，et al. Multiple surrogate modeling for axial compressor blade shape optimization[J]. Journal of Propulsion and Power，2008，24（2）：301-310.

[72] Kim J H，Choi J H，Husain A，et al. Multi-objective optimization of a centrifugal compressor impeller through evolutionary algorithms[J]. Proceedings of the Institution of Mechanical Engineers，Part A：Journal of Power and Energy，2010，224（5）：711-721.

[73] Kim K Y，Seo S J. Shape optimization of forward-curved-blade centrifugal fan with Navier-Stokes analysis[J]. Transactions of the ASME Journal of Fluids Engineering，2004，126（5）：735-742.

[74] Kim J H，Choi J H，Husain A，et al. Performance enhancement of axial fan blade through multi-objective optimization techniques[J]. Journal of Mechanical Science and Technology，2010，24（10）：2059-2066.

[75] Wahba W，Tourlidakis A. A genetic algorithm applied to the design of blade profiles for centrifugal pump impellers[C]//15th AIAA Computational Fluid Dynamics Conference，2001：2582.

[76] 郭涛，李国君，田辉，等. 基于遗传算法的离心泵叶轮参数化造型及优化设计[J]. 排灌机械工程学报，2010，28（5）：384-388.

[77] Zangeneh M，Daneshkhah K. A fast 3D inverse design based multi-objective optimization strategy for design of pumps[C]//ASME 2009 Fluids Engineering Division Summer Meeting，2009：425-431.

[78] 王文杰. 基于改进 PSO 算法的带导叶离心泵性能优化及非定常流动研究[D]. 镇江：江苏大学，2017.

[79] Zhang J，Zhu H，Li Y，et al. Shape optimization of helico-axial multiphase pump impeller based on genetic algorithm[C]//5th IEEE International Conference on Natural Computation，2009，4：408-412.

[80] 夏水晶. 轴流泵的叶片优化及内部流动特性研究[D]. 镇江：江苏大学，2016.

[81] Ashihara K，Goto A. Turbomachinery blade design using 3-D inverse design method，CFD and optimization algorithm[C]//ASME Turbo Expo 2001：Power for Land，Sea，and Air，2001：V001T03A053.

[82] Yang B，Xu Q，He L，et al. A novel global optimization algorithm and its application to airfoil optimization[J]. Journal of Turbomachinery，2015，137（4）：41011.

[83] Verstraete T，Alsalihi Z，van den Braembussche R A. Multidisciplinary optimization of a radial compressor for microgas turbine applications[J]. Journal of Turbomachinery，2010，132（3）：31004.

第 2 章　试验设计方法

试验设计（DOE）是以概率论和数理统计为理论基础，经济、高效、科学地安排试验的一种技术。试验设计主要对试验进行合理安排，以较小的试验规模（试验次数）、较短的试验周期和较低的试验成本，获得理想的试验结果以及得出科学的结论[1-5]。本章主要介绍几种常用的试验设计方法及相关分析方法。

2.1　试 验 设 计

试验设计最早由英国统计学家 Fisher 于 20 世纪 20 年代在农业生产中提出，用于研究雨水、浇灌水及日照等情况对农作物产量的影响。50 年代，日本统计学家田口玄一将试验设计中应用最为广泛的正交设计表格化，用于制造业，帮助获得低成本、高质量的产品。

一般情况下，为获得设计变量对目标的影响，从而去除影响较小的设计变量，确定影响较大的设计变量，并将其应用于优化，获得结构化的数据，以构建近似模型，得到优化设计的粗略估计，常常采用试验设计。

试验设计具有以下优点：①能够有效抽样，节省系统空间，有效避免信息冗余；②试验方案由设计者控制，试验方案和试验结果可再现；③试验设计的结果可以自然地过渡到稳健设计；④试验设计可用于估计优化结果，作为进一步优化的初始点。

通过试验设计方法，可以利用较少的试验次数分析设计变量对设计目标的影响程度，获得最优方案，同时可以去除影响较小的设计变量，对影响较大的设计变量再次进行试验设计，获得较为精确的最优方案；并且可以根据试验设计方案为近似模型的建立提供数据样本。

2.2　常用的试验设计方法

常用的试验设计方法有全因子法、中心复合法、正交试验和拉丁方方法等。

2.2.1　全因子法

全因子法是指将每一个因子的不同水平组合，进行相同数目的试验。表 2.1 为全因子法的示意。X_1、X_2、X_3 为设计参数，称为因子，各因子的值为水平，即表 2.1 中共有 3 个因子，每个因子 2 个水平，则一共需要进行 8 次试验。若一项试验中有 m 个因子，每个因子 n 个水平，则需要进行 n^m 次试验。

表 2.1　全因子法的示意

序号	X_1	X_2	X_3
1	1	1	1
2	2	1	1
3	1	2	1
4	2	2	1
5	1	1	2
6	2	1	2
7	1	2	2
8	2	2	2

由于全因子法是所有因子所有水平的完全组合，所以其结论是最真实可靠的，但是对于因子数或水平数较多的场合，需要进行大量的试验，因此全因子法适用于因子数和水平数均不是很多的场合。

2.2.2　中心复合法

中心复合法是最常用的响应面设计方法，以全因子设计和部分因子设计为基础，由中心点、立方点和轴向点（星点）试验三个部分组成。图 2.1 为 2 因子 2 水平中心复合法示意图，每个因子有 1、−1 两个水平。图 2.1 中，（0, 0）为中心点，（1, 1）、（−1, 1）、（1, −1）、（−1, −1）为立方点，（a, 0）、（$-a$, 0）、（0, b）、（0, $-b$）为轴向点。

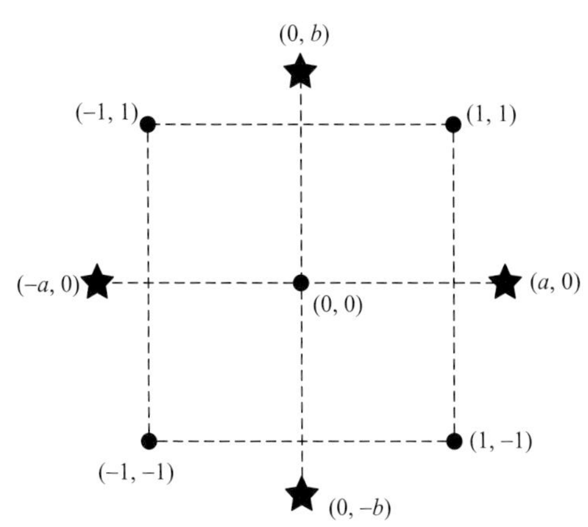

图 2.1　2 因子 2 水平中心复合法示意图

中心复合设计可以进行因子数为 2～6 个的试验，可以通过向以前运行的因子添加轴向点和中心点，基于以前的因子进行试验，常用于需要对因子的非线性影响进行测试的试验中。

2.2.3 正交试验

正交试验是研究多因子多水平的一种设计方法，根据正交性从全因子试验中挑选出部分具有代表性的点进行试验，用最少的试验次数，得到更多的信息。日本统计学家田口玄一将正交试验选择的水平组合表格化，称为正交表。

正交表分为等水平正交表和混合水平正交表，其中等水平正交表最常用。等水平正交表各因子水平数相等，记作 $L_n(r^m)$，L 是正交表代号，n 是试验次数（正交表行数），r 是因子水平数，m 是因子数（正交表列数）。表中每一列中各数字出现的次数都一样多，且任意两列之间各种不同水平组合出现的次数相等。表 2.2 为 $L_9(3^4)$ 正交表，其有 4 个因子，各因子 3 个水平，共 9 次试验。

表 2.2 $L_9(3^4)$ 正交表

试验号	列号			
	1	2	3	4
1	1	1	1	1
2	1	2	2	2
3	1	3	3	3
4	2	1	1	3
5	2	2	2	1
6	2	3	3	2
7	3	1	1	2
8	3	2	2	3
9	3	3	3	1

与全因子法和中心复合法相比，正交试验可以均匀地挑选出代表性强的少数试验方案，由较少的试验结果推出相对较优的方案，常用于建立近似模型。

2.2.4 拉丁方方法

拉丁方方法（图 2.2（a））是在设计空间均匀采样，每个因子都有 n 个水平，所有水平随机组合，指定 n 个点，每个因子水平只研究一次，因此对每个因子可以研究更多点和更多组合。

在拉丁方方法的基础上又发展出优化拉丁方方法（图 2.2（b）），在拉丁方方法的因子水平随机组合上外加一个准则，以此准则进行拉丁超立方抽样（Latin hypercube sampling，LHS），求得在此准则下的最优设计。

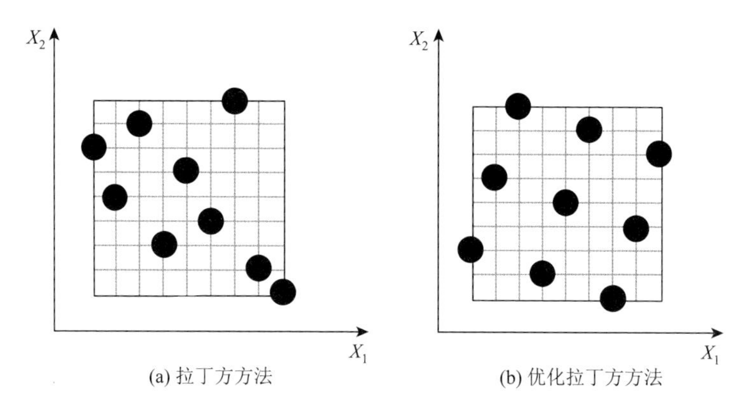

(a) 拉丁方方法　　(b) 优化拉丁方方法

图 2.2　拉丁方方法和优化拉丁方方法示意图

2.3　极差分析

极差分析法具有计算简单、直观形象、简单易懂的特点。极差分析法又称 R 法，包括计算和判断两个步骤，其内容如图 2.3 所示。图中，K_{jm} 为第 j 列因子 m 水平所对应的试验指标和，$\overline{K}_{jm}$ 为 K_{jm} 的平均值。由 $\overline{K}_{jm}$ 的大小可以判断 j 因子的优水平和各因子的优水平组合，即最优组合。R_j 为第 j 列因子的极差，即 j 列因子各水平下的指标值的最大值与最小值之差（$R_j=\max(\overline{K}_{j1},\overline{K}_{j2},\cdots,\overline{K}_{jm})-\min(\overline{K}_{j1},\overline{K}_{j2},\cdots,\overline{K}_{jm})$）。$R_j$ 越大，说明该因子对试验指标的影响越大。

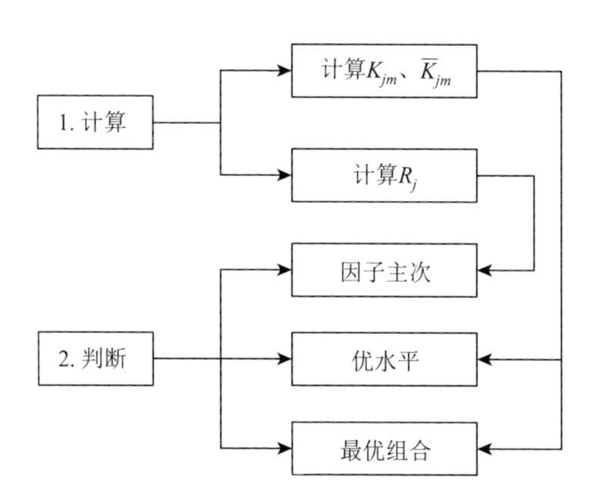

图 2.3　极差分析法示意图

通过简单的计算和判断，可以求得试验的优化成果（主次因子、优水平、优搭配及最优组合），能比较圆满迅速地达到一般试验的要求。它在试验误差不大、精度要求不高的各种场合中，在筛选因子的初步试验中，在寻求最优生产条件、最佳工艺、最好配方的科研生产实际中都能得到广泛的应用。极差分析法是正交设计中常用的方法之一。但是，由于极差分析法不能充分利用试验数据所提供的信息，因此其应用还受到一定的限制。

2.4 方差分析

方差分析用于两个及两个以上样本均数差别的显著性检验。由于各种因素的影响，研究所得的数据呈现波动状。造成波动的原因可分成两类：一类是不可控的随机因素，即随机误差，如测量误差造成的差异或个体间的差异，称为组内差异，用变量在各组的均值与该组内变量值之偏差平方和的总和表示；另一类是研究中施加的对结果形成影响的可控因素，即不同的处理造成的差异，称为组间差异，用变量在各组的均值与总均值之偏差平方和的总和表示。

对于单因素试验，总离差的平方和 $S_{\mathrm{T}}=\sum_{k=1}^{n}(x_k-\overline{x})^2=\sum_{k=1}^{n}x_k^2-\frac{1}{n}\left(\sum_{k=1}^{n}x_k^2\right)$，令 $Q_{\mathrm{T}}=\sum_{k=1}^{n}x_k^2$，$P=\frac{1}{n}\left(\sum_{k=1}^{n}x_k^2\right)$，记作 $S_{\mathrm{T}}=Q_{\mathrm{T}}-P$，它反映了试验结果的总差异，其值越大，说明各次试验的结果之间的差异越大。

对于多因素试验，因素 A 的离差平方和 $S_A=\frac{1}{a}\sum_{i=1}^{n_a}\left(\sum_{j=1}^{a}x_{ij}\right)^2-\frac{1}{n}\left(\sum_{i=1}^{n_a}\sum_{j=1}^{a}x_{ij}\right)^2$，令 $K_i=\sum_{j=1}^{a}x_{ij}$，$Q_A=\frac{1}{a}\sum_{i=1}^{n_a}\left(\sum_{j=1}^{a}x_{ij}\right)^2$，$P=\frac{1}{n}\left(\sum_{i=1}^{n_a}\sum_{j=1}^{a}x_{ij}\right)^2$，则 $S_A=Q_A-P$，x_{ij} 为因素 A 的第 i 个水平的第 j 个试验的结果（$i=1,2,\cdots,n_a$；$j=1,2,\cdots,a$）。K_i 表示因素第 i 个水平 a 次试验结果的和；S_A 反映了因素 A 对试验结果的影响。用同样的方法计算得到其他因素和交互作用的离差平方和。

设 $S_{因+交}$ 为所有因素及要考虑的交互作用的离差平方和，因为总离差的平方和 $S_{\mathrm{T}}=S_{因+交}+S_{\mathrm{E}}$，所以试验误差的离差平方和 $S_{\mathrm{E}}=S_{\mathrm{T}}-S_{因+交}$。

在得到各离差平方和后，计算其自由度：试验的总自由度 $f_{总}$ = 试验总次数 $-1=n-1$；各因素的自由度 $f_{因}$ = 因素的水平数 $-1=n_a-1$；两因素交互作用的自由度等于两因素的自由度之积 $f_{A\times B}=f_A\cdot f_B$；试验误差的自由度 $f_{\mathrm{E}}=f_{总}-f_{因+交}$。

在计算各因素离差平方和时，它们都是若干项平方的和，它们的大小与项数有关，因此不能确切反映各因素的情况。为了消除项数的影响，计算它们的平均离差平方和。

$$因素的平均离差平方和=\frac{因素的离差平方和}{因素的自由度}=\frac{S_{因}}{f_{因}}。$$

$$试验误差的平均离差平方和=\frac{试验误差的离差平方和}{试验误差的自由度}=\frac{S_{E}}{f_{E}}。$$

将各因素的平均离差平方和与误差的平均离差平方和相比，得出 F 值，即 $F=\dfrac{因素的平均离差平方和}{误差的平均离差平方和}$，$F$ 的大小反映了各因素对试验结果的影响程度。

给出检验水平 α，从 F 分布表中查出临界值 $F_{\alpha}(f_{因},f_{E})$。将计算出的 F 值与该临界值比较，若 $F>F_{\alpha}(f_{因},f_{E})$，则说明该因素对试验结果的影响显著，两数差别越大，说明该因素的显著性越大。

参 考 文 献

[1]　任露泉. 试验设计及其优化[M]. 北京：科学出版社，2009.

[2]　葛宜元. 试验设计方法与 Design-Expert 软件应用[M]. 哈尔滨：哈尔滨工业大学出版社，2015.

[3]　陈立宇，张秀成. 试验设计与数据处理[M]. 西安：西北大学出版社，2014.

[4]　郑杰. 试验设计与数据分析[M]. 广州：华南理工大学出版社，2016.

[5]　钱建魁. 基于水动力性能的船型多学科优化设计[D]. 武汉：武汉理工大学，2011.

第 3 章　近似模型方法

近似模型方法是利用少量样本数据，通过插值或拟合数学方法，建立复杂的近似函数表达式，从而减少试验次数，提高优化效率。近似模型方法是解决复杂工程优化问题的最有效途径之一[1]。本章主要介绍几种常见的近似模型方法，如响应面法、人工神经网络和 Kriging 模型等。

3.1　响 应 面 法

响应面法（response surface methodology）与试验设计密切相关，其核心理念是利用试验设计结果建立在设计空间范围内响应变量和设计变量间的近似数学表达式，是一种试验设计结合数学建模的优化方法[2, 3]。

响应面法的优势在于，以较少的试验次数拟合全局范围内响应值与设计变量间一一映射的数学关系，还可得到最优设计变量组合，使目标达到最优。响应面法的优化思路如图 3.1 所示。

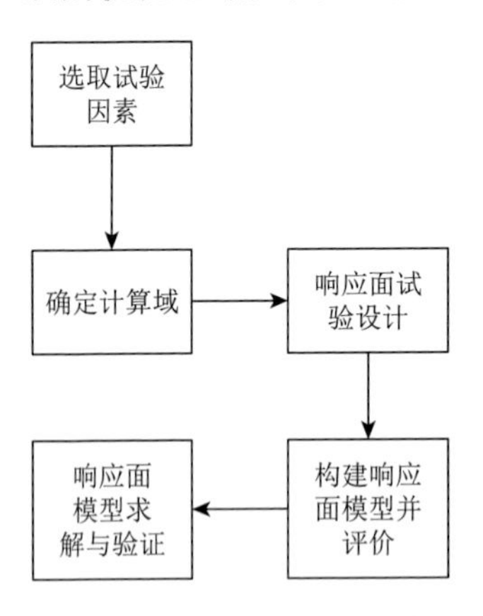

图 3.1　响应面法的优化思路图

响应面法的原理是基于试验设计结合数理统计的方法，构建多项式方程或者非多项式方程。根据 Weierstrass 逼近定理，在一定区间上，连续函数均可用多项式序列一致逼近。在工程实际问题中，即使设计变量和目标变量之间存在较为复杂的非线性关系，也可以用多项式近似模型进行分析。

多元线性和非线性回归模型常用来近似表达响应目标和设计变量之间的关系，其优点为显性表达、收敛速度快、计算量小等，是目前使用最为广泛的优化方法之一。

一般而言，系统响应变量 Y 与实际变量 x 的关系可以表示为

$$Y = y(x) + \varepsilon \tag{3.1}$$

式中，$y(x)$ 为未知函数；x 为设计变量；ε 为随机误差。

针对系统试验设计，用得到的数据拟合函数中系统响应变量和设计变量的关系，表达式如下：

$$Y = \tilde{y}(x) + \sigma \tag{3.2}$$

式中，σ 为响应面系统总误差，包含随机误差、系统误差和建模误差；$\tilde{y}(x)$ 为 $y(x)$ 的近似函数，即 $\tilde{y}(x)$ 为 $y(x)$ 的响应面。

建立响应面的关键在于使近似模型更贴近真实响应变量和设计变量间的函数关系。响应变量和设计变量间的函数关系表达式为

$$\tilde{y}(x) = \alpha_0 + \sum_{i=1}^{k} \alpha_i \varphi_i(x) \tag{3.3}$$

式中，$\varphi_i(x)$ 为基函数；α_i 为基函数系数；k 为基函数个数。

一般而言，基函数阶数越高，响应面函数就越接近 $y(x)$。但在工程应用中，过高的阶数会降低计算效率，增加计算成本。因此，通常采用一阶或二阶多项式进行拟合。

使用一阶多项式进行拟合时，其基函数如下：

$$1, x_1, x_2, x_3, \cdots, x_n$$

由式（3.3）可得一阶响应面函数表达式为

$$\tilde{y}(x) = \alpha_0 + \sum_{i=1}^{k} \alpha_i x_i \tag{3.4}$$

使用二阶多项式进行拟合时，其基函数如下：

$$1, x_1, x_2, x_3, \cdots, x_n, x_1^2, x_1 x_2, \cdots, x_1 x_n, \cdots, x_n^2$$

由式（3.3）可得二阶响应面函数表达式为

$$\tilde{y}(x) = \alpha_0 + \sum_{i=1}^{k} \alpha_i x_i + \sum_{i=1}^{k} \alpha_{ii} x_i^2 + \sum_{\substack{i=1 \\ i<j}}^{k} \alpha_{ij} x_i x_j \tag{3.5}$$

一个多项式模型 $\tilde{y}(x)$ 一般无法满足在整个计算域上都是真实函数关系 $y(x)$ 的合理近似式，通常采用最小二乘方法估计响应面模型系数，然后进行响应面分析。

进行响应面试验设计前需要确定试验因素，确定试验因素的最优取值范围，并以各元素最优值为中心，按照试验设计方法得到多组方案，即不同元素的不同水平组合。可以采用单因素试验法或两水平因子试验设计等方法确定试验因素和最优值范围。

常用的响应面试验设计方法有中心复合设计（central composite design，CCD）法、Plackett-Burman（PB）法及 Box-Behnken design（BBD）法等。试验设计中的试验点可分为中心点、轴向点及立方点，其分布示意图见图 2.1。

CCD 法的设计点为顶点设计，其设计是在立方点的基础上加上轴向点和中心点组成。运用 CCD 法进行试验设计，需要取 5 个因素，编号为（$-a, -1, 0, 1, +a$），其中 $a = 2^{k/4}$（k 为因素个数）。

BBD 法适用于 2～5 个因素的优化试验，在试验设计中每个因素取 3 个水平，编号为（−1, 0, + 1），设计表以（0, 0）为中心，由 4 个立方点组成，−1、+ 1 分别对应低值与高值。

3.2　人工神经网络

人工神经网络是受生物神经网络启发而提出的具有节点和网络结构的计算系统[4]。前馈型人工神经网络模型的结构如图 3.2 所示，其通常包含一层输入层、一层或多层隐藏层和一层输出层。图中，圆形代表神经元，其内容一般为激活函数或变量；箭头表示变量的输入与输出，通常包含一个权重因子（$w_{i,j}$）和一个偏置因子（b_j）。人工神经网络的 MATLAB 代码实例参见附录 1。

具体地，为了拟合非线性的数据，在隐藏层和输出层的神经元中一般会采用激活函数。常用的激活函数如图 3.3 所示，其对应的表达式如下[4]。

（1）Sigmoid 函数：

$$A(x)=\frac{1}{1+\mathrm{e}^{-x}} \tag{3.6}$$

（2）Hyperbolic Tangent 函数：

$$B(x)=\tanh(x) \tag{3.7}$$

（3）Rectified Linear Unit 函数：

$$C(x)=\max(0,x) \tag{3.8}$$

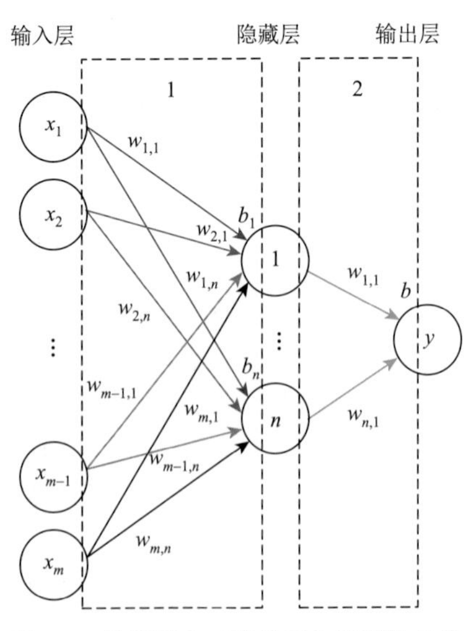

图 3.2　前馈型人工神经网络模型的结构

（4）ELU 函数：

$$D(x)=\begin{cases}x, & x>0\\ \alpha(\mathrm{e}^{x}-1), & x\leqslant 0\end{cases} \tag{3.9}$$

（5）PReLU 函数：

$$E(x)=\max(ax,x) \tag{3.10}$$

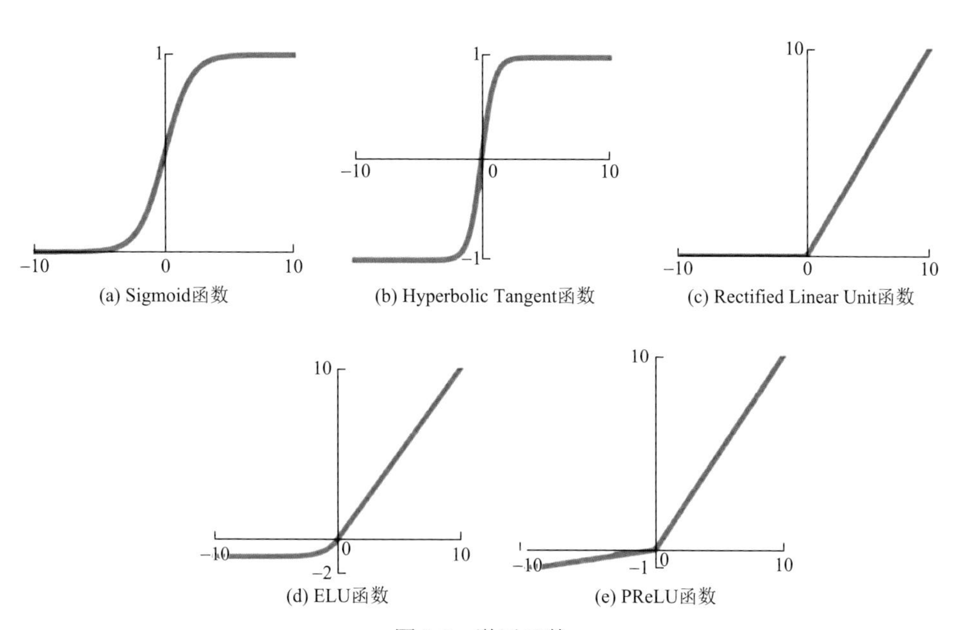

图 3.3　激活函数

建立输入层与输出层之间的非线性拟合关系后，需要通过训练函数不断调整整个神经网络的 $w_{i,j}$ 与 b_j，最终使输出的神经网络的损失函数值最小。目前，常用的训练函数的类型有 Gradient Descent 算法、Quasi-Newton 算法和 Levenberg-Marquardt 算法等，其训练步骤如图 3.4 所示。

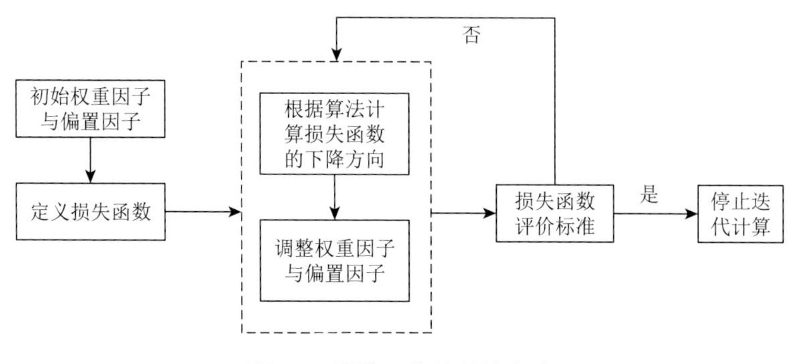

图 3.4　训练函数的训练步骤

神经网络中 $w_{i,j}$ 与 b_j 的数目主要是由输入层中设计变量的个数与隐藏层的层数决定的。当神经网络含有多于一层隐藏层的结构时，称该神经网络结构为多层神经网络。通常来说，当输入层与输出层之间存在较强的非线性关系时，多层神经网络较单层神经网络可以拟合出精度更高的非线性函数。但是，也由于隐藏层层数的增加，多层神经网络结构需要更多的样本点数据来求解大量的 $w_{i,j}$ 与 b_j。多层人工神经网络根据数据传递方式可以分为Feedforward型神经网络与Cascade- forward型神经网络。Feedforward 型多层人工神经网络结构如图 3.5 所示，它与单层人工神经网络的区别在于，不仅输入层-隐藏层之间以及隐藏层-输出层之间存在激活函数，隐藏层-隐藏层之间也存在激活函数，且与输入层-隐藏层之间的激活函数相同。Cascade-forward 型多层人工神经网络结构如图 3.6 所示，它最大的特点在于，数据传递不仅通过相邻神经层，输入层、输出层与所有隐藏层都建立了非线性关系。

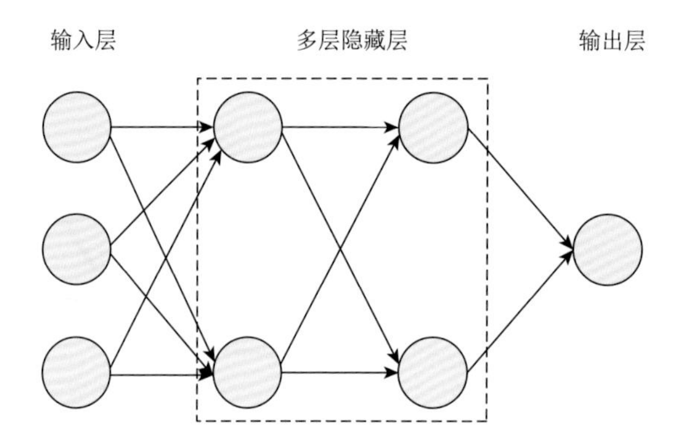

图 3.5　Feedforward 型多层人工神经网络结构

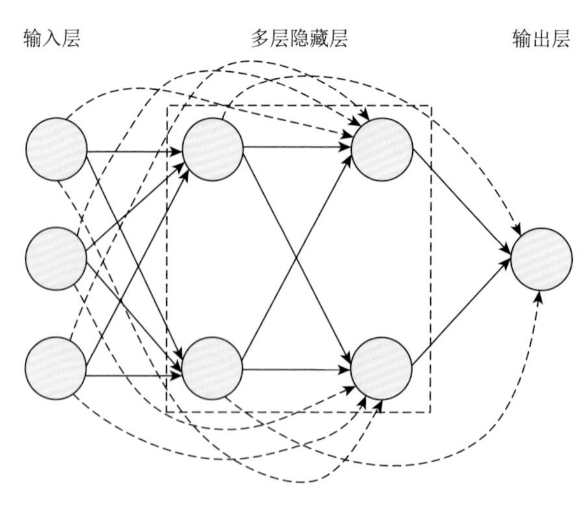

图 3.6　Cascade-forward 型多层人工神经网络结构

3.3 Kriging 模型

Kriging 模型是一种估计方差最小的无偏估计模型[5, 6]。它具有局部估计的特点，包含回归部分和非参数部分，具有如下形式：

$$\boldsymbol{Y} = \beta F(\boldsymbol{s}) + z(\boldsymbol{s}) \tag{3.11}$$

$$\mathrm{cov}[z(s_i), z(s_j)] = \sigma^2 r(s_i, s_j) \tag{3.12}$$

式中，$\boldsymbol{s} = (s_1, s_2, \cdots, s_m)^{\mathrm{T}}$ 为 m 维设计变量；$\boldsymbol{Y} = (y_1, y_2, \cdots, y_m)^{\mathrm{T}}$ 为 m 维响应值；$F(\boldsymbol{s})$ 为全局回归模型；β 为回归系数；$z(\boldsymbol{s})$ 为相关函数，服从回归模型基础上创建的均值为零而方差不为零的局部偏差，一般采用高斯函数；式(3.12)为任意两个 $z(s_i)$ 和 $z(s_j)$ 之间的协方差，$r(s_i, s_j) = \prod_{d=1}^{q} \exp\left(-\theta^d \left|s_i{}^d - s_j{}^d\right|^{p^d}\right)$。

3.4 混合近似模型

混合近似模型是由多种单一近似模型组成的，成为工程优化问题中近似模型建立的新研究方向[7, 8]。基于多种神经网络的混合近似模型（ensemble of surrogate model）的表达式如下[9]：

$$y_{\mathrm{en}}(\boldsymbol{X}) = \sum_{i=1}^{N} \omega_i(\boldsymbol{X}) y_i(\boldsymbol{X}) \tag{3.13}$$

$$\sum_{i=1}^{N} \omega_i = 1 \tag{3.14}$$

式中，y_{en} 为混合近似模型响应预测值；N 为单一近似模型个数；设计变量 $\boldsymbol{X}$ 为矢量；ω_i 为各模型权重系数，且 $\omega_i \geqslant 0$。

构建混合近似模型的关键是确定权重系数，一般由测试样本的广义均方误差（generalized mean square error，GMSE）确定。一种启发式权重系数计算法的表达式为[10]

$$\begin{gathered} \omega_i = \frac{\omega_i{}^*}{\sum_{j=1}^{N} \omega_j{}^*}, \quad \omega_i{}^* = (E_i + \alpha \bar{E})^{\beta} \\ \bar{E} = \frac{1}{N} \sum_{i=1}^{N} E_i, \quad E_i = \sqrt{\mathrm{GMSE}} = \sqrt{\frac{1}{m} \sum_{i=1}^{m} (y_i - \hat{y}_i)^2} \end{gathered} \tag{3.15}$$

式中，α 和 β 为近似模型控制参数，推荐值为 $\alpha = 0.05$，$\beta = -1$。

启发式权重系数计算法的缺点是计算速度慢，需要控制的参数较多，将混合近似模型权重系数计算过程看成一个优化问题，优化目标为均方差最小，设计变量为各近似模型的权重系数 ω_i，目标函数是混合近似模型的广义均方误差（GMSE）[11]。

$$\begin{cases}\text{Find}:\omega_i\\ \text{Min}:\text{GMSE}=\dfrac{1}{N}\sum_{k=1}^{N}[y_{\text{en}}(\omega_i,y_i(\boldsymbol{X}^k))-y_{\text{actual}}(\boldsymbol{X}^k)]^2\\ \text{s.t.}:\omega_i\geqslant 0,\quad \sum_{i=1}^{M}\omega_i=1\end{cases} \tag{3.16}$$

式中，GMSE 为混合近似模型的广义均方误差；N 为测试样本点个数；y_{en} 为混合近似模型响应预测值；y_{actual} 为实际值。

基于上述理论，将人工神经网络和 Kriging 模型进行混合，并采用近似模型拟合相关系数 R^2 来求解混合模型系数，具体构建过程如式（3.17）和式（3.18）所示：

$$y_{\text{en}}(\boldsymbol{X})=\omega_1 y_1(\boldsymbol{X})+\omega_2 y_2(\boldsymbol{X}) \tag{3.17}$$

$$\begin{cases}\text{Find}:\omega_1\\ \text{Max}:R^2=1-\dfrac{\sum_{i=1}^{m}(y_{\text{actual},i}-\hat{y}_{\text{en},i})^2}{\sum_{i=1}^{m}(y_{\text{actual},i}-\overline{y}_{\text{actual}})^2}\\ \text{s.t.}:\omega_1+\omega_2=1,\quad 0\leqslant\omega_1\leqslant 1\end{cases} \tag{3.18}$$

式中，$y_1(\boldsymbol{X})$ 为人工神经网络模型；$y_2(\boldsymbol{X})$ 为 Kriging 模型；R^2 为相关系数；m 为样本数量；y_{actual} 为实际响应值；y_{en} 为近似模型响应值；$\overline{y}_{\text{actual}}$ 为实际数据平均值。

参 考 文 献

[1] Forrester A，Sobester A，Keane A. Engineering Design via Surrogate Modelling：A Practical Guide[M]. New York：John Wiley & Sons，2008.

[2] Myers R H，Montgomery D C，Anderson-Cook C M. Response Surface Methodology：Process and Product Optimization Using Designed Experiments[M]. New York：John Wiley & Sons，2016.

[3] 隋允康，宇慧平. 响应面方法的改进及其对工程优化的应用[M]. 北京：科学出版社，2011.

[4] 朱大奇，史慧. 人工神经网络原理及应用[M]. 北京：科学出版社，2006.

[5] Kleijnen J P C. Kriging metamodeling in simulation：A review[J]. European Journal of Operational Research，2009，192（3）：707-716.

[6] 于向军，张利辉，李春然，等. 克里金模型及其在全局优化设计中的应用[J]. 中国工程机械学报，2006，（3）：259-261.

[7] 潘锋. 组合近似模型方法研究及其在轿车车身轻量化设计的应用[D]. 上海：上海交通大学，2011.

[8] 曹健. 双吸泵非定常流动及多工况性能优化研究[D]. 镇江：江苏大学，2018.

[9] Zerpa L，Queipo N，Pintos S，et al. An optimization methodology of alkaline-surfactant-polymer flooding

processes using field scale numerical simulation and multiple surrogates[J]. Journal of Petroleum Science & Engineering，2005，47（34）：197-208.

[10] Goel T，Haftka R，Shyy W，et al. Ensemble of surrogates[J]. Structural and Multidisciplinary Optimization，2007，33（3）：199-216.

[11] Acar E，Rais-Rohani M. Ensemble of metamodels with optimized weight factors[J]. Structural and Multidisciplinary Optimization，2009，37（3）：279-294.

第4章　优化算法

一般来说，优化问题指在定义域内寻找一个或一组函数的“最佳可用”值，其主要形式如式（4.1）所示。根据其目标函数数量的不同，可将其分为单目标优化问题和多目标优化问题。

$$\min/\max f(x), \quad x \in A \tag{4.1}$$

式中，$f(x)$ 为优化目标函数；x 为设计变量；A 为计算（定义）域。

对于一个优化问题，其可行值分为局部最优值和全局最优值。虽然局部最优值至少与任何附近元素一样好，但全局最优值至少和每一个局部最优值一样好。通常，除非目标函数和计算（定义）域在优化问题中都是凸函数（图 4.1（a）），否则可能存在多个局部最优值。因此，为解决非凸优化问题（图 4.1（b）），本章提出大量的全局优化算法，全局优化是应用数学和数值分析的一个分支，这类算法能够保证在有限时间内收敛到非凸问题的实际最优解[1-3]。

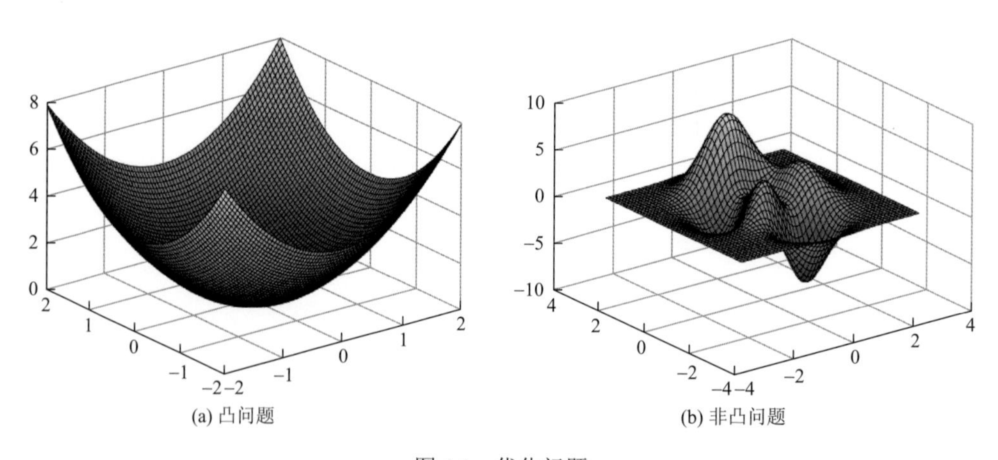

图 4.1　优化问题

4.1　梯度算法

梯度算法，又称梯度下降（gradient descent）法，是一种一阶最优化算法，通常也称最速下降法，是迄今优化神经网络时最常用的方法。要使用梯度下降法找到一个函数的局部最小值，必须向函数上的当前点对应梯度（或近似梯度）的反方向的规定步长进行迭代搜索。相反地，如果按照梯度的正方向进行迭代搜索，则会接近函数的局部最大值，这个过程称为梯度上升法。

4.1.1　基本算法描述

Vanilla 梯度下降法[4]，又称为批量梯度下降（batch gradient descent）法，其原理在于，如果实值目标函数 $f(x)$ 在点 a 处可微且有定义，那么该函数在点 a 处沿着梯度相反的方向 $-\nabla f(a)$ 下降最快。

基于上述分析，如果

$$b = a - \gamma \cdot \nabla f(a) \tag{4.2}$$

当 $\gamma > 0$ 且足够小时，那么一定存在 $f(a) \geqslant f(b)$ 。

因此，可以从目标函数的局部极小值的初始估计 x_0 开始迭代，考虑序列 $[x_n]$，使得其满足

$$x_{n+1} = x_n - \gamma_n \cdot \nabla f(x_n), \quad n \in \mathbf{N}^* \tag{4.3}$$

从而得

$$f(x_0) \geqslant f(x_1) \geqslant \cdots \geqslant f(x_{\text{final}}) \tag{4.4}$$

式中，x_n 为第 n 步迭代的输入量；γ_n 为第 n 步迭代的学习率。

如果迭代顺利，则可以得到序列 $[x_n]$ 的期望极值。其中，迭代步长可根据实际迭代情况进行调整，以提高迭代效率。图 4.2 示例了这一过程。图示函数 F 为一凸函数，X-Y 平面为函数图像的等高线，即函数 F 为常数时的集合构成的曲线。黑色箭头所指为该点梯度的反方向（一点处的梯度方向与通过该点的等高线垂直）。沿着梯度方向的相反方向进行迭代，从而找到函数 F 的最小值。

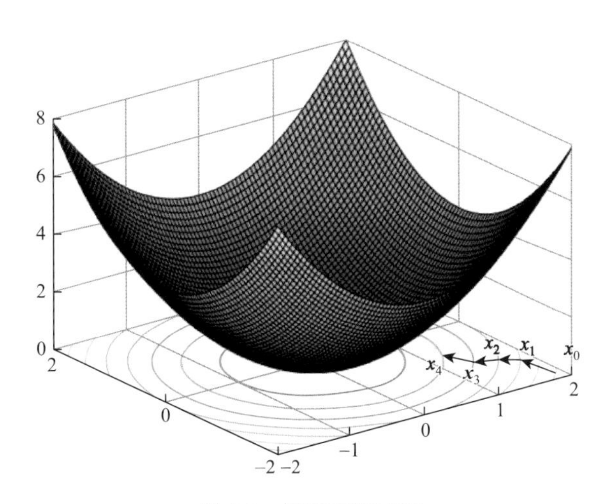

图 4.2　梯度下降过程

4.1.2　基本算法存在的问题

对于上述算法，面对不同的模型，其收敛性能表现不同。对于简单的凸函数，其收敛性能较好，能够较快地寻找到最小值，而对于复杂模型，其收敛性能则会大打折扣。其主要原因在于以下两方面。

（1）迭代步长的选择。对于一个陌生的模型，选择一个合适的迭代步长（也称学习率）是十分困难的，而学习率对于算法的收敛性能的影响又十分巨大。学习率太小则会导致收敛速度很慢，而太大的学习率则会妨碍收敛，导致迭代在最小值附近波动或是不收敛。

（2）对于高度非凸函数，该算法极易陷入局部收敛，即算法陷入无数相对较差的局部极小值中，而得不到全局最优值。实际上，这种难度的来源并不是局部极小值点，而是鞍点，即那些在一个维度上递增而在另一个维度上递减的点。这种鞍点通常会被具有相同性质的点包围，因此在任意维度上的梯度都近似等于零，从而使得批量梯度下降算法很容易陷入这些鞍点中。

4.1.3　梯度下降优化算法

面对 4.1.2 节中所提到的问题，本小节对批量梯度下降算法进行了改进，有以下几种优化算法。

1. 动量法

梯度算法对于陡谷（即一个维度上的表面扭曲程度远大于其他维度的区域）的处理能力很差。这种情况下，该算法收敛的速度缓慢，且收敛路径摇摆不定。动量法是一种帮助原始算法在相关方向上加速收敛并抑制摇摆的方法[5]。动量法将历史学习率的更新向量的一个分量增加到当前的更新公式中，即

$$\begin{cases} v_n = \alpha v_{n-1} + \gamma \cdot \nabla f(x_n) \\ x_{n+1} = x_n - v_n \end{cases} \tag{4.5}$$

式中，动量系数 α 一般取 0.9。

实际上，该方法即在迭代过程中积累动量，变得越来越快。在参数的更新过程中，对于梯度点处具有相同方向的维度，其动量项增大，而对于改变方向的维度，其动量项减小，从而使得收敛的速度更快同时减小路径摇摆。

2. Nesterov 加速梯度下降法

迭代路径盲目地沿着梯度的方向往往不是最优路径。在实际迭代过程中，希

望其能够判断自身位置并选择合适的方向与速度。

Nesterov 加速梯度下降（Nesterov accelerated gradient descent，NAGD）法是一种能够根据当前迭代位置预计未来位置的方法[6]。其位置更新公式如下：

$$\begin{cases} v_n = \alpha v_{n-1} + \gamma \cdot \nabla f(x_n - \alpha v_{n-1}) \\ x_{n+1} = x_n - v_n \end{cases} \tag{4.6}$$

由式（4.6）可知，可通过计算 $x_n - \alpha v_{n-1}$ 来预计下一步迭代的近似位置，并通过未来位置的梯度来修正当前迭代路径。其主要意义在于防止迭代速度过快，同时增强算法的响应性能。

3. Adagrad 梯度下降法

Adagrad 梯度下降法使得学习率得以适应参数，对于出现次数较少的特征，采用更大的学习率，而对于出现次数较多的特征，采用较小的学习率[7]。因此，该算法更加适合处理稀疏数据。

前述的各种算法中，对于当前位置的各个分量都是采用相同的学习率，而在 Adagrad 梯度下降法中则采用了对每个分量采用不同的学习率的位置更新策略，以提高算法的效率。

首先，定义第 n 步迭代的位置为 m 维向量，其表达方式如下：

$$\boldsymbol{x}_n = (x_{n,1}, x_{n,2}, \cdots, x_{n,m}) \tag{4.7}$$

定义 $g_{n,i}$ 为第 n 步中第 i 个分量的梯度，即

$$g_{n,i} = \nabla f(x_{n,i}) \tag{4.8}$$

对每个分量的学习率引入修正因子：

$$\gamma_i = \frac{\gamma}{\sqrt{G_{n,ii} + \varepsilon}} \tag{4.9}$$

式中，ε 为平滑项，用于防止分母为 0，其值一般取 1×10^{-8}；$\boldsymbol{G}_n \in \mathbf{R}^{m\times m}$ 是一个对角矩阵，该对角矩阵上第 i 行第 i 列的元素为直到当前迭代，所有关于 x_i 的梯度的平方和，即

$$G_{n,ii} = \sum_{j=1}^{n} g_{j,i}^2 \tag{4.10}$$

$$\boldsymbol{G}_n = \begin{bmatrix} G_{n,11} & & & & \\ & \ddots & & & \\ & & G_{n,ii} & & \\ & & & \ddots & \\ & & & & G_{n,mm} \end{bmatrix} \tag{4.11}$$

然后根据式（4.8）设置第 n 步的梯度为

$$\boldsymbol{g}_n=\begin{bmatrix} g_{n,1} \\ \vdots \\ g_{n,i} \\ \vdots \\ g_{n,m} \end{bmatrix} \tag{4.12}$$

则最终的位置更新公式为

$$\boldsymbol{x}_{n+1}=\boldsymbol{x}_n-\frac{\gamma}{\sqrt{\boldsymbol{G}_n+\varepsilon}}\cdot\boldsymbol{g}_n \tag{4.13}$$

Adagrad 梯度下降法的主要优点在于无须手动调节学习率，在大多数应用场合中，通常采用 $\gamma=0.01$。其主要问题在于，它的学习率分母项随着迭代数增大的过程会持续变大，从而导致学习率在迭代后期会趋向于无限小，而当学习率趋向于无限小时，算法会因无法向外界获取信息，导致算法终止。

4. Adadelta 算法

Adadelta 算法是 Adagrad 梯度下降法的一种拓展算法，以处理前面所述的学习率递减问题[8]。该算法中学习率更新策略不再使用所有历史梯度的平方和，而是将计算历史梯度的区间限制为一个固定值。

在该算法中，无须储存之前 $n-1$ 步的平方梯度，而是将梯度的平方递归表示为所有历史梯度平方的均值。在第 n 步迭代中的均值 $E[\boldsymbol{g}^2]_n$ 仅取决于前一步的均值和当前的梯度：

$$E[\boldsymbol{g}^2]_n=\alpha\cdot E[\boldsymbol{g}^2]_{n-1}+(1-\alpha)\boldsymbol{g}_n^2 \tag{4.14}$$

式中，α 为类似动量系数的常数，一般设置为 0.9 左右。

Adadelta 算法中使用 $E[\boldsymbol{g}^2]_n$ 代替式（4.13）中的对角矩阵 $\boldsymbol{G}_n$，位置更新向量（即式（4.13）的后半部分）则更新为

$$\Delta\boldsymbol{x}_n=-\frac{\gamma}{\sqrt{E[\boldsymbol{g}^2]_n+\varepsilon}}\cdot\boldsymbol{g}_n \tag{4.15}$$

实际上，式（4.15）的分母可以看作梯度的均方根（root mean square，RMS），因此式（4.15）可以简化为

$$\Delta\boldsymbol{x}_n=\frac{\gamma}{\mathrm{RMS}[\boldsymbol{g}]_n}\cdot\boldsymbol{g}_n \tag{4.16}$$

由于式（4.16）中，分子与分母的单位不同，而实际更新过程中因保证学习率为无量纲数，因此定义一个指数衰减均值：

$$E[\Delta\boldsymbol{x}^2]_n=\alpha\cdot E[\Delta\boldsymbol{x}^2]_{n-1}+(1-\alpha)\Delta\boldsymbol{x}_n^2 \tag{4.17}$$

则

$$\mathrm{RMS}[\Delta \boldsymbol{x}]_n = \sqrt{E[\Delta \boldsymbol{x}^2]_n + \varepsilon} \tag{4.18}$$

使用式（4.17）代替传统的学习率常数γ，最终得到 Adadelta 算法的更新规则：

$$\boldsymbol{x}_{n+1} = \boldsymbol{x}_n - \frac{\mathrm{RMS}[\Delta \boldsymbol{x}]_n}{\mathrm{RMS}[\boldsymbol{g}]_n} \cdot \boldsymbol{g}_n \tag{4.19}$$

使用 Adadelta 算法，可以不用设置学习率，迭代过程中会自动根据当前位置和历史位置的参数对算法进行更新。

4.2 遗 传 算 法

在计算机科学和统筹学中，遗传算法（genetic algorithm，GA）是受自然选择过程启发而发明的一种全局优化算法，其隶属于进化算法（evaluation algorithm，EA）大类[9, 10]。遗传算法常用于设计高质量的优化或搜索方案，其主要依赖于变异、交叉和选择等仿生操作。

在遗传算法的计算过程中，针对优化问题的候选解决方案个体称为个体或生物（individual）；每一组染色体组成一组候选解决方案群体，称为种群（population）。每个个体都带有一组可以突变或改变的属性，称为染色体（chromosome）。传统上，基因一般用二进制编码表示。

4.2.1 遗传算法的逻辑

传统遗传算法运行的一般逻辑如图 4.3 所示。其主要操作为编码、初始化种群、适应性评估、选择运算、交叉运算、变异运算和算法终止。

1. 编码

遗传算法不能直接处理求解域的参数，因此在使用遗传算法求解相关问题之前，首先需要将求解域的相关设计参数转化为具有一定结构的染色体（或基因），这一转化的操作称为编码。

目前常用的编码方式可分为二进制编码、浮点数编码和符号编码。

1）二进制编码

类似于人类的基因使用 AGCT 四种碱基序列，二进制编码法使用 0 和 1 两种基本参数进行串联组合以表达复杂信息。每一个基本位能够储存两种状态的信息量，当染色体序列足够长时，便可表达复杂的特征，例如，111001010010。

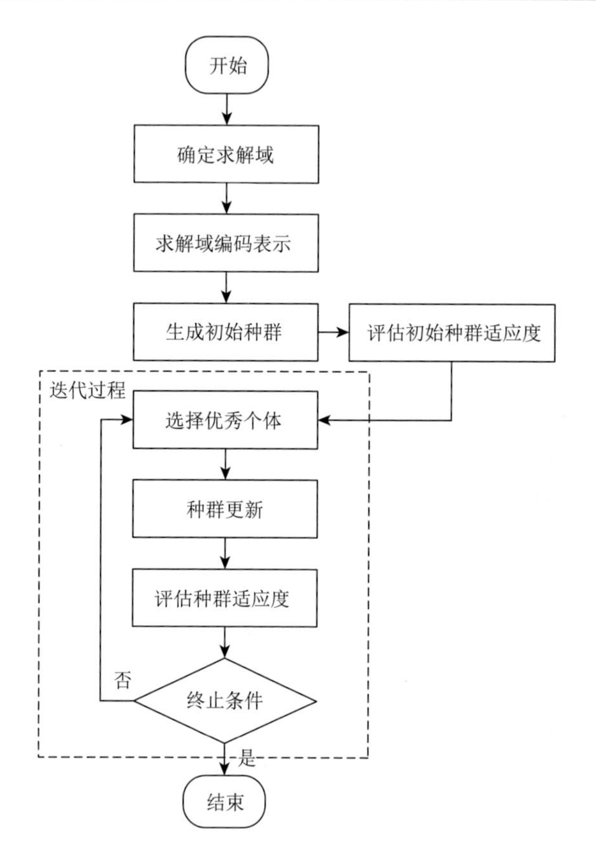

图 4.3　遗传算法运行的一般逻辑

二进制编码的主要优势如下：

（1）编码与解码操作简单，容易实现；

（2）便于算法的仿生操作（交叉、变异等）；

（3）符合最小字符集的编码原则。

但这类编码算法对于处理高精度的问题会略显疲态。由于其随机性使得算法的局部搜索能力变差，从而难以收敛。

2）浮点数编码

二进制编码虽然简单，但存在连续函数离散化时的映射误差。个体编码长度较短时，可能达不到精度要求，而个体编码长度较长时，虽然能够提高精度，但也增加了解码的难度，扩大了搜索空间，使得算法的性能急剧下降。因此，引入浮点法编码。浮点法，即个体的每个基因值都用求解域范围内的一个浮点数来表示。使用浮点数编码必须保证基因值在计算域内，并且在使用遗传算子对染色体进行操作之后也必须保证其产生的新个体在计算域内。

经浮点数编码后所得的染色体形式一般如下[9, 10]：

$$\boldsymbol{x}_i=(x_{i,1},x_{i,2},\cdots,x_{i,m})^{\mathrm{T}},\quad \forall j\in[1,m]\cap\mathbf{N}^*,x_{i,j}\in A \tag{4.20}$$

式中，m 为染色体维度；A 为求解域。

浮点数编码具有以下优点：

（1）适用于求解域较大的模型；

（2）适用于要求精度较高的模型；

（3）便于大空间搜索；

（4）改善遗传算法的计算复杂性；

（5）便于设计针对专业问题的遗传算子；

（6）便于处理复杂的设计变量约束条件；

（7）便于联合其他优秀算法混合使用。

3）符号编码

符号编码是指个体染色体编码中的基因值无数值含义，只有代码表示的符号集，如$\{A, B, C, \cdots\}$。这类编码方法主要用于处理专门的问题。

2. 初始化种群

完成编码操作，即代表完成了求解域向遗传空间的转换。在遗传空间内采用抽样的方式创建初始群体以开始遗传算法的进化过程。常用的初始化方法有简单随机抽样（random sampling，RS）、拉丁超立方抽样（LHS）等。

完成抽样后得到初始种群，其结构如下（以浮点数编码为例，下同）：

$$\boldsymbol{C}_{\text{ini}}=\begin{bmatrix} x_{1,1} & x_{1,2} & \cdots & x_{1,m} \\ x_{2,1} & x_{2,2} & \cdots & x_{2,m} \\ \vdots & \vdots & & \vdots \\ x_{p,1} & x_{p,2} & \cdots & x_{p,m} \end{bmatrix} \tag{4.21}$$

式中，$\boldsymbol{C}_{\text{ini}}$ 为初始染色体种群；p 为种群数量；m 为染色体维度。

3. 适应性评估

适应性评估过程主要是通过个体特征来评价个体的适应度。在实际优化过程中，通常是使用适应度函数作为适应度评估的准则，根据不同个体所对应的适应度函数值的优劣判断该个体对当前环境的适应能力。因此，遗传算法中，适应度函数又称评价函数。需要注意的是，实际优化工作中，适应度函数总是非负的，而目标函数则可能有正有负，故需要在目标函数和适应度函数之间做好变换关系。

适应性评估过程具体分为以下三步：

步骤 1　将个体编码串进行解码处理，得到个体的具体参数；

步骤 2　将具体参数代入目标函数，获得个体的目标函数值；

步骤 3　根据优化问题的类型，按照一定规则将目标函数值转化为个体适应度。

4. 选择运算

选择运算，又称为复制运算，即把当前群体中适应度较好的个体按照某种规则遗传到下一代群体中。目前常用的选择策略为轮盘赌选择法和精英选择法[10]。

假设种群总数为 p，个体适应度为

$$\boldsymbol{y}=\begin{bmatrix} y_1 \\ y_2 \\ \vdots \\ y_p \end{bmatrix} \tag{4.22}$$

1）轮盘赌选择法

轮盘赌选择法即使用个体适应度占总适应度的比例作为被选择的概率，其形式为

$$P_i=\frac{y_i}{\sum_{j=1}^{p} y_j} \tag{4.23}$$

2）精英选择法

精英选择法即直接保留当前种群中适应度较好的个体至下一代种群。

5. 交叉运算

交叉运算是遗传算法中生成新个体的重要操作，它以一定规则相互交换两个个体之间的部分染色体。交叉运算的主要作用是保证种群的稳定性，使算法始终向着最优解的方向进化。这里主要介绍二进制编码和浮点数编码情况下的常用交叉法则。

1）二进制编码

如图 4.4 所示，二进制编码的基因交换过程类似于生物学中的同源染色体的联会过程，即随机地将其中几个位于同一位置的编码进行交换，并产生新的染色体。

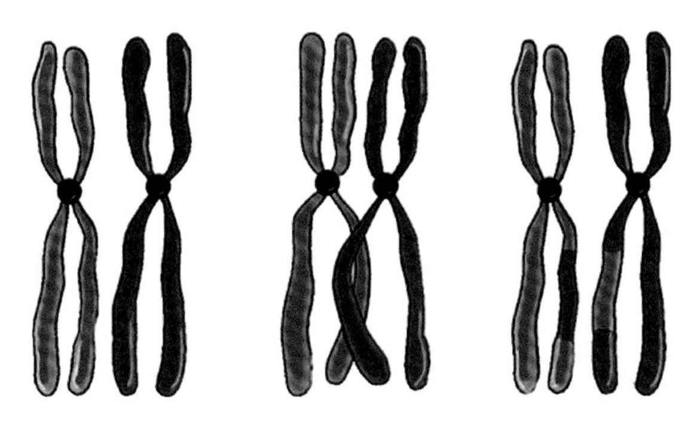

图4.4 交叉运算

2）浮点数编码

使用浮点数编码的染色体，其交叉方式与二进制编码略有不同。常见的交叉方式如式（4.24）所示：

$$\begin{cases} \boldsymbol{x}_A^{n+1} = \text{rand}_A \cdot \boldsymbol{x}_B^n + (1-\text{rand}_A) \cdot \boldsymbol{x}_A^n \\ \boldsymbol{x}_B^{n+1} = \text{rand}_B \cdot \boldsymbol{x}_A^n + (1-\text{rand}_B) \cdot \boldsymbol{x}_B^n \end{cases} \tag{4.24}$$

式中，$\boldsymbol{x}_A$、$\boldsymbol{x}_B$ 为任选两个染色体；上标 n 为当前迭代数；rand 为 0～1 的任意随机数。

6. 变异运算

变异运算过程是指染色体上某个或多个基因变成它的等位基因。与交叉运算不同，变异运算在算法中主要起到保证种群多样性的作用，防止算法陷入局部收敛。对于二进制编码，如$101011010 \rightarrow 110001011$。浮点数编码下的变异操作一般是对原来的浮点数增加或减少一个小的随机数，使之表现形式发生变化。

4.2.2 遗传算法的优势与不足

1. 遗传算法的优势

（1）算法的搜索过程与问题领域没有相关性，对于各种复杂问题都有较好的适应性；

（2）算法采用概率化的搜索过程，不需要确定的规则，能够自适应地调整搜索方向；

（3）算法使用评价函数启发，逻辑简单易懂；

（4）可以直接对结构对象进行操作，不需要目标函数具有可微的性质；

（5）算法的搜索过程从群体出发，具有内在的并行性和更好的全局寻优能力；

（6）算法具有优秀的可拓展性，可以与其他算法联合计算。

2. 遗传算法的不足

（1）相较于其他算法而言，遗传算法的编程实现更加复杂，其需要编程实现的过程较多，如编码、交叉等；

（2）搜索过程需要许多参数（如交叉率、变异率等），这些参数的选取严重影响搜索速度与精度，然而目前这些参数的选择主要依靠经验；

（3）算法对于初始种群的分布具有很强的依赖性，初始种群品质的好坏直接影响算法的搜索速度和精度；

（4）对于算法的搜索轨迹利用不足，搜索过程随机性强。

4.2.3 遗传算法的使用案例

1. 目标函数

本例中，采用二维 Ackley 函数作为测试函数[11]，其形式如图 4.5 所示。该函数全局最优值为 $f(x^*)=0$，$x_1^*=x_2^*=0$。遗传算法的 MATLAB 代码实例参见附录 2。

$$f(x)=-20\exp\left(-0.2\sqrt{\frac{1}{p}\sum_{i=1}^{p}x_i^2}\right)-\exp\left(\frac{1}{p}\sum_{i=1}^{p}\cos(2\pi x_i)\right)+20+\exp(1) \tag{4.25}$$

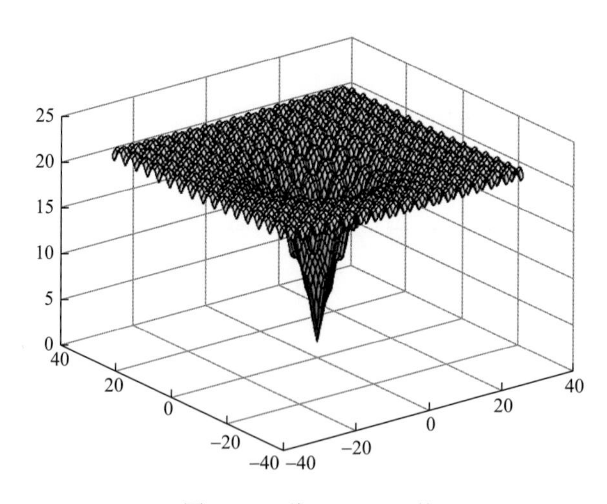

图 4.5　二维 Ackley 函数

2. 算法设置

采用 MATLAB 中的遗传算法工具箱进行求解，其界面及设置如图 4.6 所示。

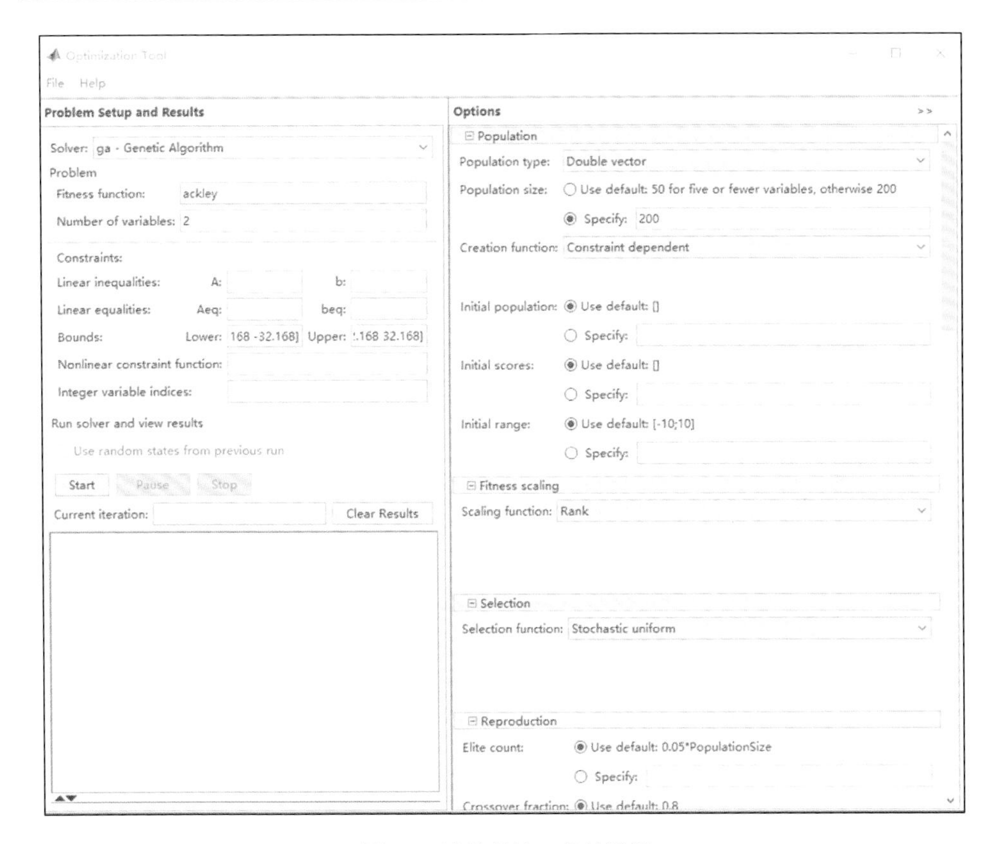

图 4.6　遗传算法工具箱设置

遗传算法所用具体参数如表 4.1 所示。

表 4.1　遗传算法全局参数

参数	值
变量数量	2
变量上限	[32.168，32.168]
变量下限	[−32.168，−32.168]
种群数量	200
选择率	0.05
交叉率	0.8
变异率	0.15
选择机制	精英选择
最大迭代步数	200
迭代精度	1×10^{-6}

3. 结果分析

如图 4.7 所示，迭代进行到 103 步达到终止精度，输出最优变量[1.4×10^{-7}, -2.8×10^{-6}]，最优值为 7.9×10^{-6}，结果具有良好的精确度和速度。

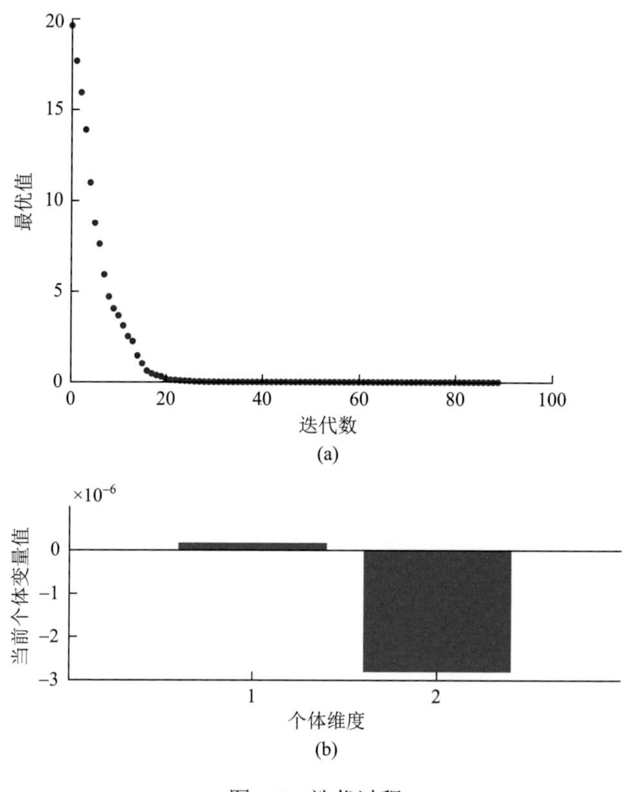

图 4.7 迭代过程

4.3 粒子群算法

粒子群优化（particle swarm optimization，PSO）算法，又称粒子群算法，是由 Eberhart 和 Kennedy 于 1995 年开发出来的一种演化计算技术[12]，是仿生学算法的一种，即模拟昆虫、兽群或鸟群等群集行为的算法[13]。

粒子群算法是一种基于群体的，根据对环境的适应度让个体向着更好区域移动的算法。然而，它不对个体使用演化算子，而是直接将每个个体看作 m 维搜索空间（求解域）中的一个没有体积的微粒（点），并且以一定速度在空间中移动，移动速度的大小根据个体的移动经验和同伴的移动经验进行动态调整。

粒子群算法的流程如图 4.8 所示。

4.3.1　粒子群算法的数学描述

首先，对于 m 维目标函数 $f(x)$，创建粒子种群，粒子种群数量为 p[14]：

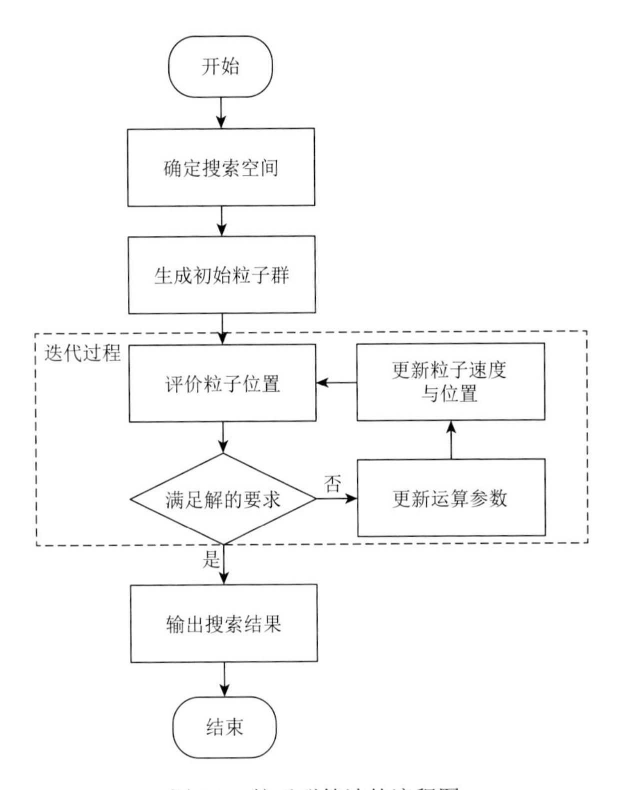

图 4.8　粒子群算法的流程图

$$p = \mathrm{int}(10 + 2\sqrt{m}) \tag{4.26}$$

$$\boldsymbol{I}_{\mathrm{iter}} = \begin{bmatrix} \boldsymbol{I}_1^{\mathrm{iter}} \\ \boldsymbol{I}_2^{\mathrm{iter}} \\ \vdots \\ \boldsymbol{I}_p^{\mathrm{iter}} \end{bmatrix} = \begin{bmatrix} x_{1,1}^{\mathrm{iter}} & x_{1,2}^{\mathrm{iter}} & \cdots & x_{1,m}^{\mathrm{iter}} \\ x_{2,1}^{\mathrm{iter}} & x_{2,2}^{\mathrm{iter}} & \cdots & x_{2,m}^{\mathrm{iter}} \\ \vdots & \vdots & & \vdots \\ x_{p,1}^{\mathrm{iter}} & x_{p,2}^{\mathrm{iter}} & \cdots & x_{p,m}^{\mathrm{iter}} \end{bmatrix} \tag{4.27}$$

速度 v 的形式为

$$\boldsymbol{v}_{\mathrm{iter}} = \begin{bmatrix} v_{1,1}^{\mathrm{iter}} & v_{1,2}^{\mathrm{iter}} & \cdots & v_{1,m}^{\mathrm{iter}} \\ v_{2,1}^{\mathrm{iter}} & v_{2,2}^{\mathrm{iter}} & \cdots & v_{2,m}^{\mathrm{iter}} \\ \vdots & \vdots & & \vdots \\ v_{p,1}^{\mathrm{iter}} & v_{p,2}^{\mathrm{iter}} & \cdots & v_{p,m}^{\mathrm{iter}} \end{bmatrix} \tag{4.28}$$

式中，上标 iter 代表当前迭代步数。

传统的速度和位置更新公式如下：

$$\begin{cases}\boldsymbol{v}_{\text{iter}}=\boldsymbol{v}_{\text{iter}-1}+c_1\cdot \text{rand}_1(\boldsymbol{I}_{\text{iter}}-\boldsymbol{I}_{\text{pbest}})+c_2\cdot \text{rand}_2(\boldsymbol{I}_{\text{iter}}-\boldsymbol{I}_{\text{gbest}})\\ \boldsymbol{I}_{\text{iter}+1}=\boldsymbol{I}_{\text{iter}}+\boldsymbol{v}_{\text{iter}}\end{cases} \tag{4.29}$$

式中，c_1、c_2为学习因子，常取值 2～2.05；下标 pbest 表示个体最佳位置，gbest 表示群体最佳位置；rand_1 和 rand_2 表示两个在（0, 1）变化的随机数。

此外，粒子的速度 v_{iter} 应该给予一个最大速度限制 $V_{\max}$。如果当前速度中第 i 个粒子的 d 维速度分量 $v_{i,d}$ 超过该维的最大速度 $V_{\max,d}$，则将 d 维的速度限制到该维的最大速度，即

$$\begin{aligned}&v_{i,d}>V_{\max,d}\ \Rightarrow\ v_{i,d}=V_{\max,d}\\&v_{i,d}<-V_{\max,d}\Rightarrow\ v_{i,d}=-V_{\max,d}\end{aligned} \tag{4.30}$$

由式（4.29）和图 4.9 可见，速度公式可分为三部分，其中第一部分 v_1 为粒子先前速度的惯性，主要平衡算法的全局搜索能力和局部搜索能力；第二部分 v_2 为“认知”部分，表示粒子向自身历史学习，决定算法的局部搜索能力；第三部分 v_3 为“社会”部分，表示粒子之间的信息共享，用以提高获得全局最优解的能力。

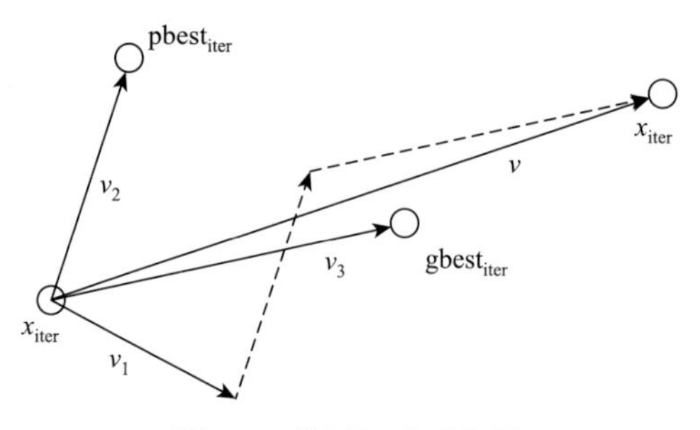

图 4.9　粒子运动示意图

另外，由于搜索空间（求解域）为有限空间，因此需要对粒子的位置加以限制。图 4.10 所示的是处理边界条件问题的四种常见方法：吸收、反射、减幅和不可见。

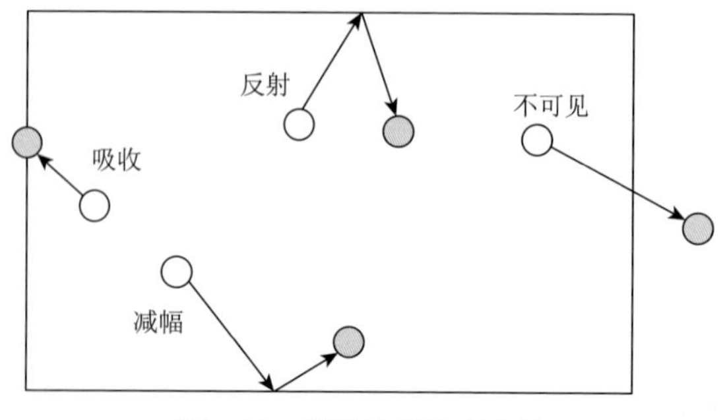

图 4.10　四种边界约束方法

（1）吸收是指当粒子某维位置分量超出搜索边界时，将该维位置分量重置在搜索边界上，即

$$\begin{aligned} x_{i,d}^{\text{iter}} > \text{UB}_d \ \Rightarrow\ x_{i,d}^{\text{iter}} = \text{UB}_d \\ x_{i,d}^{\text{iter}} < \text{LB}_d \ \Rightarrow\ x_{i,d}^{\text{iter}} = \text{LB}_d \end{aligned} \tag{4.31}$$

（2）反射是指当粒子运动到搜索边界时，对粒子速度方向进行反射运算（速度大小不变），使粒子的运动回到可行域内。

（3）减幅是指粒子撞到搜索边界后，对粒子施加一个随机的反向速度，使其回到可行域内。

（4）不可见是指粒子运动到搜索边界外后，其适应值不再计算，并设置为无穷大，粒子在下一次迭代会自动回到可行区域。

4.3.2 具有惯性权重的粒子群算法

为了提高算法的收敛性能，引入惯性权重 w，速度更新公式变为[15]

$$\boldsymbol{v}_{\text{iter}} = w \cdot \boldsymbol{v}_{\text{iter}-1} + c_1 \cdot \text{rand}_1(\boldsymbol{I}_{\text{iter}} - \boldsymbol{I}_{\text{pbest}}) + c_2 \cdot \text{rand}_2(\boldsymbol{I}_{\text{iter}} - \boldsymbol{I}_{\text{gbest}}) \tag{4.32}$$

式中，w 为惯性权重。

如前所述，速度更新公式的第一项为粒子先前速度的惯性，它决定了粒子先前速度对当前速度的影响程度。加入惯性权重的意义在于平衡算法的全局搜索能力和局部搜索能力。仿真试验表明，惯性权重的取值范围为[0.9，1.2]时，算法的搜索性能较好。

在后续的研究中，提出了一种自适应策略的惯性权重，其更新公式如下：

$$w = w_{\max} - \frac{\text{iter}}{\text{iter}_{\max}}(w_{\max} - w_{\min}) \tag{4.33}$$

式中，$w_{\max}$ 和 $w_{\min}$ 分别为最大惯性权重和最小惯性权重；iter 和 $\text{iter}_{\max}$ 分别为当前迭代数和最大迭代数。

如式（4.32）所示，随着迭代的进行，线性减小权重系数，可以使算法在迭代初期具有良好的全局搜索能力，而在迭代后期具有较好的局部搜索能力，从而进一步保证算法的收敛性能。

4.3.3 具有收缩因子的粒子群算法

一种具有收缩因子的粒子群算法可以提高算法后期的收敛性能，速度更新原则如下[16]：

$$\boldsymbol{v}_{\text{iter}} = k \cdot [\boldsymbol{v}_{\text{iter}-1} + c_1 \cdot \text{rand}_1(\boldsymbol{I}_{\text{iter}} - \boldsymbol{I}_{\text{pbest}}) + c_2 \cdot \text{rand}_2(\boldsymbol{I}_{\text{iter}} - \boldsymbol{I}_{\text{gbest}})] \tag{4.34}$$

其中

$$k=\frac{2}{\left|2-\varphi-\sqrt{\varphi^2-4\varphi}\right|},\quad \varphi=c_1+c_2 \tag{4.35}$$

一般取 $c_1=c_2=2.05$，$k=0.73$。

如式（4.34）所示，收缩因子会随着学习因子的增大而减小，学习因子的增大会提升局部搜索性能，加入收缩因子后，粒子速度进一步减小，从而进一步提升算法的局部探索能力，增加算法的收敛性能。

4.3.4　粒子群算法的改进

1. 改进的自适应粒子群算法

为了提高粒子群算法的性能，研究粒子群算法改进策略是基于粒子运动的两个概念——探索（exploration）和开发（exploitation），如图 4.11 所示。探索特性是指一群类似于探险者的粒子远离全局最优值进行搜索，向未知的搜索空间随机运动，体现的是全局搜索能力。开发特性是指一群类似于定居者的粒子继续向全局最优值进行更细的搜索，体现的是局部搜索能力。因此，从算法的全局性和收敛准确性考虑，需要对“探索”和“开发”两者之间进行合理的权衡，实现粒子群算法的自适应变化。

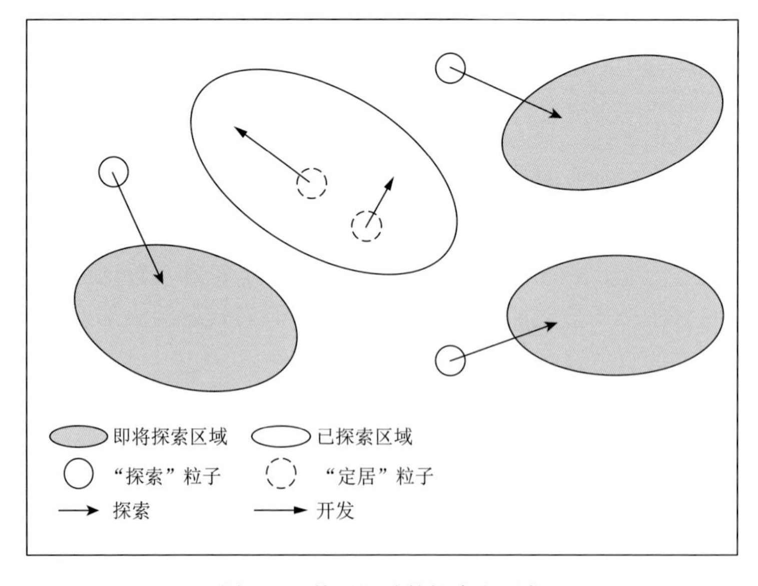

图 4.11　粒子运动的探索和开发

粒子群算法改进的主要思想是根据迭代过程中粒子与最优粒子之间的距离让粒子分别具有“探索”和“开发”的性能，从而加快收敛和改善全局搜索能力。

通过对粒子群算法中惯性权重和学习因子的研究可知，当粒子越接近于全局最优值时，惯性权重 w 越小，自我学习因子 c_1 越小，而社会学习因子 c_2 越大，一直保持“开发”特性，实现局部搜索。当粒子远离最优值时，惯性权重 w 越大，自我学习因子 c_1 越大，而社会学习因子 c_2 越小，一直保持“探索”特性，实现全局搜索。设定自我学习因子 c_1 和粒子与最优粒子间的距离呈二次平方关系，而当粒子与最优粒子间的距离大于最大距离的 1/2 时，粒子的自我学习因子 c_1 保持不变。当粒子与最优粒子间的距离小于最大距离的 1/3 时，粒子的社会学习因子 c_2 保持不变，而当粒子与最优粒子间的距离大于最大距离的 1/3 时，c_2 是距离的二次方平方函数。惯性权重随粒子与最优粒子间的距离呈二次平方关系[17]。自适应粒子群算法的系数如图 4.12 所示。

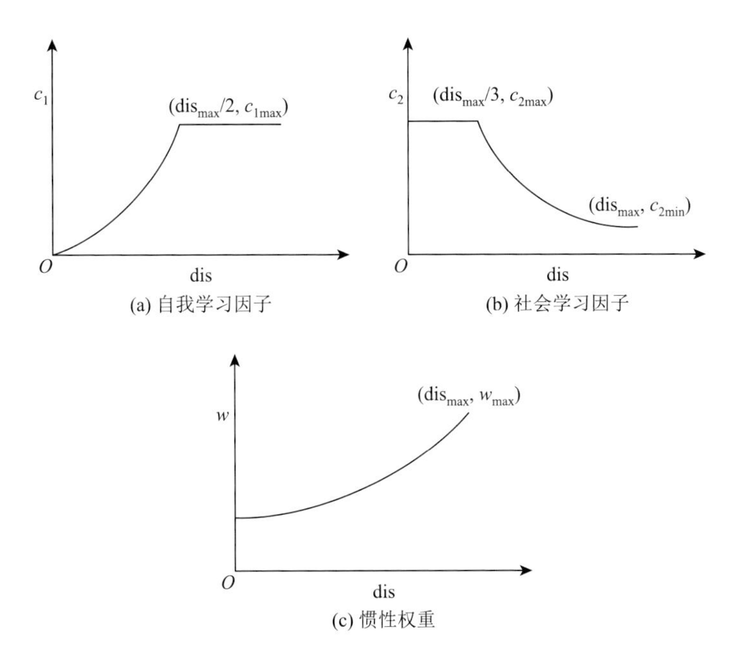

图 4.12 自适应粒子群算法的系数

考虑粒子与全局最优粒子间在每个维度下的距离，粒子之间的距离定义为

$$\text{dis} = x_g - x \tag{4.36}$$

粒子自适应的自我学习因子和社会学习因子的表达式如下：

$$c_1 = \begin{cases} (c_{1\max} - c_{1\min}) \cdot \text{dis}^2 / (\text{dis}_{\max} / 2)^2 + c_{1\min}, & \text{dis} \leqslant \text{dis}_{\max} / 2 \\ c_{1\max}, & \text{dis} > \text{dis}_{\max} / 2 \end{cases} \tag{4.37}$$

$$c_2=\begin{cases}c_{2\max}, & \text{dis}<\text{dis}_{\max}/3\\ (c_{2\max}-c_{2\min})\cdot(\text{dis}-\text{dis}_{\max})^2/(\text{dis}_{\max}\times 2/3)^2+c_{2\min}, & \text{dis}\geqslant\text{dis}_{\max}/3\end{cases}$$

（4.38）

式中，$c_{1\min}=0$；$c_{1\max}=3$；$c_{2\min}=0.5$；$c_{2\max}=3$。如果$c_1+c_2>4$，则$c_1=c_2=2$。

对自我学习速度部分的随机数进行分段处理，从而提高了算法的全局搜索能力，其表达式如下：

$$\text{rand}_1\in\begin{cases}[0,1], & \text{dis}\leqslant\text{dis}_{\max}/2\\ [-1,1], & \text{dis}>\text{dis}_{\max}/2\end{cases}\tag{4.39}$$

粒子的惯性权重也是粒子与全局最优粒子间距离的函数关系式，即

$$w=(w_{\max}-w_{\min})\cdot\text{dis}^2/(\text{dis}_{\max}/2)^2+w_{\min}\tag{4.40}$$

当粒子运动至搜索区域外时，采用不改变速度方向的减幅方法，来限制粒子的位置，即

$$x=x\cdot\text{rand}\cdot 0.9\tag{4.41}$$

$$x=x+v\tag{4.42}$$

除此之外，对全局最优粒子进行改进以提高算法效率，让最优粒子在其自身附近小范围内移动，其表达式如下：

$$x=x\cdot(0.9+0.2\times\text{rand})\tag{4.43}$$

这里提出的自适应粒子群算法能有效地加快搜索速度和提高求解精度，但其迭代次数较多。本书对粒子群算法改进的出发点是在满足求解精度的情况下，所需要的迭代次数少，能将其应用在求解旋转机领域的优化问题中，缩短优化周期。

借助随时间变化的惯性权重和学习因子的改进方法，在自适应粒子群改进的基础上，根据粒子群算法中总结的规律（随迭代数增加，惯性权重逐渐下降，自我学习因子逐渐下降，社会学习因子逐渐增加），对式（4.37）、式（4.38）和式（4.40）中的 $c_{1\max}$、$c_{2\min}$ 和 $w_{\max}$ 分别进行补充，建立了三个变量随迭代数线性变化的表达式，从而形成了实时自适应粒子群算法系数在优化过程中整体进行变化的趋势[18]，如式（4.44）～式（4.46）所示：

$$c_{1\max}=3.2-1.2/\text{iter}_{\max}\cdot\text{iter}\tag{4.44}$$

$$c_{2\min}=0.5+1.5/\text{iter}_{\max}\cdot\text{iter}\tag{4.45}$$

$$w_{\max}=1.2-0.4/\text{iter}_{\max}\cdot\text{iter}\tag{4.46}$$

2. 改进的自适应粒子群算法的仿真验证

为了测试改进的自适应粒子群算法的性能，采用表 4.2 所示的六种经典数学测试函数对不同粒子群算法进行对比验证。六种经典数学测试函数具有多峰、多变量、凹凸和可微的特点，能较为全面地验证算法的性能。各函数的搜索区域和

全局最优值如表 4.3 所示。考虑到泵优化过程中参数选取个数、数值模拟计算时间和计算资源的限制，同时泵性能目标的精度不需要很高，只需要考虑算法的快速收敛和稳定性。粒子群算法的基本设置为：种群数 20，迭代 2500 次，算法求解 50 次。结合本章中的泵优化目标效率的数据特点，有效数字为 5 位，设定算法的收敛精度为 10^{-5}。衡量算法性能的标准如下[17]。

（1）收敛成功率，即算法成功获得收敛的次数占总计算次数的比值。收敛成功率反映了算法性能的鲁棒性。

（2）目标函数平均计算次数，即算法在 50 次计算中所需要的平均计算次数，设定算法不收敛的情况计算次数为 2500。目标函数平均计算次数反映了算法在达到收敛精度时的收敛速度。

（3）平均最优解，即算法在 50 次计算中达到收敛精度的最优解的平均值。

表 4.2 测试函数

序号	测试函数名称	多维	多峰	凸性	可微	二维示意图
1	Ackley 函数	√			√	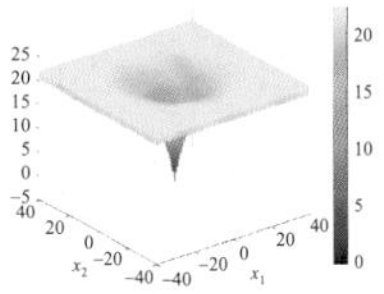
2	Exponential 函数	√			√	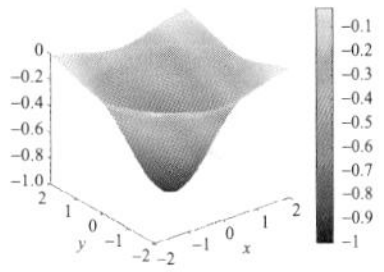
3	Goldstein & Price 函数		√		√	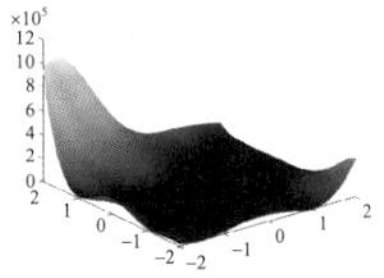
4	Holder-Table 函数		√			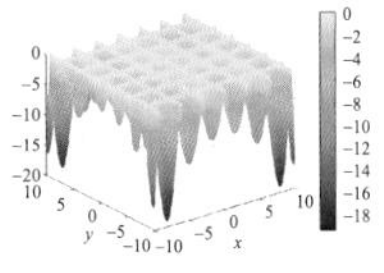
5	Sphere 函数	√		√		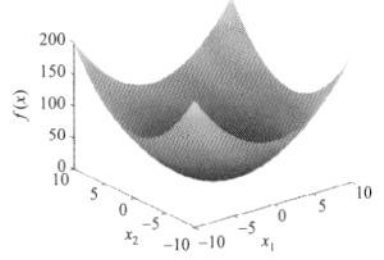
6	Zakharov 函数	√			√	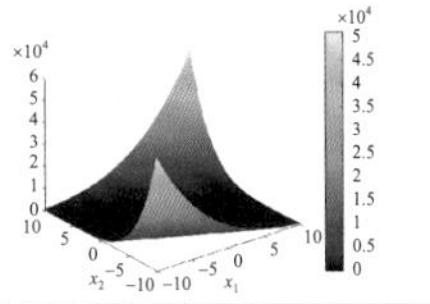

表 4.3　测试函数的参数设置

序号	测试函数名称	维数	可行域	全局最优变量	全局最优值
1	Ackley 函数	20	[−32, 32]	[0, ⋯, 0]	0
2	Exponential 函数	20	[−1, 1]	[0, ⋯, 0]	−1
3	Goldstein & Price 函数	2	[−2, 2]	[0, −1]	3
4	Holder-Table 函数	2	[−10, 10]	[±8.06, ±9.66]	−19.21
5	Sphere 函数	20	[−5.12, 5.12]	[0, ⋯, 0]	0
6	Zakharov 函数	20	[−5, 10]	[0, ⋯, 0]	0

这里选取了惯性权重线性变化但学习因子不变的 S_PSO 算法[15]、收缩因子的 C_PSO 算法[16]、惯性权重与学习因子同时线性变化的 T_PSO 算法[19]以及本书改进的自适应 ASD_PSO 算法与实时自适应 L_ASD_PSO 算法共五种粒子群算法分别对六种测试函数进行计算，得到的测试结果如表 4.4～表 4.9 所示。表中不仅列出了测试的衡量标准结果，同时也列出了测试结果的最优值及其标准差。从表中可以看出，L_ASD_PSO 和 T_PSO 这两种算法对六种测试函数均能在 50 次测试中获得最优解，成功率均为 1，表明这两种算法都具备很强的鲁棒性。对于 Ackley 函数，ASD_PSO 算法的成功率为 0.94，而 C_PSO 算法的成功率仅为 0.3。这里需要注意的是，ASD_PSO 算法可能更适合快速求解高精度的数学函数，其性能已在文献中得到验证。成功率为 1 的情况下，L_ASD_PSO 算法的平均计算次数最小，为 429 次，S_PSO 和 T_PSO 这两种算法则分别需要 1279 次和 775 次迭代才能达到收敛精度。对于 Exponential 函数，C_PSO 算法的平均计算次数最少，为 135 次。ASD_PSO 算法在求解 Goldstein & Price 函数时，平均计算次数最少，为 34 次，而 L_ASD_PSO 算法的平均计算次数为 36 次，略多于 ASD_PSO 算法。L_ASD_PSO 和 ASD_PSO 这两种算法在优化 Holder-Table 函数时所需要的平均计算次数相同，均为 28 次。对于 Sphere 和 Zakharov 两种测试函数，ASD_PSO 算法的收敛速度比 L_ASD_PSO 算法分别快 4%和 2%。C_PSO 算法在求解 Sphere 函数时，所需要的平均计算次数最少。而 ASD_PSO 算法在求解 Zakharov 函数时，其收敛速度最快，L_ASD_PSO 算法次之。综合对比成功率和平均计算次数两个指标，L_ASD_PSO 算法在鲁棒性和收敛速度方面表现最好。

在求解单峰、多峰数学函数或者是二维、多维数学函数上，L_ASD_PSO 算法和 T_PSO 算法对六种测试函数均能在有限迭代数之内获得满足误差范围内的最优解，具备强大的随机、全局搜索能力，不易陷入局部最优，但 L_ASD_PSO 算法的搜索速度比 T_PSO 算法更快。因此，对于基于数值模拟的泵优化问题，可推测 L_ASD_PSO 算法能在较短的周期内完成泵几何参数全局范围内的最优值搜索[18]。

表 4.4 不同粒子群算法对 Ackley 函数的测试结果

算法名称	成功率	目标函数计算最小次数	目标函数平均计算次数	目标函数计算次数标准差	最优值	平均最优值	最优值标准差
ASD_PSO	0.94	433	1035	691	0.00001	0.02323	0.16335
L_ASD_PSO	1	429	817	486	0.00001	0.00001	0.00000
C_PSO	0.3	353	2026	809	0.00001	1.26124	0.89313
S_PSO	1	1279	1488	90	0.00001	0.00001	0.00000
T_PSO	1	775	848	44	0.00001	0.00001	0.00000

表 4.5 不同粒子群算法对 Exponential 函数的测试结果

算法名称	成功率	目标函数计算最小次数	目标函数平均计算次数	目标函数计算次数标准差	最优值	平均最优值	最优值标准差
ASD_PSO	1	156	185	15	−0.99999	−0.99999	0.00000
L_ASD_PSO	1	157	190	15	−0.99999	−0.99999	0.00000
C_PSO	1	115	135	9	−0.99999	−0.99999	0.00000
S_PSO	0	2499	2499	0	−0.99989	−0.83424	0.20097
T_PSO	1	260	498	101	−0.99999	−0.99999	0.00000

表 4.6 不同粒子群算法对 Goldstein & Price 函数的测试结果

算法名称	成功率	目标函数计算最小次数	目标函数平均计算次数	目标函数计算次数标准差	最优值	平均最优值	最优值标准差
ASD_PSO	1	20	34	6	3.00000	3.00000	0.00000
L_ASD_PSO	1	18	36	18	3.00000	3.00000	0.00000
C_PSO	1	32	58	10	3.00000	3.00000	0.00000
S_PSO	1	263	521	76	3.00000	3.00001	0.00000
T_PSO	1	50	313	69	3.00000	3.00001	0.00000

表 4.7 不同粒子群算法对 Holder-Table 函数的测试结果

算法名称	成功率	目标函数计算最小次数	目标函数平均计算次数	目标函数计算次数标准差	最优值	平均最优值	最优值标准差
ASD_PSO	1	15	28	5	19.20850	19.20850	0.00000
L_ASD_PSO	1	18	28	5	19.20850	19.20850	0.00000
C_PSO	1	21	44	10	19.20850	19.20850	0.00000
S_PSO	1	95	317	94	19.20850	19.20850	0.00000
T_PSO	1	140	265	66	19.20850	19.20850	0.00000

表 4.8　不同粒子群算法对 Sphere 函数的测试结果

算法名称	成功率	目标函数计算最小次数	目标函数平均计算次数	目标函数计算次数标准差	最优值	平均最优值	最优值标准差
ASD_PSO	1	203	239	16	0.00001	0.00001	0.00000
L_ASD_PSO	1	215	249	19	0.00001	0.00001	0.00000
C_PSO	1	162	184	10	0.00001	0.00001	0.00000
S_PSO	1	434	726	121	0.00001	0.00001	0.00000
T_PSO	1	369	517	80	0.00001	0.00001	0.00000

表 4.9　不同粒子群算法对 Zakharov 函数的测试结果

算法名称	成功率	目标函数计算最小次数	目标函数平均计算次数	目标函数计算次数标准差	最优值	平均最优值	最优值标准差
ASD_PSO	1	455	553	48	0.00001	0.00001	0.00000
L_ASD_PSO	1	450	566	42	0.00001	0.00001	0.00000
C_PSO	1	676	785	59	0.00001	0.00001	0.00000
S_PSO	1	1769	2143	124	0.00001	0.00001	0.00000
T_PSO	1	1091	1197	40	0.00001	0.00001	0.00000

3. 改进的自适应粒子群算法与经典遗传算法的对比

目前在旋转机械性能优化的研究中，广泛采用的优化方法是经典成熟的遗传算法（GA）。为了对比改进的自适应粒子群（L_ASD_PSO）算法和经典遗传算法的寻优性能，采用前面所选取的六种测试函数进行验证。遗传算法的基本设置如下：种群数为 20，最大迭代数为 2500，种群交叉率为 0.85，交叉的方式为单点交叉，变异率为 0.01，独立运行 50 次。图 4.13～图 4.18 分别描述了六种测试函数在优化过程中平均最优值的变化曲线。从图中可以看出，遗传算法的收敛速度较慢，除了对 Zakharov 函数寻优时能在 2500 次迭代内完成收敛，在其他函数的寻优过程中均未找到最优值，而改进的自适应粒子群算法能有效地获得函数的最优值，并且所需要的计算次数较少。造成两者之间差异的第一种可能原因是种群数较少，不适合遗传算法；第二种可能原因是遗传算法具有易早熟收敛的缺陷；第三种可能原因则是遗传算法中种群个体之间没有“信息存储”功能，而且种群之间是共享信息，种群以均匀的速度向最优值运动，而改进的自适应粒子群算法的粒子具有“记忆”功能，粒子始终向最优粒子单向移动，因而收敛快。因此，可以推测改进的自适应粒子群算法比遗传算法更适合解决旋转机械优化问题，缩短优化周期。

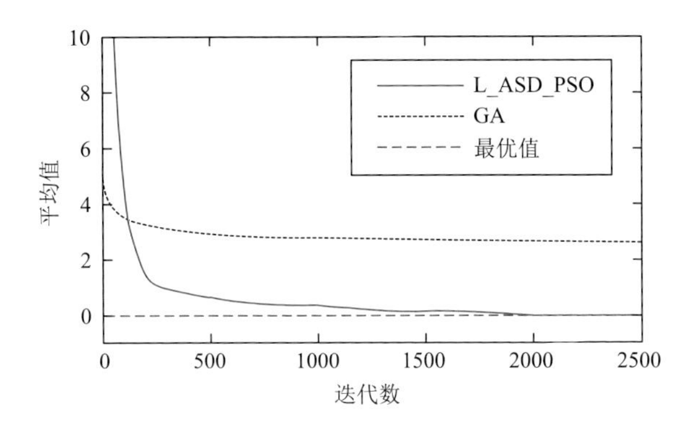

图 4.13 改进的自适应粒子群算法和遗传算法求解 Ackley 函数的平均最优值

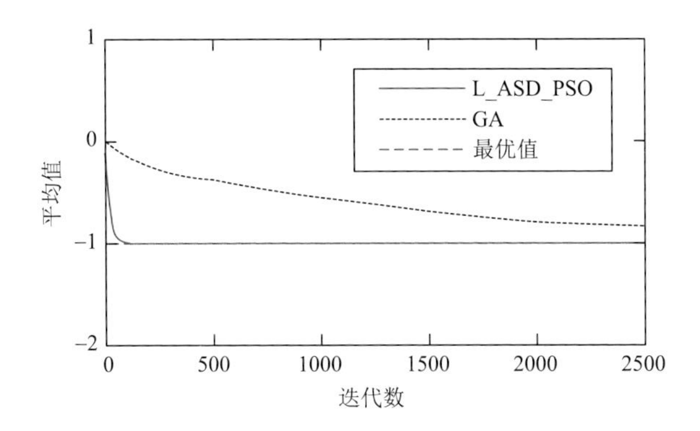

图 4.14 改进的自适应粒子群算法和遗传算法求解 Exponential 函数的平均最优值

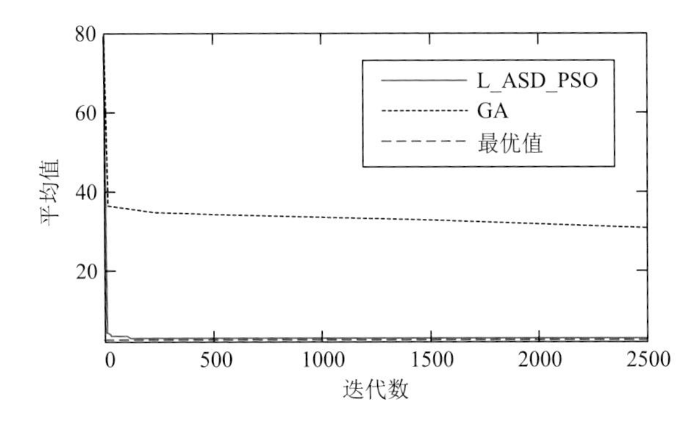

图 4.15 改进的自适应粒子群算法和遗传算法求解 Goldstein&Price 函数的平均最优值

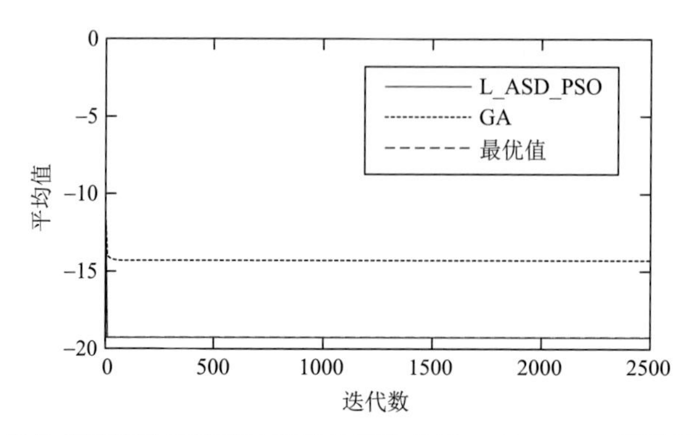

图 4.16　改进的自适应粒子群算法和遗传算法求解 Holder-Table 函数的平均最优值

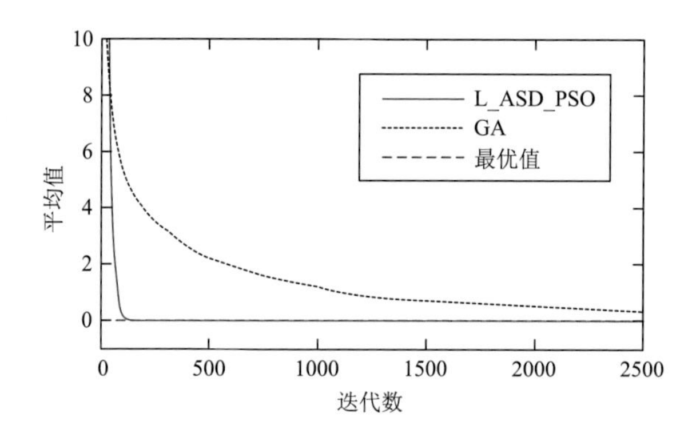

图 4.17　改进的自适应粒子群算法和遗传算法求解 Sphere 函数的平均最优值

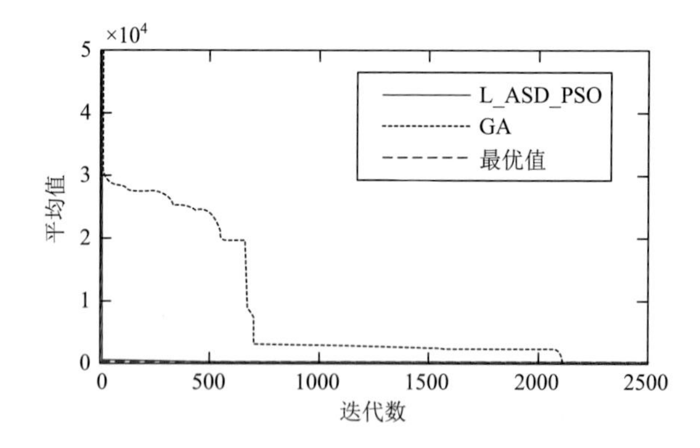

图 4.18　改进的自适应粒子群算法和遗传算法求解 Zakharov 函数的平均最优值

4.3.5　粒子群算法的使用案例

1. 算法设置

目标函数与 4.2.3 节相同，使用具有线性递减惯性权重的改进策略，粒子群算法的 MATLAB 代码实例参见附录 3。具体参数如表 4.10 所示。

表 4.10　粒子群算法全局参数

参数	数值
变量数量	2
变量上限	[32.168, 32.168]
变量下限	[−32.168, −32.168]
种群数量	20
最大惯性权重 w_{max}	1.2
最小惯性权重 w_{min}	0.4
自我学习因子 c_1	2
社会学习因子 c_2	2
最大迭代数	200
迭代精度	10^{-8}

2. 结果分析

使用标准粒子群算法（具有惯性权重）对二维 Ackley 函数进行寻优，收敛曲线如图 4.19 所示。由图可见，算法前期的全局搜索能力较强，后期的局部探索能力较强（收敛曲线下降迅速）。算法寻优所得最优值为 8.9×10^{-7}，最优变量为[-2.7×10^{-7}, 1.7×10^{-7}]。

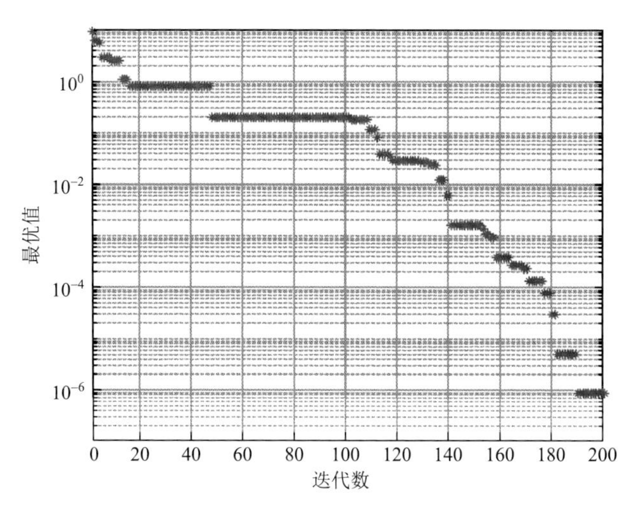

图 4.19　粒子群算法的收敛曲线

4.4 蝙 蝠 算 法

与遗传算法和粒子群算法类似，蝙蝠算法（bat algorithm，BA）也是一种元启发式算法，是由 Yang 等于 2010 年开发的全局优化算法[20, 21]。蝙蝠算法模拟蝙蝠利用回声定位搜寻猎物的过程进行寻优。

蝙蝠在搜索过程中会发射特定频率的声波脉冲，发射声波的方式随搜索的进行不断变化。搜索初期，需要在大范围内搜索猎物，因此需要发射较大响度的声波以传播更远，相应地发射声波的频率较低；蝙蝠在渐渐接近猎物的过程中，发射声波的响度减小，发射频率增大，以在较小的范围内精确掌握猎物的动态，直至找到猎物的精确位置。

对蝙蝠实际搜寻猎物的过程进行以下三点理想化的假设，即可得到基本蝙蝠算法寻优思路[20, 21]。

（1）所有蝙蝠都使用回声定位来感知距离，它们也能分辨猎物和障碍物之间的区别。

（2）初始状态时，蝙蝠的位置为 x_i ，以速度 v_i 进行随机飞行，发出的声波频率为 $f_{\min}$ ，其波长为 l，响度为 A_0 。在随后的飞行中，蝙蝠可以根据其与猎物的距离自动调整发射声波的波长 l（或者频率 f）、声波发射率 r（ $r \in [0,1]$ ）。

（3）响度随着寻优过程的进行，从一个较大初始值 A_0 逐渐变为一个较小值 $A_{\min}$ 。

蝙蝠算法的寻优思路如图 4.20 所示。

4.4.1 基本蝙蝠算法的数学描述

设定搜索空间为 D 维空间，蝙蝠 i 在 $t+1$ 时刻的速度与位置更新方式为

$$\boldsymbol{v}_i^{t+1} = \boldsymbol{v}_i^t + (\boldsymbol{x}_i^t - \boldsymbol{x}_{\text{best}}) \cdot f_i \tag{4.47}$$

$$\boldsymbol{x}_i^{t+1} = \boldsymbol{x}_i^t + \boldsymbol{v}_i^{t+1} \tag{4.48}$$

式中，$\boldsymbol{v}_i^t$ 、$\boldsymbol{v}_i^{t+1}$ 分别为蝙蝠 i 在 t 时刻和 $t+1$ 时刻的飞行速度；$\boldsymbol{x}_i^t$ 、$\boldsymbol{x}_i^{t+1}$ 分别为蝙蝠 i 在 t 时刻和 $t+1$ 时刻的位置；$\boldsymbol{x}_{\text{best}}$ 为蝙蝠群体的全局最优值；f_i 为蝙蝠 i 发出的声波频率，其更新方式如下：

$$f_i = f_{\min} + (f_{\max} - f_{\min}) \cdot \text{rand} \tag{4.49}$$

式中，$f_{\max}$ 、$f_{\min}$ 分别为蝙蝠所发出信号的频率上限与下限；rand 为区间[0, 1]上的随机数。

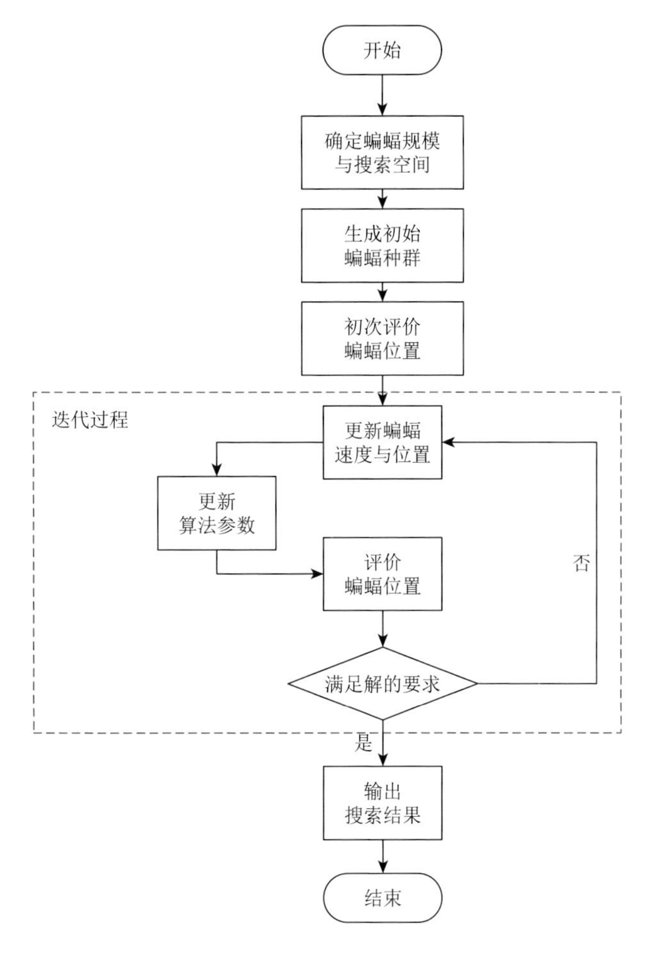

图 4.20 蝙蝠算法的寻优思路

结合如前所述蝙蝠搜索猎物的过程可知，在寻优过程中声波响度 A 逐渐减小而声波发射率 r 逐渐增大。算法中用如下公式模拟这一过程，即

$$r_i^{t+1} = r_i^0[1-\exp(-\delta t)] \tag{4.50}$$

$$A_i^{t+1} = \lambda A_i^t \tag{4.51}$$

式中，r_i^0 、r_i^{t+1} 分别为最大声波发射率、蝙蝠 i 在 $t+1$ 时刻的声波发射率；A_i^t 、A_i^{t+1} 分别为蝙蝠 i 在 t、$t+1$ 时刻的声波响度；δ 、λ 分别为声波发射率增长系数和声波响度衰减系数。

为了使算法具有更好的搜索性能，避免局部收敛，基本蝙蝠算法设定局部扰动如下：

$$\boldsymbol{x}_i^t = \boldsymbol{x}_{\text{best}} + \text{rand}A_{\text{ave}} \tag{4.52}$$

式中，rand 为区间[−1, 1]上的一个随机数（数组服从平均分布）；A_{ave} 为蝙蝠种群在 t 时刻的平均响度。

4.4.2 基于高斯分布、t 分布扰动的蝙蝠算法

基本蝙蝠算法虽然收敛速度很快，但是容易早熟，过早地收敛于局部最优解。此外，基本蝙蝠算法对高维函数优化的精度较低。

针对蝙蝠算法的以上缺陷，方法之一是采用高斯分布的局部扰动代替基本蝙蝠算法的平均分布扰动，对适应值不高的蝙蝠个体进行 t 分布扰动。高斯分布与 t 分布的概率密度如图 4.21 所示，改进的蝙蝠算法利用 t 分布有较大的可能性产生较大随机数的特征，将评价较低的个体的局部扰动定义为[22]

$$\boldsymbol{x}_i^t = \boldsymbol{x}_{\text{best}} + \omega A_{\text{ave}} \tag{4.53}$$

式中，每个个体的扰动系数 ω 均服从 t 分布。同时，随着迭代的进行采用自适应 t 分布策略，即蝙蝠算法的迭代次数作为 t 分布的自由度参数。因此，在算法初期 t 分布具有较小的自由度，ω 有更大的可能取到较大值，即可获得更大的扰动，避免过早收敛，利于全局搜索。算法后期随着迭代次数的增大，蝙蝠更接近最优值，t 分布曲线也相应集中于较小值，产生的扰动更小，利于局部寻优。而针对最优个体，则一直使用服从集中于较小值的高斯分布的 η，最优个体的扰动为[23]

$$\boldsymbol{x}_i^t = \boldsymbol{x}_{\text{best}} + \eta x_{\text{ave}} \tag{4.54}$$

t 分布扰动蝙蝠算法的思路如图 4.22 所示。

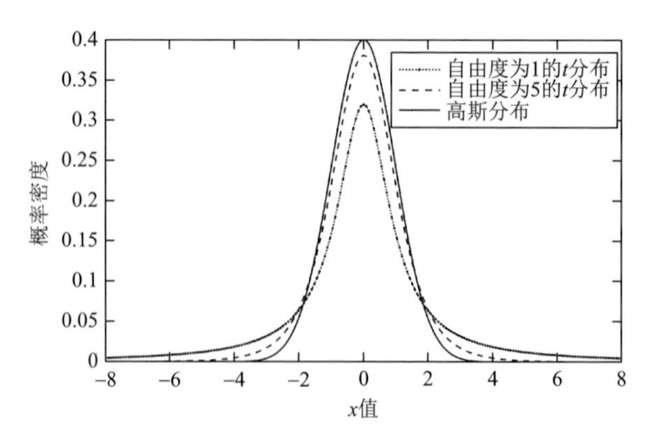

图 4.21 高斯分布与不同自由度 t 分布

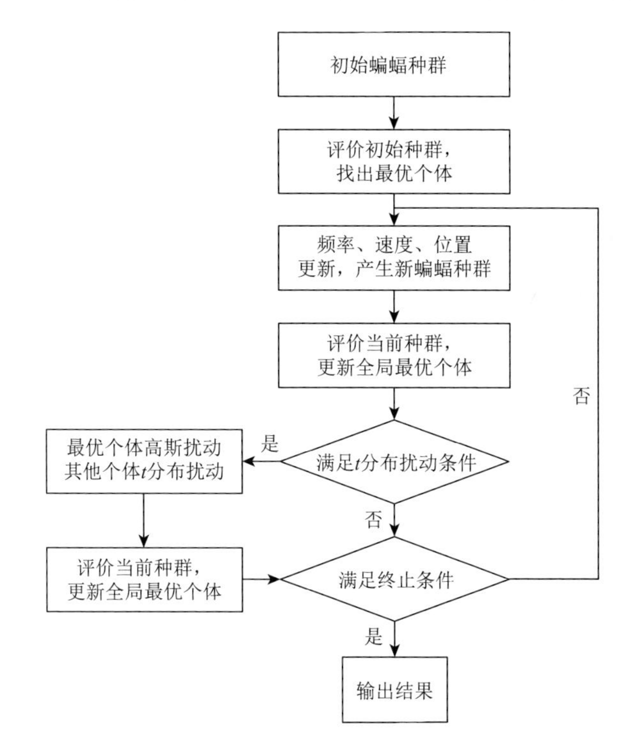

图 4.22 t 分布扰动蝙蝠算法的思路

4.4.3 基于自适应权重的蝙蝠算法

由式（4.47）和式（4.48）可知，蝙蝠在 $t+1$ 代的位置除上代自身位置外主要由自身发散因子 $(\boldsymbol{x}_i^t-\boldsymbol{x}_i^{t-1})$ 与全局发散因子 $(\boldsymbol{x}_i^t-\boldsymbol{x}_{\text{best}})\cdot f_i$ 两部分组成[24]，如图 4.23 所示。

发散因子会使其脱离最优位置，而进入接近最优值的开发阶段时，自身发散因子往往相对较大，使其脱离最优位置，不利于局部寻优。因此，在自身发散因子前加上权重，每个蝙蝠根据自身适应度产生自适应权重。接近最优值的个体权重应该相对较小，可以让其速度很快降下来，在周围较小范围继续搜索以找到最优解。反之，远离最优值的个体权重应相对较大，利于在全局范围游走，避免过早收敛。具体实现方式如下。

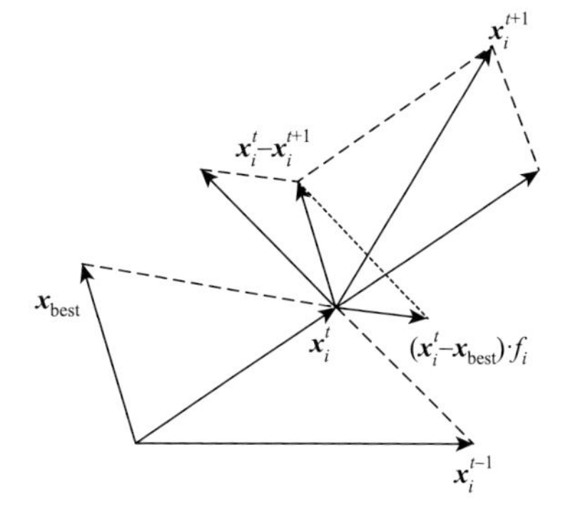

图 4.23 蝙蝠个体飞行示意图

将蝙蝠算法的位置更新公式变为[24]

$$\boldsymbol{x}_i^{t+1}=\boldsymbol{x}_i^t+\omega(\boldsymbol{x}_i^t-\boldsymbol{x}_i^{t-1})+(\boldsymbol{x}_i^t-\boldsymbol{x}_{\text{best}})\cdot f_i \tag{4.55}$$

式中，ω 为扰动系数。

适应值优的个体接近最优值，应该赋予一个较小的权重，确定方式如下：

$$w = w_{\min} + (w_{\max} - w_{\min}) \cdot \frac{\text{rank}_i^t}{p} \tag{4.56}$$

式中，$w_{\max}$、$w_{\min}$ 分别为权重最大值和权重最小值；rank_i^t 为蝙蝠 i 在种群中的适应值排名；p 为蝙蝠群体数量。

其他步骤与基本蝙蝠算法一致，基于自适应权重的蝙蝠算法有效地提升了局部搜索性能，在一定程度上改善了早熟情况，收敛速度和精度均得到提高。

4.4.4 蝙蝠算法的使用案例

1. 算法设置

目标函数为 Ackley 函数，使用基于 t 分布扰动的蝙蝠算法寻优，蝙蝠算法的 MATLAB 代码实例参见附录 4。具体参数如表 4.11 所示。

表 4.11 蝙蝠算法全局参数

参数	值
变量数量	2
变量上限	[10, 10]
变量下限	[−10, −10]
种群数量	20
最大声波频率 $f_{\max}$	2
最小声波频率 $f_{\min}$	0
初始声波响度 A_0	0.2
初始声波发射率 r_0	0.5
最大迭代数	150
迭代精度	10^{-12}

2. 结果分析

使用改进的 t 分布蝙蝠算法对 Ackley 函数进行优化的寻优曲线如图 4.24 所示。由图可知，前期基本扰动方式阶段收敛速度平缓，进入 t 分布扰动循环后收敛速度显著变快。此外，算法跳出局部最优值的能力很强，在10^{-8}的精度下仍能较快跳出局部收敛。

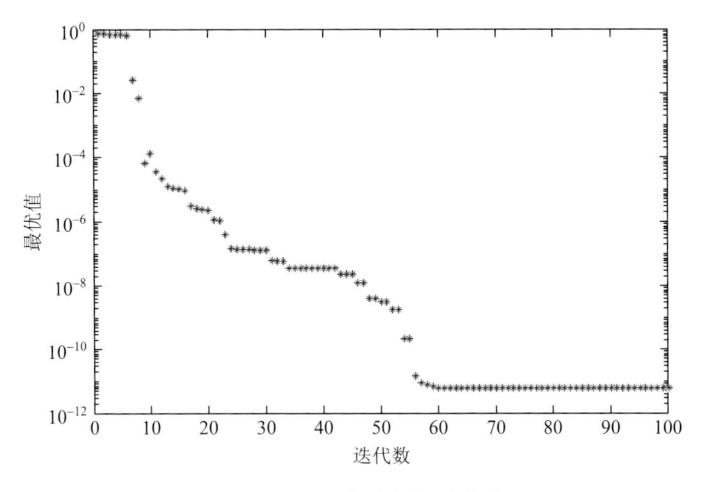

图 4.24　蝙蝠算法的收敛曲线

整体收敛速度很快，在 60 步以内收敛到 10^{-11}，最终收敛精度达到 10^{-11}。寻优结果为：最优变量为（4.93×10^{-14}，2.05×10^{-12}），最优值为 5.79×10^{-12}。

4.5　多目标遗传算法

多目标优化问题（multi-objective optimization problem，MOP）也称为多准则优化、多指标优化或向量优化，其目的是要找到一组折中解以满足不同目标函数的要求[25-27]。关于多目标优化问题将在 5.4.1 节中详细论述。

4.5.1　多目标遗传算法的数学描述

与单目标遗传算法相比，多目标遗传算法的逻辑（图 4.25）和操作方法是相似的（同 4.2.1 节），主要区别在于染色体的适应度（评价值）的计算方法及对于染色体优劣的排序方法。

因此，为了获得稳定均匀的多目标优化问题的 Pareto 前沿，在应用遗传算法到多目标优化问题的过程中，主要需要解决以下几个问题：

（1）选取合适的适应度计算方式，引导算法向着 Pareto 最优解集的方向进行；

（2）选取合适的算法收敛判定方法且维持群体多样性，防止算法过早收敛；

（3）维持 Pareto 解集均匀和稳定。

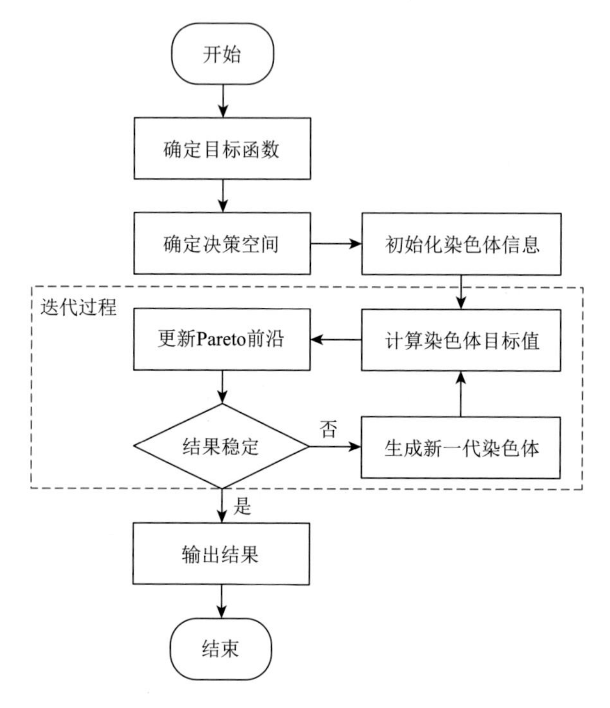

图 4.25　多目标遗传算法的逻辑图

4.5.2　基于矩阵计算的 Pareto 最优前沿判断方法

以最小化多目标优化问题为例，设目标函数解集矩阵为[28]

$$\boldsymbol{y}=F(\boldsymbol{x})=\begin{bmatrix} y_{1,1} & y_{1,2} & \cdots & y_{1,n} \\ y_{2,1} & y_{2,2} & \cdots & y_{2,n} \\ \vdots & \vdots & & \vdots \\ y_{m,1} & y_{m,2} & \cdots & y_{m,n} \end{bmatrix} \tag{4.57}$$

其中任意一个解：

$$\boldsymbol{y}_i=(y_{i,1},y_{i,2},\cdots,y_{i,n}),\quad i\in\{1,2,\cdots,m\} \tag{4.58}$$

对 $\boldsymbol{y}_i \geqslant \boldsymbol{y}$ 进行逻辑运算，即如果 $y_{i,a} \geqslant y_{j,a}, a\in\{1,2,\cdots,n\}, j\in\{1,2,\cdots,m\}$，则 $\xi_{j,a}=1$，反之，$\xi_{j,a}=0$。设计算结果如下：

$$\boldsymbol{A}=\begin{bmatrix} \xi_{1,1} & \xi_{1,2} & \cdots & \xi_{1,n} \\ \xi_{2,1} & \xi_{2,2} & \cdots & \xi_{2,n} \\ \vdots & \vdots & & \vdots \\ \xi_{m,1} & \xi_{m,2} & \cdots & \xi_{m,n} \end{bmatrix} \tag{4.59}$$

对矩阵 $\boldsymbol{A}$ 进行行求积，得

$$\mathrm{Prod}(\boldsymbol{A})=\begin{bmatrix} p_1 \\ p_2 \\ \vdots \\ p_m \end{bmatrix} \tag{4.60}$$

可知，若 $\exists j\in\{1,2,\cdots,m\}, p_j=1$，则 $\boldsymbol{y}_i \geqslant \boldsymbol{y}_j$。

同理，对 $\boldsymbol{y}_i > \boldsymbol{y}$ 进行逻辑运算，可得

$$\boldsymbol{B}=\begin{bmatrix} \zeta_{1,1} & \zeta_{1,2} & \cdots & \zeta_{1,n} \\ \zeta_{2,1} & \zeta_{2,2} & \cdots & \zeta_{2,n} \\ \vdots & \vdots & & \vdots \\ \zeta_{m,1} & \zeta_{m,2} & \cdots & \zeta_{m,n} \end{bmatrix} \tag{4.61}$$

对矩阵 $\boldsymbol{B}$ 进行行求和，可得

$$\mathrm{sum}(\boldsymbol{B})=\begin{bmatrix} s_1 \\ s_2 \\ \vdots \\ s_m \end{bmatrix} \tag{4.62}$$

综上，结合 Pareto 最优解的定义可知，若 $\exists j\in\{1,2,\cdots,m\}, p_j\cdot s_j>0$，则 $\boldsymbol{y}_j \prec \boldsymbol{y}_i$；反之，$\boldsymbol{y}_i$ 是 Pareto 最优解。

4.5.3 多目标优化问题的适应值计算方法

为了使算法可以始终向着 Pareto 最优解集的方向前进，定义新的个体适应度函数[28]：

$$F(\boldsymbol{x}_i)=\frac{1}{\left\|\boldsymbol{x}_i-\boldsymbol{x}_{\mathrm{f}}\right\|_2+\varepsilon} \tag{4.63}$$

式中，$\boldsymbol{x}_i$ 为群体中任意一个个体；$\boldsymbol{x}_{\mathrm{f}}$ 代表群体中距离 $\boldsymbol{x}_i$ 最近的最优非劣个体；ε 为平滑项，以防止分母为 0，一般取 1；$\left\|\boldsymbol{x}_i-\boldsymbol{x}_{\mathrm{f}}\right\|_2$ 表示两者之间的欧氏距离，如图 4.26 所示。

由上述定义可知，最优非劣个体的适应度为 1，并且个体越靠近 Pareto 前沿，其适应度越大。在遗传算法的选择计算中，适应度越大的个体具有更好的配对优先权，适应度为 1 的最优非劣个体作为精英被选择，进入下一次迭代，从而使得算法始终朝着最优解集的方向进行。

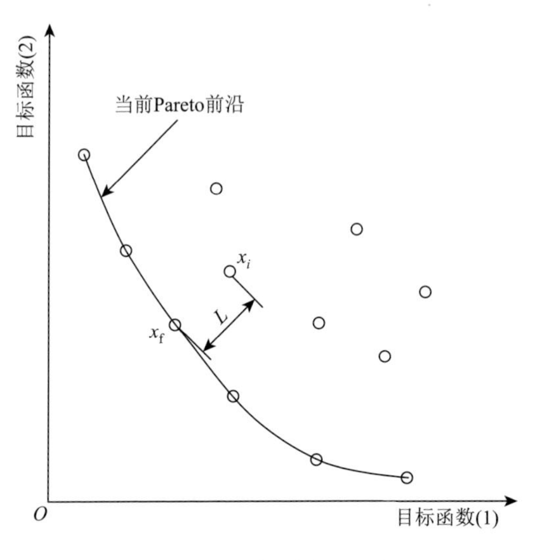

图 4.26　个体适应值计算

4.5.4　Pareto 前沿维护

对于多目标优化问题，获得一个均匀的 Pareto 前沿非常必要。因此，引入拥挤距离的概念，用于维护 Pareto 前沿的均匀性。

首先，在算法开始前应设定一个 Pareto 最优解集的数量限制 N_{lim}。如果当前 Pareto 前沿中解的个数 $N_{\text{crt}} > N_{\text{lim}}$，则触发维护过程。

（1）对于每个目标函数 $f_j, j \in \{1,2,\cdots,n\}$，按照升序排列最优非劣个体，获得 n 组排序向量 $\boldsymbol{I}_j$。

（2）由于边界点（如图 4.27 中的 A 点和 F 点）总是被选取，故赋予其拥挤距离 $d_{i,j} = \infty$。对于非边界点，基于第一步所做的排序向量，找出每个目标函数下的相邻个体，计算当前目标函数下的拥挤距离分量：

$$d_{i,j} = \frac{d_{i1} + d_{i2}}{d_{j,\max}} = \frac{f_j(x_{i+1}) - f_j(x_{i-1})}{f_j(x_{N_{\text{crt}}}) - f_j(x_1)} \tag{4.64}$$

式中，$d_{i,j}$ 为第 i 个个体在第 j 个目标函数下的拥挤距离分量；d_{i1}、d_{i2} 分别为当前个体与前置个体和后置个体的第 j 个目标函数差值，如图 4.27 所示；$d_{j,\max}$ 为第 j 个目标函数下边界个体之间的函数差值。

（3）对每个个体在不同目标函数下的拥挤距离分量进行加和，得到总的拥挤距离：

$$d_i = \sum_{j=1}^{n} d_{i,j} \tag{4.65}$$

（4）对获得的拥挤距离进行降序排列，将排在最后的 $N_{crt} - N_{lim}$ 个非劣解从最优解集中删除。

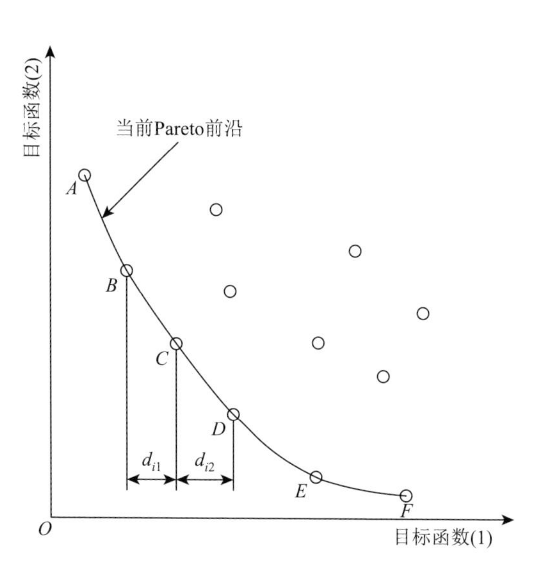

图 4.27 Pareto 前沿维护过程

4.5.5 多目标遗传算法的使用案例

1. 目标函数

$$\min\begin{cases} f_1(x) = x_1 \\ f_2(x) = g(x)\left[1 - \sqrt{\dfrac{x_1}{g(x)}} - \dfrac{x_1}{g(x)}\sin(10\pi x_1)\right] \end{cases} \tag{4.66}$$

其中，

$$\begin{aligned} & g(x) = 1 + \frac{9}{m-1}\sum_{i=2}^{m} x_i \\ & x_i \in [0,1], i \in \{1,2,\cdots,m\}, m = 30 \end{aligned} \tag{4.67}$$

该测试问题在决策空间中的 Pareto 前沿是均匀且不连续的，如图 4.28 所示。此测试函数的 Pareto 最优解为 $\{(x_1, x_2 \cdots, x_m) \mid x_1 \in [0,1], x_2 = x_3 = \cdots = x_m = 0\}$。

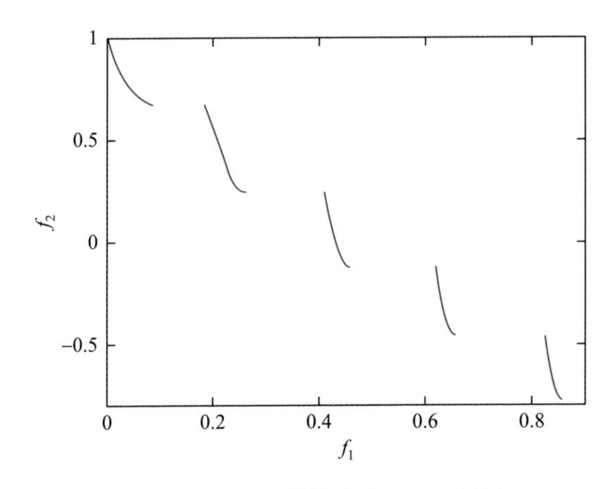

图 4.28　测试函数的真实 Pareto 前沿

2. 算法设置

采用 MATLAB 2017b 编写多目标遗传算法对上述问题进行求解，设置参数如表 4.12 所示。

表 4.12　多目标遗传算法全局参数

参数	值
变量数量	30
变量上限	1
变量下限	0
种群数量	200
选择率	0.05
交叉率	0.9
变异率	0.05
选择机制	精英选择
最大迭代数	1000
Pareto 前沿数量限制	100

3. 结果分析

使用多目标遗传算法计算所得的 Pareto 最优前沿如图 4.29 所示，与测试函数本身的 Pareto 最优前沿相比，具有较好的精度。

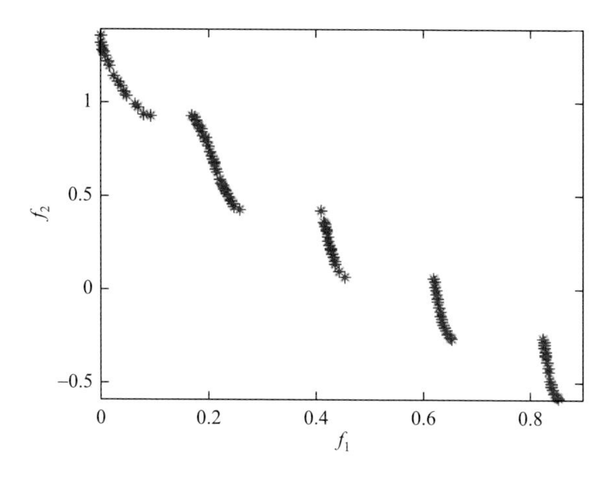

图 4.29 多目标遗传算法的计算结果

4.6 多目标粒子群算法

4.6.1 多目标粒子群算法的基本步骤

多目标粒子群（multi-objective particle swarm optimization，MOPSO）算法是利用粒子群算法来解决多目标优化问题，其基础仍是粒子群算法，只是求解对象变为多目标优化问题[24-26]。总体来说，多目标粒子群算法处理多目标优化问题的思路与多目标遗传算法类似，一般需要考虑以下三个方面的需求[28]：

（1）搜索过程能够找到尽可能多的 Pareto 最优解；

（2）搜索得到的 Pareto 最优解能够最大限度地逼近多目标优化问题的真实 Pareto 前沿，即算法具有良好的收敛精度；

（3）搜索到的 Pareto 最优解具有良好的分布特性，即所得的 Pareto 解集具有良好的多样性。

为满足上述要求，多目标粒子群算法的基本步骤如图 4.30 所示。相对于单目标粒子群算法，多目标粒子群算法在运行时主要有两处不同：gbest 和 pbest 的更新。下面对这两处不同进行进一步的讨论。

1. 全局最优位置的选取

在标准粒子群算法中，全局最优位置一般是一个点或者是一个向量。而对于多目标优化，gbest 不再是唯一的。因此，如何为每个粒子选择合适的全局最优位置成为多目标粒子群算法设计的关键问题之一。

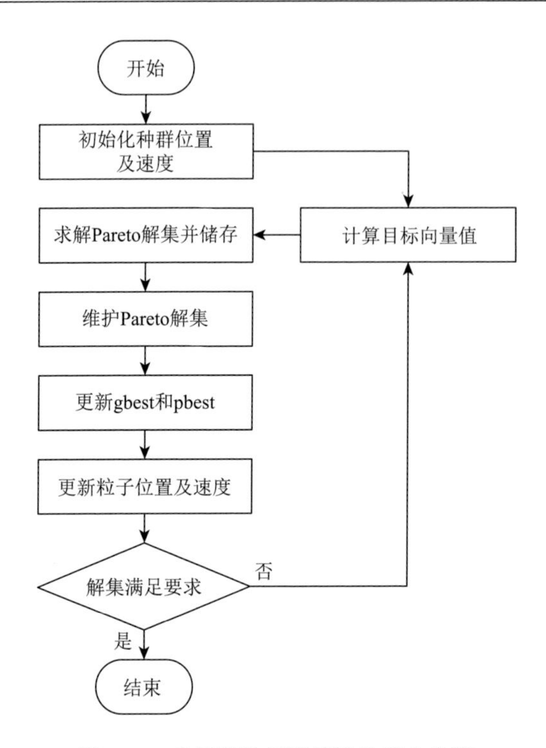

图 4.30　多目标粒子群算法的基本步骤

目前比较常用的全局最优位置选择方法有随机选择方法、基于σ值的选择方法、小生镜技术、基于拥挤距离的方法、基于焦半径的方法和基于自适应网格的方法等。

2. 个体最优位置的选取

相对于全局最优位置的选取，个体最优位置 pbest 的选取显得相对简单。最常用的方法就是将粒子当前迭代的粒子位置与个体历史最优位置进行比较，如果新的位置支配了当前的 pbest，则采用当前位置作为新的 pbest 代入迭代，反之，则不变。

4.6.2　多目标粒子群算法的改进

1. 改进的多目标粒子群算法的逻辑

叶片泵的直接优化工作所涉及的单步计算量巨大，且目标函数具有很强的非线性和不连续性。因此，该类优化工作对于算法的收敛性和搜索性具有很高的要求。针对以上问题，作者对传统的多目标粒子群算法进行了改进：引入粒子分组的概念（精英粒子、普通粒子等），对不同组别的粒子选择不同的速度更新策略，以提升其全局和局部的搜索能力，提高收敛速度，减少无效迭代步数。

改进的多目标粒子群算法的运算逻辑如图 4.31 所示，算法编程基于 MATLAB，其主要功能可分为五部分：初始化粒子种群、更新粒子位置评价值、选择精英粒子及更新粒子的速度与位置。下面将从这五个方面对算法的改进工作进行进一步讨论。

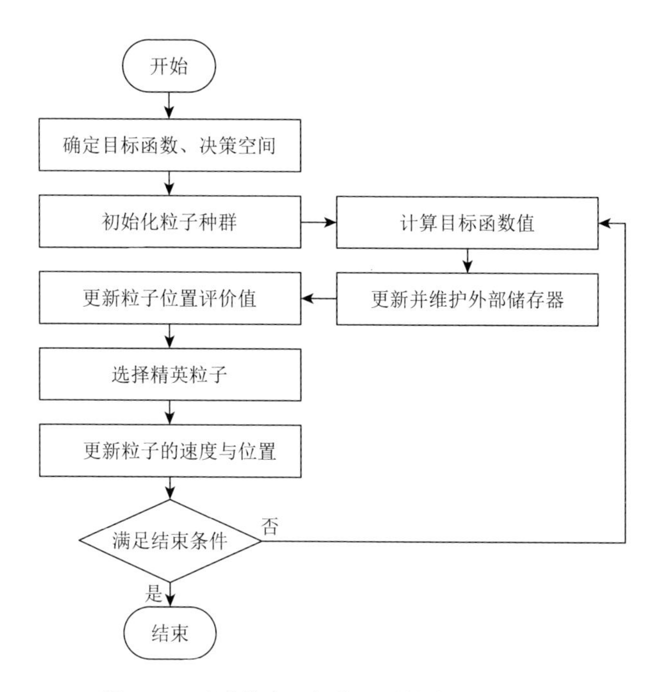

图 4.31 改进的多目标粒子群算法的运算逻辑

2. 改进的多目标粒子群算法的参数设置及初始化策略

在算法执行前应首先确定决策空间、目标函数和算法的全局参数。其中全局参数对于算法的执行效率和运算精度均有十分明显的影响。在具体介绍所采用的全局参数之前，首先对所采用的粒子信息的表达方式进行讨论。

为提高程序的运行效率，粒子的相关信息采用矩阵的形式表达，其数学描述如下[29, 30]。

假设粒子种群数为 p，目标函数维度为 d，目标函数数量为 n，则粒子的位置向量 $\boldsymbol{x}^{\text{iter}}$ 为

$$\boldsymbol{x}^{\text{iter}}=\begin{bmatrix}\boldsymbol{x}_1^{\text{iter}}\\\boldsymbol{x}_2^{\text{iter}}\\\vdots\\\boldsymbol{x}_p^{\text{iter}}\end{bmatrix}=\begin{bmatrix}x_{1,1}^{\text{iter}} & x_{1,2}^{\text{iter}} & \cdots & x_{1,d}^{\text{iter}}\\x_{2,1}^{\text{iter}} & x_{2,2}^{\text{iter}} & \cdots & x_{2,d}^{\text{iter}}\\\vdots & \vdots & & \vdots\\x_{p,1}^{\text{iter}} & x_{p,2}^{\text{iter}} & \cdots & x_{p,d}^{\text{iter}}\end{bmatrix}\tag{4.68}$$

同理，其速度向量表达式 $\boldsymbol{v}^{\text{iter}}$ 为

$$\boldsymbol{v}^{\text{iter}}=\begin{bmatrix}\boldsymbol{v}_1^{\text{iter}}\\\boldsymbol{v}_2^{\text{iter}}\\\vdots\\\boldsymbol{v}_p^{\text{iter}}\end{bmatrix}=\begin{bmatrix}v_{1,1}^{\text{iter}} & v_{1,2}^{\text{iter}} & \cdots & v_{1,d}^{\text{iter}}\\v_{2,1}^{\text{iter}} & v_{2,2}^{\text{iter}} & \cdots & v_{2,d}^{\text{iter}}\\\vdots & \vdots & & \vdots\\v_{p,1}^{\text{iter}} & v_{p,2}^{\text{iter}} & \cdots & v_{p,d}^{\text{iter}}\end{bmatrix}\tag{4.69}$$

式中，上标 iter 表示迭代步数；下标第一位表示粒子编号；下标第二位表示维度编号。

粒子的目标函数值向量 $\boldsymbol{y}^{\text{iter}}$ 为

$$\boldsymbol{y}^{\text{iter}}=\begin{bmatrix}y_{1,1}^{\text{iter}} & y_{1,2}^{\text{iter}} & \cdots & y_{1,n}^{\text{iter}}\\y_{2,1}^{\text{iter}} & y_{2,2}^{\text{iter}} & \cdots & y_{2,n}^{\text{iter}}\\\vdots & \vdots & & \vdots\\y_{p,1}^{\text{iter}} & y_{p,2}^{\text{iter}} & \cdots & y_{p,n}^{\text{iter}}\end{bmatrix}\tag{4.70}$$

式中，上标 iter 表示迭代步数；下标第一位表示粒子编号；下标第二位表示目标函数编号。

1）参数设置

对于多目标粒子群算法，其主要的全局参数为种群数量、速度限制、边界限制方法、外部储存器规模限制等。

（1）种群数量。

种群数量 p 对于多目标粒子群算法的收敛速度和计算时间有着明显影响，当种群数量较少时，其单步计算量小，但不易收敛，容易陷入局部最优；但如果种群数量过多，收敛速度加快，但单步计算量增大，计算时间变长，且收敛速度并不会随着种群数量的增加一直增加，当种群数量达到一定规模时，收敛速度即达到上限，这种现象类似于 CFD 计算中的网格数对于计算精度与速度的影响，选择一个合适的种群数量，有利于提高算法的精度与速度。

目前，许多学者已对种群数量对于不同的目标函数的取值做出了相关研究。学者提出了种群数量和粒子维数的经验公式[14]，即

$$p=\text{int}\left(10+2\sqrt{d}\right)\tag{4.71}$$

式中，p 为种群数量；d 为决策空间维度；int 为强制转换整数运算符。

为了提高粒子群算法在多目标优化问题中的适应性和稳定性，本书在提出的经验公式（4.71）的基础上进行改进，改进后的定义公式为

$$p = \text{int}\left[\left(5+\sqrt{d}\right)\exp(n)\right] \tag{4.72}$$

式中，n 为目标函数的数量。

（2）速度限制。

粒子群算法的性能主要取决于全局搜索能力与局部探索能力的平衡，而粒子运动的最大速度决定了其探索决策空间的精细程度。如果粒子的运动速度较大，其全局搜索能力增强，但在运动过程中可能会错过最优点；反之，如果粒子的运动速度较小，其局部探索能力增强，但可能会陷入局部收敛，从而使算法早熟。

因此，对粒子的速度进行限制有利于算法性能的提升。本书采用的速度限制方案为

$$\boldsymbol{v} \in [-\boldsymbol{v}_{\max}, \boldsymbol{v}_{\max}] \tag{4.73}$$

其中，

$$\boldsymbol{v}_{\max} = 0.7(\mathbf{UB}-\mathbf{LB}) \tag{4.74}$$

式中，**UB**、**LB** 为决策空间上、下边界的向量；$\boldsymbol{v}$ 为粒子的速度向量。

（3）边界限制方法。

为了使算法具有更好的探索近边界区域的能力，本书应用了一种基于吸收概念的边界处理方法，即缓冲。缓冲是指粒子在运动到边界时，将粒子的速度重置为 0，并且根据其速度大小将其位置重置到近边界的位置。其数学描述如下：

$$\begin{aligned} &\text{if } x_i > \text{UB}_i \text{ then } x_i = \text{UB}_i - \text{rand}\cdot(\text{UB}_i - \text{LB}_i)\cdot\exp(kk_i) \\ &\text{if } x_j < \text{LB}_j \text{ then } x_j = \text{LB}_j + \text{rand}\cdot(\text{UB}_j - \text{LB}_j)\cdot\exp(kk_j) \end{aligned} \tag{4.75}$$

其中，

$$kk_i = -5 - \frac{v_{\max,i} - v_i}{v_{\max,i}} \times 10 \tag{4.76}$$

式中，rand 为[0, 1]的随机数；v_i、$v_{\max,i}$ 分别代表当前速度和最大限制速度的第 i 维度分量。

（4）外部储存器规模限制。

如前所述，多目标粒子群算法一般采用外部储存器的方案来存储 Pareto 解集。然而，对于大多数多目标优化问题，Pareto 解集的数量是非常庞大的。因此，算法寻优过程需要对外部储存器的规模进行限制，当所得的 Pareto 解集数量大于规模限制时，对 Pareto 解集进行维护，有利于提高算法的执行效率，减少计算成本。

但是，如果外部储存器的规模限制得太小，则不能很好地保证所得的 Pareto 解集的多样性；反之，如果外部储存器的规模限制太大，则不能很好地保证所得的 Pareto 解集的均匀性，所得的 Pareto 解集可能会存在大量解集的现象，从而误导算法，最后使得算法局部收敛。因此，选择一个合适的规模限制，对于多目标粒子群算法至关重要。

本书采用的规模限制为 $N_{\lim} \in (50,100)$，对于大多数多目标优化问题均有不错的表现。

2）初始化策略

算法搜索速度与收敛能力在一定程度上与初始解集的好坏有着不可分割的关系。一个好的初始解集不仅可以帮助算法在搜寻过程中保证多样性，还可以帮助算法了解搜索空间的好坏分布，引导算法始终朝向正确的方向搜索。目前常见的多目标优化算法（MOEA、MOPSO 等）的初始化策略有三种：应用试验设计方法进行初始化、应用随机取样进行初始化和应用均匀取样进行初始化。

相对于后两种方法，应用试验设计方法在决策空间取样能够使得初始方案具有更好的代表全局的能力，从而使算法在初期就对决策空间与目标函数空间之间的映射关系具有更好的理解。因此，面对多数多目标优化问题，应用试验设计方法进行算法初始化能够使算法具备更好的性能。

如前所述，拉丁超立方抽样方法的输出结果具有良好的均匀性和全局填充能力，因此本书采用拉丁超立方抽样方法对粒子位置进行初始化。粒子速度的初始化策略如下：

$$\boldsymbol{v} = 0.2[\text{rand} \cdot (\mathbf{UB} - \mathbf{LB}) + \mathbf{LB}] \tag{4.77}$$

式中，rand 为[−1, 1]的随机数。

3. 改进的多目标粒子群算法的粒子分组策略

如前所述，为了使多目标粒子群算法在不同搜索时期均具有良好的全局搜索能力和局部寻优能力，本书引入粒子分组的概念。基于粒子的位置评价值大小，依次将粒子分为精英组、普通组和突变组三组。

精英组指具有良好适应度的粒子，其作用倾向于局部寻优，具有搜索速度相对较小、搜索精度高的特点；普通组即适应度一般的粒子，给予其正常的速度更新策略，其具有较高的搜索速度，以补足精英组粒子更新策略造成的算法全局搜索能力较差的缺点；突变组为粒子种群中适应度最差的粒子，给予其位置随机突变的能力，以提高算法的全局搜索能力以及防止算法局部收敛。

针对多目标优化问题的特点不同，一般选取不同的粒子比例。对于较为简单的目标函数，可选取较大的精英组比例，而对于复杂的多峰问题，过大的精英组粒子比例容易导致算法的收敛性较差、局部收敛等问题。本书采用的精英组粒子比例为[0.1, 0.2]，突变组粒子比例不超过 0.05。

4. 改进的多目标粒子群算法的速度更新策略

粒子群算法的速度更新策略直接影响算法的性能，本书所采用的总的速度更新公式为[16]

$$\boldsymbol{v}^{\text{iter}+1} = \chi \cdot [w \cdot \boldsymbol{v}^{\text{iter}} + c_1 \cdot r_1 \cdot (\boldsymbol{x}^{\text{pbest}} - \boldsymbol{x}^{\text{iter}}) + c_2 \cdot r_2 \cdot (\boldsymbol{x}^{\text{gbest}} - \boldsymbol{x}^{\text{iter}})] \tag{4.78}$$

式中涉及粒子最优位置，因此在介绍速度更新策略之前，应对最优位置的更新策略进行讨论。

根据粒子的分组不同，粒子的速度更新策略会略有不同，以使粒子具有不同的搜索特性。

1）精英组粒子速度更新策略

本书中，精英组粒子是算法过程中适应度最好的一部分粒子，其主要作用为引导其他粒子进行搜索和高精度的局部搜索。

为了实现上述功能，其速度更新公式（式（4.78））中各个参数的更新策略如下。学习因子 $c_1 = c_2 = c_{\min} + \dfrac{\text{iter}}{\text{iter}_{\max}}(c_{\max} - c_{\min})$；惯性因子 $w = w_{\max} - \dfrac{\text{iter}}{\text{iter}_{\max}} \cdot \dfrac{N_{\text{CRT}}}{N_{\text{LIM}}} \cdot (w_{\max} - w_{\min})$；收缩因子 $\chi = \chi_{\max} - \dfrac{\text{iter}}{\text{iter}_{\max}} \cdot (\chi_{\max} - \chi_{\min})$。其中，$c_{\min} = 1.95$，$c_{\max} = 2.1$，$w_{\max} = 0.9$，$w_{\min} = 0.4$，$\chi_{\max} = 1$，$\chi_{\min} = 0.7298$。$N_{\text{CRT}}$、$N_{\text{LIM}}$ 分别为外部储存器的当前规模和最大允许规模，iter 与 $\text{iter}_{\max}$ 分别为当前迭代数和最大迭代数（下同）。

2）普通组粒子速度更新策略

普通组粒子具有平衡的速度更新策略，能够尽可能地兼顾算法的全局搜索能力和局部寻优能力，同时为了保证算法的收敛性，普通组粒子的速度更新策略在算法执行后期会适当地向局部搜索能力倾斜。

其速度更新公式（式（4.78））中的各个参数的更新策略如下。学习因子 $c_1 = c_2 = 2$；惯性因子 $w = w_{\max} - \dfrac{\text{iter}}{\text{iter}_{\max}} \cdot (w_{\max} - w_{\min})$，其中，$w_{\max} = 1.2$，$w_{\min} = 0.8$；收缩因子 $\chi = 1$。

3）突变组粒子速度更新策略

本书中，突变组粒子是指粒子种群中适应度最差的一部分粒子，设定其在算法中的主要作用为扰动，即防止算法早熟。因此，根据其功能特性，解除对它的最大速度限制，且不再按照式（4.78）进行速度更新，而是直接对其进行随机速度赋值。

由于突变组粒子的速度更新过程为随机过程，其等价于粒子位置信息的随机赋值。因此，为了简化算法程序，突变组的粒子位置更新策略如下：

$$\boldsymbol{x}_{\text{mut},i}^{\text{iter}} = \textbf{rand} \cdot (\textbf{UB} - \textbf{LB}) + \textbf{LB} \tag{4.79}$$

式中，$\boldsymbol{x}_{\text{mut},i}^{\text{iter}}$ 的下标指第 iter 步迭代中突变组的第 i 个粒子的位置信息；**rand** 是 1 行 d 列的[0, 1]随机向量。

4.6.3　改进的多目标粒子群算法的仿真验证

对于多目标优化算法，评价其性能一般需要两种工具：一种是一些能够客观地反映算法性能的评价指标，另一种就是已知 Pareto 解集的测试函数。本章设计的多目标粒子群算法所针对的问题为泵的直接优化问题，该类问题具有计算资源消耗大、计算周期长的特点。因此，本小节从搜索效率和 Pareto 最优解集的质量两个方面来评价所设计的算法。

1. 算法性能指标

1）收敛性指标

一般情况下，多目标优化算法的求解过程是一个不断逼近真实 Pareto 最优前沿的过程。也就是说，多目标优化算法一般难以获得精确的 Pareto 解集，而是不断地寻求更好的近似解。因此，多目标优化算法的收敛性评价一般是度量算法所得的近似解与准确的解析解之间的接近程度。目前，常用的收敛性评价指标有错误率（error ratio，ER）、覆盖率（coverage ratio，CR）和世代距离（generation distance，GD）等。

本书采用世代距离作为收敛性指标，其定义描述如下[31]：

$$\mathrm{GD}=\frac{\sqrt{\sum_{i=1}^{N}L_i}}{N} \tag{4.80}$$

式中，N 为所得非劣解的个数；L_i 为第 i 个非劣解与真实 Pareto 解之间的最短距离。

2）多样性指标

对于多目标优化算法所得的 Pareto 最优解集的评价除了收敛性之外，多样性也是评价算法搜索结果质量的重要指标。多样性评价方法是对搜索所得的 Pareto 最优解集的均匀性进行评估。目前常用的多样性评价方法有非劣解间距度量（spacing，SP）、分布性度量（diversity measure，DM）和多样性指标 Δ 等。

本书采用的多样性评价指标为非劣解间距度量，其计算公式如下[32]：

$$\mathrm{SP}=\sqrt{\frac{1}{N-1}\sum_{i=1}^{N}(\bar{d}-d_i)^2} \tag{4.81}$$

式中，$d_i=\min\{\sum_{m=1}^{n}\left|f_m(x_i)-f_m(x_j)\right|,i,j\in\{1,2,\cdots,N\},i\neq j\}$，$N$ 为目标函数数量；$\bar{d}$ 为所有 d_i 的平均值。

3）收敛速度

由于本书针对的多目标优化问题的单步计算量很大，因此提高搜索效率、加快收敛速度对于减少计算成本、缩小优化周期具有重要意义。本章定义收敛速度的评价方式即度量算法达到一定收敛性指标所需要的迭代数。

2. 测试函数

本章所用的多目标测试函数如表4.13所示。所采用的经典多目标测试函数分别引用ZDT函数集和DTLZ函数集。这两个函数集中的函数均具有已知的Pareto解集和Pareto前沿。其中，ZDT函数集是目前应用最为广泛的一组多目标测试函数集，其具有两个目标函数，并且函数集中的各个函数的决策变量个数是可以任意改变的。相对于DTLZ函数集而言，其函数形式简单，Pareto前沿形状易于理解。

而DTLZ函数集中的各个函数显然要更加复杂一点，其目标函数和决策变量的个数均不受限制，且具有大量的局部Pareto前沿，因此这些函数对于算法的全局搜索能力和收敛性能要求极高。

3. 仿真测试与结果分析

为了保证测试结果具有良好的可靠性和可重复性，对每个测试函数进行5次重复性试验，对所得的结果取均值与标准差以供分析。同时，以泵的多目标优化领域应用最广泛的NSGA-II算法作为对比对象，从而凸显改进后的多目标算法的优势与不足。

1）参数设置

仿真测试中所采用的测试函数的相关参数为：ZDT函数集中，ZDT1、ZDT2和ZDT3的决策变量数量为30，ZDT4和ZDT6的决策变量数量为10；DTLZ函数集中的三个函数的决策变量数量为10，目标函数数量为3。

算法的相关参数如表4.14所示。

表4.13 测试函数

函数名	函数表达式
ZDT1	$\min\begin{cases} f_1(x)=x_1 \\ f_2(x)=g(x)\cdot\left(1-\sqrt{\dfrac{f_1(x)}{g(x)}}\right) \\ g(x)=1+\dfrac{9}{29}\sum\limits_{i=2}^{30}x_i \end{cases}$
ZDT2	$\min\begin{cases} f_1(x)=x_1 \\ f_2(x)=g(x)\cdot\left[1-\left(\dfrac{f_1(x)}{g(x)}\right)^2\right] \\ g(x)=1+\dfrac{9}{29}\sum\limits_{i=2}^{30}x_i \end{cases}$

续表

函数名	函数表达式
ZDT3	$\min\begin{cases} f_1(x)=x_1 \\ f_2(x)=g(x)\cdot\left[1-\sqrt{\dfrac{f_1(x)}{g(x)}}-\left(\dfrac{f_1(x)}{g(x)}\right)\cdot\sin(10\pi f_1(x))\right] \\ g(x)=1+\dfrac{9}{29}\sum\limits_{i=2}^{30}x_i \end{cases}$
ZDT4	$\min\begin{cases} f_1(x)=x_1 \\ f_2(x)=g(x)\cdot\left(1-\sqrt{\dfrac{f_1(x)}{g(x)}}\right) \\ g(x)=91+\sum\limits_{i=2}^{10}(x_i^2-10\cos(4\pi x_i)) \end{cases}$
ZDT6	$\min\begin{cases} f_1(x)=1-\exp(-4x_1)\cdot\sin^6(6\pi x_1) \\ f_2(x)=g(x)\cdot\left[1-\left(\dfrac{f_1(x)}{g(x)}\right)^2\right] \\ g(x)=1+9\left(\dfrac{\sum\limits_{i=2}^{10}x_i}{9}\right)^{0.25} \end{cases}$
DTLZ1	$\min\begin{cases} f_1(x)=\dfrac{1}{2}x_1x_2\cdots x_{n-1}(1+g(x_{\text{res}})) \\ f_2(x)=\dfrac{1}{2}x_1x_2\cdots x_{n-2}(1-x_{n-1})(1+g(x_{\text{res}})) \\ \qquad\vdots \\ f_{n-1}(x)=\dfrac{1}{2}x_1(1-x_2)(1+g(x_{\text{res}})) \\ f_n(x)=\dfrac{1}{2}(1-x_1)(1+g(x_{\text{res}})) \end{cases}$ $g(x_{\text{res}})=100\times\left\{\lvert x_{\text{res}}\rvert+\sum\limits_{i\in\text{res}}\left[(x_i-0.5)^2+\cos(20\pi(x_i-0.5))\right]\right\}$ $\text{res}=\{d-m+1,d-m+2,\cdots,d\}$
DTLZ2	$\min\begin{cases} f_1(x)=(1+g(x_{\text{res}}))\cos\left(\dfrac{\pi}{2}x_1\right)\cdots\cos\left(\dfrac{\pi}{2}x_{n-1}\right) \\ f_2(x)=(1+g(x_{\text{res}}))\cos\left(\dfrac{\pi}{2}x_1\right)\cdots\sin\left(\dfrac{\pi}{2}x_{n-1}\right) \\ \qquad\vdots \\ f_{n-1}(x)=(1+g(x_{\text{res}}))\cos\left(\dfrac{\pi}{2}x_1\right)\sin\left(\dfrac{\pi}{2}x_2\right) \\ f_n(x)=\dfrac{1}{2}(1+g(x_{\text{res}}))\sin\left(\dfrac{\pi}{2}x_1\right) \end{cases}$ $g(x_{\text{res}})=\sum\limits_{i\in\text{res}}(x_i-0.5)^2$ $\text{res}=\{d-m+1,d-m+2,\cdots,d\}$

续表

函数名	函数表达式
DTLZ3	$\min\begin{cases} f_1(x)=(1+g(x_{\text{res}}))\cos\left(\dfrac{\pi}{2}x_1\right)\cdots\cos\left(\dfrac{\pi}{2}x_{n-1}\right) \\ f_2(x)=(1+g(x_{\text{res}}))\cos\left(\dfrac{\pi}{2}x_1\right)\cdots\sin\left(\dfrac{\pi}{2}x_{n-1}\right) \\ \vdots \\ f_{n-1}(x)=(1+g(x_{\text{res}}))\cos\left(\dfrac{\pi}{2}x_1\right)\sin\left(\dfrac{\pi}{2}x_2\right) \\ f_n(x)=\dfrac{1}{2}(1+g(x_{\text{res}}))\sin\left(\dfrac{\pi}{2}x_1\right) \end{cases}$ $g(x_{\text{res}})=100\times\left\{\lvert x_{\text{res}}\rvert+\sum_{i\in\text{res}}[(x_i-0.5)^2+\cos(20\pi(x_i-0.5))]\right\}$ $\text{res}=\{d-m+1,d-m+2,\cdots,d\}$

表 4.14 测试算法全局参数

算法	参数	值
MOPSO	粒子数	100（ZDT） 200（DTLZ）
	精英比例	0.1
	变异比例	0.05
	最大迭代数	1000
	外部储存器规模限制	100
	收敛精度	10^{-6}
	其他参数	见前面内容
NSGA-II	种群数	100（ZDT） 200（DTLZ）
	外部储存器规模限制	100
	最大迭代数	1000
	交叉率	0.9
	变异率	0.05
	收敛精度	10^{-6}
	交叉方式	十进制交叉

2）评价指标分析

采用世代距离、非劣解间距和收敛速度作为评价标准，对本章改进的多目标粒子群（CM_MOPSO）算法和较成熟的 NSGA-II 进行测试，测试结果如下。

（1）世代距离。

函数测试的世代距离结果如表 4.15 所示。世代距离是对算法的收敛性的评价指标，其值越小代表算法寻得的 Pareto 前沿与多目标优化问题真实的 Pareto 前沿越接近，反之，则代表算法不能很好地收敛到多目标优化问题真实的 Pareto 解上。

表 4.15 函数测试结果（世代距离）

函数名	类型	CM_MOPSO	NSGA-II
ZDT1	平均值	1.15×10^{-5}	7.58×10^{-2}
	标准差	1.50×10^{-7}	6.80×10^{-3}
ZDT2	平均值	3.30×10^{-6}	1.14×10^{-1}
	标准差	2.50×10^{-7}	1.50×10^{-2}
ZDT3	平均值	2.53×10^{-5}	7.74×10^{-2}
	标准差	1.88×10^{-6}	8.90×10^{-3}
ZDT4	平均值	7.00×10^{-6}	6.25×10^{-1}
	标准差	1.18×10^{-6}	3.47×10^{-1}
ZDT6	平均值	5.43×10^{-4}	2.45×10^{-1}
	标准差	7.28×10^{-5}	3.12×10^{-2}
DTLZ1	平均值	6.53×10^{-1}	5.19×10^{-1}
	标准差	1.01×10^{-2}	9.64×10^{-2}
DTLZ2	平均值	3.56×10^{-2}	1.27×10^{-2}
	标准差	1.60×10^{-3}	2.40×10^{-3}
DTLZ3	平均值	1.67	8.06×10^{-1}
	标准差	1.45×10^{-1}	2.68×10^{-1}

表 4.15 中的结果为 5 次重复性试验中算法执行 1000 步迭代后的世代距离平均值与标准差。从表中的结果来看，改进后的算法具有良好的收敛能力和稳定性，尤其是 ZDT 函数集，算法所得的 Pareto 前沿与 ZDT 真实的 Pareto 前沿十分接近。但对于复杂度高、诱导性强的 DTLZ 函数集，算法的性能则有所下降。

与 NSGA-II 相比，CM_MOPSO 无论是在收敛能力方面还是稳定性方面均有明显的优势。但在全局搜索能力和抗局部收敛能力上，CM_MOPSO 则略显不足。因此，在 DTLZ 函数集中，两种算法均不能很好地收敛到真实的 Pareto 前沿，但 NSGA-II 的表现要略优于 CM_MOPSO。

（2）非劣解间距。

函数测试得到的 Pareto 前沿的非劣解间距如表 4.16 所示。非劣解间距是对算法所得的 Pareto 前沿的多样性的评价，其值越小，算法所得的 Pareto 前沿就越均匀。

表 4.16 函数测试结果（非劣解间距）

函数名	类型	CM_MOPSO	NSGA-II
ZDT1	平均值	6.00×10^{-4}	6.00×10^{-3}
	标准差	1.84×10^{-5}	5.50×10^{-3}
ZDT2	平均值	6.00×10^{-4}	5.40×10^{-3}
	标准差	1.76×10^{-5}	5.00×10^{-3}
ZDT3	平均值	1.40×10^{-3}	1.19×10^{-2}
	标准差	1.38×10^{-4}	9.20×10^{-3}
ZDT4	平均值	6.00×10^{-4}	5.13×10^{-1}
	标准差	1.52×10^{-5}	3.14×10^{-1}
ZDT6	平均值	4.40×10^{-3}	7.00×10^{-3}
	标准差	4.20×10^{-3}	8.30×10^{-3}
DTLZ1	平均值	3.35	12.5
	标准差	6.59×10^{-1}	6.32
DTLZ2	平均值	6.26×10^{-2}	3.67×10^{-2}
	标准差	6.10×10^{-3}	3.70×10^{-3}
DTLZ3	平均值	12.3	28.2
	标准差	3.97	9.31

表 4.16 中的结果为 5 次重复性试验中算法执行 1000 步迭代后所得的 Pareto 前沿的非劣解间距平均值与标准差。从表中的结果可以发现，与 NSGA-II 相比，CM_MOPSO 所得的 Pareto 结果具有更好的均匀性；同时，在重复性试验中，CM_MOPSO 所得的结果也表现出了良好的稳定性。

（3）收敛速度。

为了评价算法的搜索速度，使用收敛速度来评价算法到达某一精度所需要的迭代数。由于 DTLZ 函数形式极为复杂，且多峰特性强，算法难以收敛到函数真实的 Pareto 前沿，因此仅采用 ZDT 函数集对上述两个算法进行测试，其测试结果如表 4.17 所示。

表 4.17 函数测试结果（收敛速度）

函数名	算法	1×10^{-1}	1×10^{-2}	1×10^{-3}	1×10^{-4}	1×10^{-5}
ZDT1	CM_MOPSO	17.60	32.60	40.80	54.20	150.00
	NSGA-II	66.00	—	—	—	—
ZDT2	CM_MOPSO	15.80	28.80	37.60	48.00	78.20
	NSGA-II	309.40	—	—	—	—

续表

函数名	算法	1×10^{-1}	1×10^{-2}	1×10^{-3}	1×10^{-4}	1×10^{-5}
ZDT3	CM_MOPSO	20.80	44.40	61.20	173.20	—
	NSGA-II	79.20	—	—	—	—
ZDT4	CM_MOPSO	46.20	107.40	110.60	114.20	133.20
	NSGA-II	—	—	—	—	—
ZDT6	CM_MOPSO	60.60	135.00	317.20	—	—
	NSGA-II	—	—	—	—	—

表 4.17 中的结果为 5 次重复性试验中算法达到各个精度所需要迭代数的平均值，“—”表示算法在多次重复性试验中均未能达到该精度。从表中的数据可以看出，CM_MOPSO 具有更快的搜索速度和收敛精度。而对于泵的多目标直接优化问题，其所需的目标精度并不像数学函数这么高，算法更高的收敛速度对于减少计算成本、缩短优化设计周期具有重要意义。

因此，由于改进的多目标粒子群算法具有更加快速的搜索能力和收敛能力，同时具有良好的稳定性，其更加适用于计算繁杂的工程应用场合。

3）测试结果分析

5 次重复性试验中，两种多目标算法所得的 ZDT 函数集的最优 Pareto 前沿如图 4.32 所示。图中，实线所示为多目标优化问题的真实 Pareto 前沿，空心所示为本书改进后的多目标粒子群算法的寻优结果，星号所示为 NSGA-II 的寻优结果。

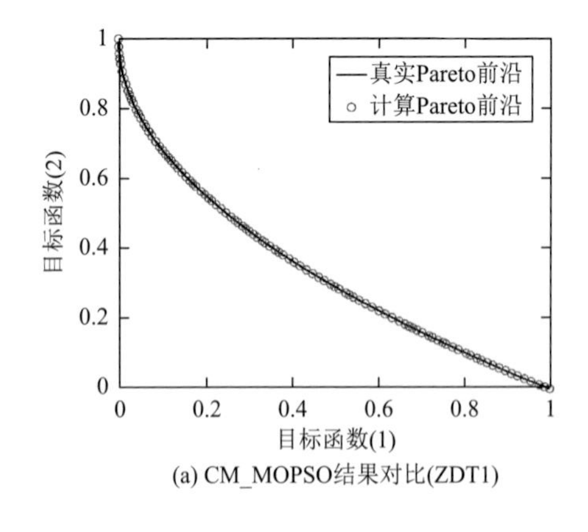

(a) CM_MOPSO结果对比(ZDT1)

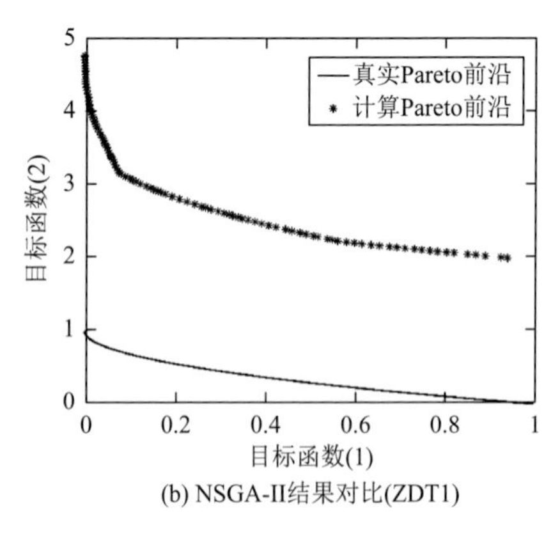

(b) NSGA-II结果对比(ZDT1)

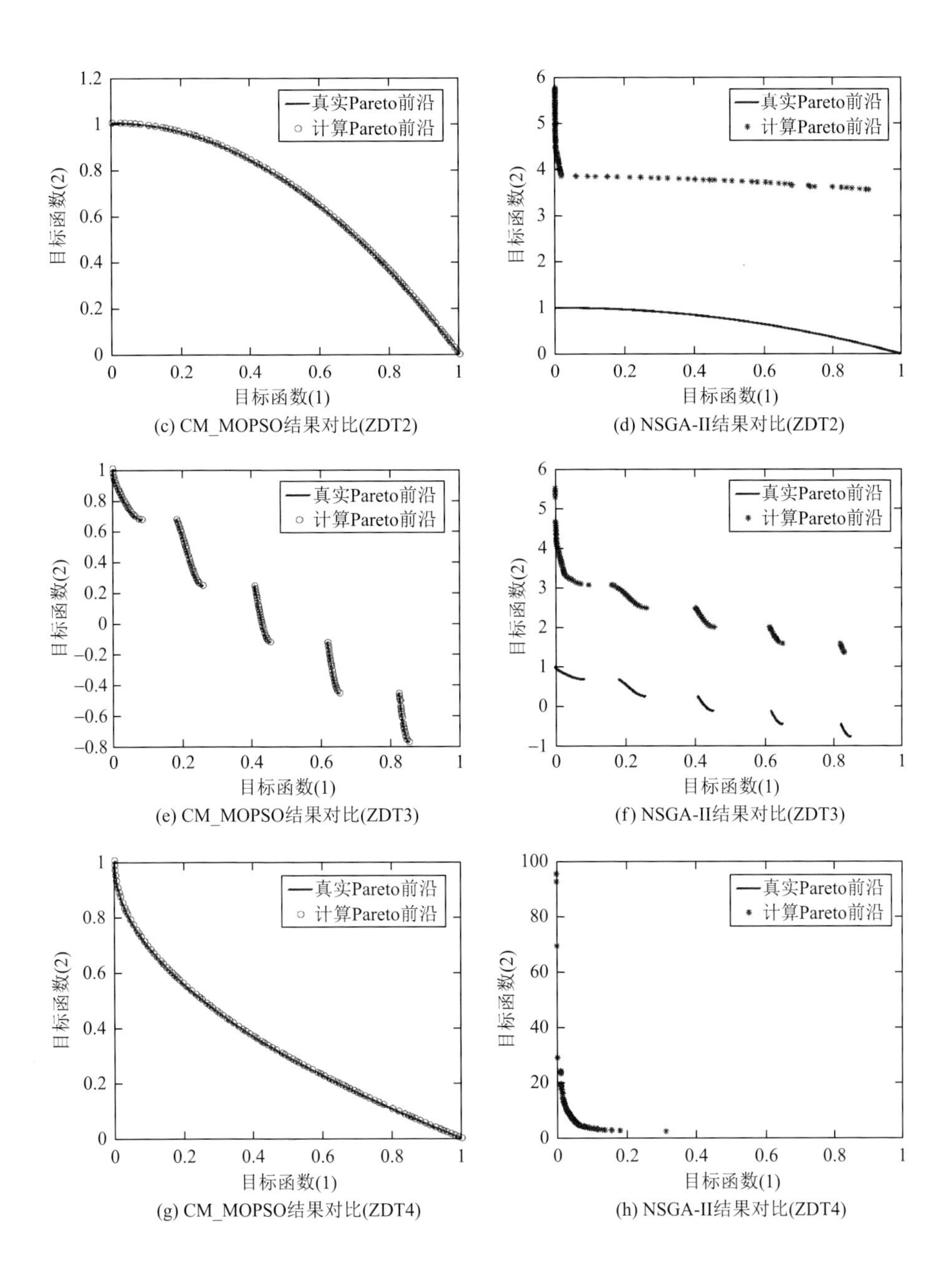

(c) CM_MOPSO结果对比(ZDT2)

(d) NSGA-II结果对比(ZDT2)

(e) CM_MOPSO结果对比(ZDT3)

(f) NSGA-II结果对比(ZDT3)

(g) CM_MOPSO结果对比(ZDT4)

(h) NSGA-II结果对比(ZDT4)

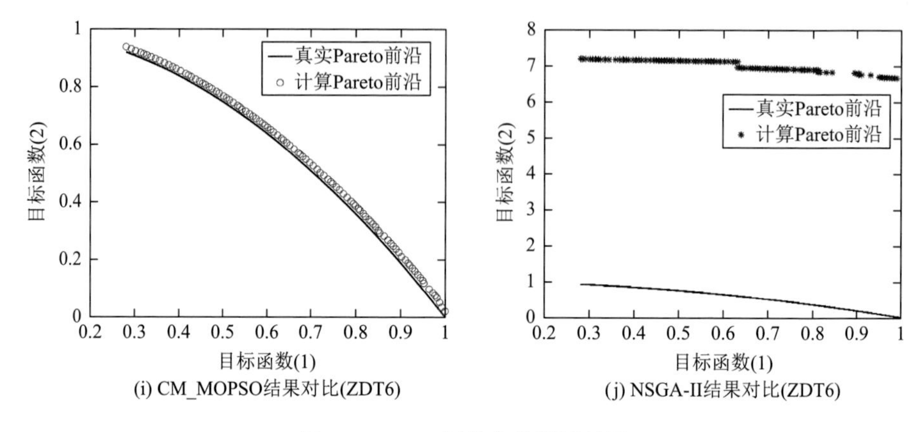

(i) CM_MOPSO结果对比(ZDT6)　　(j) NSGA-II结果对比(ZDT6)

图 4.32　ZDT 函数集的测试结果

显然，CM_MOPSO 在 ZDT 测试函数中表现出了更高的搜索精度，对于 ZDT 函数集中的大部分测试函数，CM_MOPSO 均能很好地收敛到问题真实的 Pareto 前沿上。但由于 ZDT 函数集的最优解集均集中在搜索边界上，而改进算法的边界处理方式决定了粒子只能无限接近边界而不能真正地到达边界上，因此在 ZDT6 问题中，改进算法的搜索结果与实际的解集有着细微的差异，但精度仍在可接受范围内。

然而，NSGA-II 以全局性著称，其局部探索能力较差，因此很难收敛到这些测试函数的真实解上。由图 4.32 可见，NSGA-II 的最终解集与问题真实解集仍有不小的差距。

对于极其复杂的 DTLZ 函数，两种算法均不能很好地收敛到真实的 Pareto 前沿上，因此本章没有给出 DTLZ 函数的测试结果，但通过前述三种评价指标可以发现，NSGA-II 在 DTLZ 中的表现要好于改进后的算法。其主要原因在于，DTLZ 问题具有大量的局部收敛点，算法需要有非常好的判断局部收敛的能力才能最终收敛于真实的 Pareto 前沿，而 NSGA-II 具有良好的全局搜索能力，所以能够在这类问题中表现出更好的适应性。因此，在未来的算法改进中，应着重考虑算法的抗局部收敛能力与搜索速度的权衡。

4.6.4　多目标粒子群算法的使用案例

1. 算法设置

测试用多目标优化问题与 4.5.5 节所述相同，多目标粒子群算法的 MATLAB 代码实例参见附录 5，算法参数如表 4.18 所示。

表 4.18　多目标粒子群算法全局参数

参数	值
变量数量	30
变量上限	1
变量下限	0
种群数量	50
最大惯性权重 w_{max}	1.2
最小惯性权重 w_{min}	0.8
自我学习因子 c_1	2
社会学习因子 c_2	2
最大迭代数	500
最大 Pareto 解数量	100

2. 结果分析

使用多目标粒子群算法得到的 Pareto 边界如图 4.33 所示，与测试函数本身的 Pareto 前沿相比，算法所得的结果具有良好的精确度。

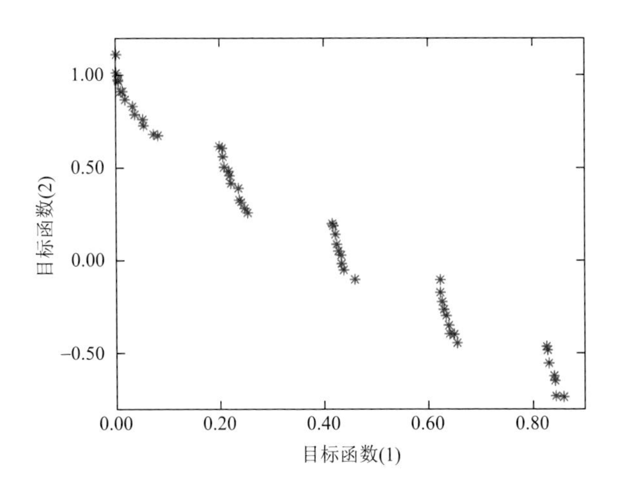

图 4.33　多目标粒子群算法的搜索结果

参考文献

[1] Yang X S. Nature-Inspired Metaheuristic Algorithms[M]. Beckington：Luniver Press，2010.

[2] 王凌. 智能优化算法及其应用[M]. 北京：清华大学出版社，2001.

[3] 包子阳. 智能优化算法及其 MATLAB 实例[M]. 北京：电子工业出版社，2016.

[4] Ruder S. An overview of gradient descent optimization algorithms[J]. Arxiv Preprint Arxiv，2016：1609.04747.

[5] Qian N. On the momentum term in gradient descent learning algorithms[J]. Neural Networks，1999，12（1）：145-151.

[6] Su W，Boyd S，Candes E. A differential equation for modeling Nesterov's accelerated gradient method：Theory and insights[C]//Advances in Neural Information Processing Systems，2014：2510-2518.

[7] Duchi J，Hazan E，Singer Y. Adaptive subgradient methods for online learning and stochastic optimization[J]. Journal of Machine Learning Research，2011，12（7）：2121-2159.

[8] Zhang S，Choromanska A E，LeCun Y. Deep learning with elastic averaging SGD[C]//Advances in Neural Information Processing Systems，2015：685-693.

[9] 张文修. 遗传算法的数学基础[M]. 西安：西安交通大学出版社，2000.

[10] 玄光男. 遗传算法与工程优化[M]. 北京：清华大学出版社，2004.

[11] Jamil M，Yang X S. A literature survey of benchmark functions for global optimization problems[J]. Arxiv Preprint Arxiv，2013：1308.4008.

[12] Eberhart R，Kennedy J. Particle swarm optimization[C]//Proceedings of the IEEE International Conference on Neural Networks，1995，4：1942-1948.

[13] 杨维，李歧强. 粒子群优化算法综述[J]. 中国工程科学，2004，6（5）：87-94.

[14] Clerc M. From Theory to Practice in Particle Swarm Optimization[M]. Heidelberg：Springer，2011.

[15] Shi Y，Eberhart R. A modified particle swarm optimizer[C]//1998 IEEE International Conference on Evolutionary Computation Proceedings，1998：69-73.

[16] Clerc M，Kennedy J. The particle swarm-explosion，stability，and convergence in a multidimensional complex space[J]. IEEE Transactions on Evolutionary Computation，2002，6（1）：58-73.

[17] Ardizzon G，Cavazzini G，Pavesi G. Adaptive acceleration coefficients for a new search diversification strategy in particle swarm optimization algorithms[J]. Information Sciences，2015，299：337-378.

[18] 王文杰. 基于改进 PSO 算法的带导叶离心泵性能优化及非定常流动研究[D]. 镇江：江苏大学，2017.

[19] Nickabadi A，Ebadzadeh M M，Safabakhsh R. A novel particle swarm optimization algorithm with adaptive inertia weight[J]. Applied Soft Computing，2011，11（4）：3658-3670.

[20] Yang X S，Hossein G A. Bat algorithm：A novel approach for global engineering optimization[J]. Engineering Computations，2012，29（5）：464-483.

[21] Yang X S. A new metaheuristic bat-inspired algorithm[J]. Computer Knowledge & Technology，2010，284：65-74.

[22] 常青，贺兴时. 基于 t 分布变异的蝙蝠算法[J]. 西安工程大学学报，2015，（5）：647-653.

[23] 张迅，王平，邢建春，等. 基于高斯函数递减惯性权重的粒子群优化算法[J]. 计算机应用研究，2012，29（10）：3710-3712.

[24] 陈占伟，李骞. 一种自适应惯性权重的粒子群优化算法[J]. 微电子学与计算机，2011，28（3）：27-30.

[25] 马小姝，李宇龙，严浪. 传统多目标优化方法和多目标遗传算法的比较综述[J]. 电气传动自动化，2010，32（3）：48-50.

[26] 王瑞琪，张承慧，李珂. 基于改进混沌优化的多目标遗传算法[J]. 控制与决策，2011，26（9）：1391-1397.

[27] 陈小庆，侯中喜，郭良民，等. 基于 NSGA-II 的改进多目标遗传算法[J]. 计算机应用，2006，26（10）：2453-2456.

[28] 潘峰. 粒子群优化算法与多目标优化[M]. 北京：北京理工大学出版社，2013.
[29] 章恩泽. 多目标粒子群优化算法及其应用研究[D]. 南京：南京理工大学，2016.
[30] 甘星城. 基于改进粒子群算法的管道泵多目标优化设计研究[D]. 镇江：江苏大学，2018.
[31] Veldhuizen D A V. Multiobjective evolutionary algorithms：Classifications，analyses，and new innovations[D]. Ohio：Air Force Institute of Technology，1999.
[32] Schott J R. Fault tolerant design using single and multicriteria genetic algorithm optimization[D]. Ohio：Air Force Institute of Technology，1999.

第5章　叶片泵数值模拟及优化理论

叶片泵作为一种流体机械，其内部流体运动遵循物理学三大基本守恒定律，即质量守恒定律、动量守恒定律和能量守恒定律，这三大定律对应的数学模型构成流体动力学控制方程（组）[1]。目前，还不能求出三维湍流控制方程的解析解，因此多种数值方法应运而生。对于叶片泵内复杂的流场，多采用雷诺时均法并选用合适的湍流模型封闭方程组。另外，叶片泵空化是一种更加复杂的水动力学现象，其气、液流动不仅要遵循上述守恒定律，也要遵循气、液两相间作用的物理定律，即满足气、液两相之间质量输运的数学模型。本章将阐述计算流体动力学的基本理论以及其在叶片泵性能（扬程、效率、NPSH）预测方面的应用[2, 3]。基于此，提出叶片泵性能的全自动优化技术，通过搭建自动优化软件平台，调用优化算法、造型模块和CFD模块，实现对叶片泵单目标优化和多目标优化（Pareto解）问题的高效、准确求解。

5.1　控 制 方 程

5.1.1　连续性方程

流体连续方程是质量守恒定律在流体中的数学形式。对于一个无穷小的流体微元体，其质量守恒可以表述为：微元体质量变化率 = ∑流入微元体质量通量 –∑流出微元体质量通量。对于纯液相流体，也就是单相模型，其一般通用连续方程守恒形式为[1]

$$\frac{\partial \rho}{\partial t}+\frac{\partial(\rho u_j)}{\partial x_j}=0 \tag{5.1}$$

式中，t 为时间；u 为速度；下标 j 表示坐标方向。

对于气、液两相，采用均相流模型，其连续方程为

$$\frac{\partial \rho_{\mathrm{m}}}{\partial t}+\frac{\partial(\rho_{\mathrm{m}} u_j)}{\partial x_j}=0 \tag{5.2}$$

式中，t 为时间；u 为速度；下标 j 表示坐标方向；ρ_{m} 为气、液混合的密度：$\rho_{\mathrm{m}}=\rho_{\mathrm{v}}\alpha_{\mathrm{v}}+\rho_{\mathrm{l}}(1-\alpha_{\mathrm{v}})$，$\alpha$ 为体积分数，下标 m、l、v 分别表示混合相、液相和气相。

5.1.2　动量方程

流体动量方程是动量守恒定律对黏性流体运动的数学描述，又称为纳维-斯托克斯方程。对于惯性系统中各向同性的牛顿流体，其动量守恒可表述为：微元体动量变化率 = ∑流入微元体的动量通量–∑流出微元体的动量通量 + ∑作用在微元体上的法向应力和切向应力 + ∑作用在微元体上的彻体力。对于单相流体，一般通用动量方程为[1]

$$\frac{\partial(\rho u_i)}{\partial t}+\frac{\partial(\rho u_i u_j)}{\partial x_j}=-\frac{\partial p}{\partial x_i}+\frac{\partial}{\partial x_j}\left[\mu\left(\frac{\partial u_i}{\partial x_j}+\frac{\partial u_j}{\partial x_i}\right)\right]-\frac{2}{3}\frac{\partial}{\partial x_i}\left(\mu\frac{\partial u_j}{\partial x_i}\right)+\rho f_i \tag{5.3}$$

式中，p 为压力；μ 为分子黏度；f 为作用在单位质量上的彻体力。

对于气、液两相流，假设为均相流，则动量控制方程为

$$\frac{\partial(\rho_{\mathrm{m}} u_i)}{\partial t}+\frac{\partial(\rho_{\mathrm{m}} u_i u_j)}{\partial x_j}=-\frac{\partial p}{\partial x_i}+\frac{\partial}{\partial x_j}\left[\mu_{\mathrm{m}}\left(\frac{\partial u_i}{\partial x_j}+\frac{\partial u_j}{\partial x_i}\right)\right]-\frac{2}{3}\frac{\partial}{\partial x_i}\left(\mu_{\mathrm{m}}\frac{\partial u_j}{\partial x_i}\right)+\rho_{\mathrm{m}} f_i \tag{5.4}$$

式中，μ_{m} 为气、液混合相的分子黏度，$\mu_{\mathrm{m}}=\mu_{\mathrm{v}}\alpha_{\mathrm{v}}+\mu_{\mathrm{l}}(1-\alpha_{\mathrm{v}})$。

5.1.3　能量方程

流体能量方程是能量守恒定律在流体中的数学形式。对于各向同性的牛顿流体，忽略辐射和彻体力做功等，其能量守恒可表述为：微元体热力学能变化率 = ∑流入微元体的热流量–∑流出微元体的热流量 + ∑压强、法向应力和切向应力对微元体做的功 + ∑热源。其一般通用能量方程为[1]

$$\frac{\partial(\rho c_p T)}{\partial t}+\frac{\partial(\rho u_j c_p T)}{\partial x_j}=-\frac{\partial(u_j p)}{\partial x_j}+\frac{\partial}{\partial x_j}\left(\lambda\frac{\partial T}{\partial x_j}\right)+\mu\Phi+S \tag{5.5}$$

式中，T 为温度；c_p 为比定压热容；λ 为流体的导热系数；Φ 为黏性耗散项，$\Phi=\frac{1}{2}\left(\frac{\partial u_i}{\partial x_j}+\frac{\partial u_j}{\partial x_i}\right)^2-\frac{2}{3}\left(\frac{\partial u_j}{\partial x_j}\right)^2$；$S$ 为内热源。

对于气、液两相流，假设为均相流，且微元体内两相处于热平衡状态，则能量控制方程为

$$\frac{\partial(\rho_{\mathrm{m}}c_{p\mathrm{m}}T)}{\partial t}+\frac{\partial(\rho_{\mathrm{m}}u_j c_{p\mathrm{m}}T)}{\partial x_j}=-\frac{\partial(u_j p)}{\partial x_j}+\frac{\partial}{\partial x_j}\left(\lambda_{\mathrm{m}}\frac{\partial T}{\partial x_j}\right)+\mu_{\mathrm{m}}\Phi+S \tag{5.6}$$

式中，$c_{p\mathrm{m}}$ 为气、液混合相的比定压热容，$c_{p\mathrm{m}}=c_{p\mathrm{v}}\alpha_{\mathrm{v}}+c_{p\mathrm{l}}(1-\alpha_{\mathrm{v}})$；$\lambda_{\mathrm{m}}$ 为气、液混合相的导热系数，$\lambda_{\mathrm{m}}=\lambda_{\mathrm{v}}\alpha_{\mathrm{v}}+\lambda_{\mathrm{l}}(1-\alpha_{\mathrm{v}})$。

5.2 雷诺时均纳维-斯托克斯方程及湍流模型

5.2.1 雷诺时均纳维-斯托克斯方程

一般情况下，叶片泵内的流动为湍流。在湍流情况下，上述流动控制方程的数值模拟方法主要有直接数值模拟（direct numerical simulation，DNS）方法、大涡模拟（large eddy simulation，LES）方法、雷诺时均纳维-斯托克斯（Reynolds-averaged Navier-Stokes，RANS）方法等。这三种方法的计算经济性按序增大，但计算精度按序减小。在工程应用中，主要关注叶片泵的平均流场，为了节省计算资源和满足一定的计算精度，叶片泵模拟多采用雷诺时均纳维-斯托克斯方法。雷诺时均纳维-斯托克斯方法是将湍流运动看作两个流动的叠加，即时间平均流动和瞬时脉动流动，流场中任一物理量 ϕ 的时间平均定义为[1]

$$\overline{\phi}=\frac{1}{\Delta t}\int_{t}^{t+\Delta t}\phi(t)\mathrm{d}t \tag{5.7}$$

式中，上标“–”表示关于时间的平均值。若用“′”表示脉动值，则物理量的实际瞬态值可表示为

$$\phi=\overline{\phi}+\phi' \tag{5.8}$$

用平均值和脉动值之和代替上述控制方程中的瞬态流动变量，再通过统计论中的基本运算定理，推导出雷诺方程。如果物理量的时间平均值随着时间变化，称为非定常雷诺时均纳维-斯托克斯（URANS）方程，叶片泵中的压力脉动计算多采用此方法；反之，称为定常雷诺时均纳维-斯托克斯方程。本小节主要对直角坐标系中的湍流进行讨论，同时假设对于叶片泵模拟所涉及的物性参数，只考虑平均值而忽略脉动值，如可压情况下忽略密度的脉动，只考虑其平均值。

对于连续方程，有

$$\frac{\partial\rho}{\partial t}+\frac{\partial(\rho\overline{u}_j)}{\partial x_j}=0 \tag{5.9}$$

对于动量方程，有

$$\frac{\partial(\rho\overline{u_i})}{\partial t}+\frac{\partial(\rho\overline{u_j}\overline{u_i})}{\partial x_j}=-\frac{\partial\overline{p}}{\partial x_i}+\frac{\partial}{\partial x_j}\left(\mu\frac{\partial\overline{u_i}}{\partial x_j}-\rho\overline{u_i'u_j'}\right)+\rho\overline{f_i} \tag{5.10}$$

对于能量方程，忽略压强做功、内热源、热辐射等，有

$$\frac{\partial(\rho c_p\overline{T})}{\partial t}+\frac{\partial(\rho c_p\overline{u_j}\overline{T})}{\partial x_j}=\frac{\partial}{\partial x_j}\left(\lambda\frac{\partial\overline{T}}{\partial x_j}-\rho c_p\overline{u_j'T'}\right)+\mu\Phi \tag{5.11}$$

在上述雷诺时均方程中，一次项在时均前后的形式保持不变，而二次项在时均处理后，不仅产生了时均的二次项，又多了包含脉动的附加二次项。这些附加项的物理含义是湍流脉动造成的能量转移（应力、热流密度等），需要额外建立这些附加未知项的关系式，才能使整个方程组封闭。其中，$-\rho\overline{u_i'u_j'}$ 称为雷诺应力项（Reynolds stress），湍流模型就是针对这一项如何封闭而产生的，也是雷诺时均方法求解的核心内容，其实质是把湍流脉动附加项与时均值联系起来的数学模型。湍流模型主要分为 Reynolds 应力模型和涡黏模型，对于工程计算，涡黏模型应用最为广泛。在涡黏模型中，不直接处理雷诺应力项，而是根据 Boussinesq 的涡黏假设，引入湍流黏度（turbulent viscosity），或称为涡黏系数（eddy viscosity），将雷诺应力表示成湍流黏度、平均应变等的线性函数：

$$-\rho\overline{u_i'u_j'}=\mu_t\left(\frac{\partial\overline{u_i}}{\partial x_j}+\frac{\partial\overline{u_j}}{\partial x_i}\right)-\frac{2}{3}\left(\rho k+\mu_t\frac{\partial\overline{u_j}}{\partial x_j}\right)\delta_{ij} \tag{5.12}$$

式中，μ_t 为湍流黏度；k 为湍动能，$k=\frac{1}{2}(\overline{u'^2}+\overline{v'^2}+\overline{w'^2})$；$\frac{\partial\overline{u_j}}{\partial x_j}$ 为速度散度，对于不可压流动，其值为 0；δ_{ij} 为克罗内克函数，如果 i 和 j 相等，则其输出值为 1，否则为 0。在涡黏模型中，湍流计算的关键就在于求解湍流黏度，需要注意的是，湍流黏度不是物性参数，而是取决于湍动程度，前面提到的湍流模型可以进一步理解为计算湍流黏度的微分方程。根据确定湍流黏度的微分方程的数量，湍流模型可以分为零方程模型、一方程模型、两方程模型等。其中又以两方程模型应用最为广泛，本节主要介绍叶片泵模拟广泛使用的 k-ε 模型、RNG k-ε 模型和 SST k-ω 模型。

5.2.2　*k-ε* 模型

k-ε 模型[4]最早是由 Harlow 和 Nakayama 于 1967 年提出的，随后由 Launder 和 Spalding 加以改进，称为标准 k-ε 模型（standard k-ε model）。

湍动能表达式为

$$\frac{\partial(\rho k)}{\partial t}+\frac{\partial(\rho k u_j)}{\partial x_j}=\frac{\partial}{\partial x_j}\left[\left(\mu+\frac{\mu_t}{\sigma_k}\right)\frac{\partial k}{\partial x_j}\right]+P_k+P_b-\rho\varepsilon-Y_M+S_k \tag{5.13}$$

式中，k 为湍动能；μ 为分子黏度；μ_t 为湍流黏度；σ_k 为与湍动能对应的 Prandtl 数；ε 为耗散率；P_b 为与浮力相关的湍动能产生项；Y_M 为可压湍流中脉动扩张造成的耗散项；S_k 为广义源项。

P_k 是与平均运动梯度相关的湍动能产生项，定义为

$$P_k=\mu_t\left(\frac{\partial u_i}{\partial x_j}+\frac{\partial u_j}{\partial x_i}\right)\frac{\partial u_i}{\partial x_j}-\frac{2}{3}\frac{\partial u_k}{\partial x_k}\left(3\mu_t\frac{\partial u_k}{\partial x_k}+\rho k\right) \tag{5.14}$$

其中，对于不可压流动，$\dfrac{\partial u_k}{\partial x_k}$ 为 0，上述方程的右端第二项可以忽略。对于可压流动，$\dfrac{\partial u_k}{\partial x_k}$ 只在有很大的速度散度的区域比较显著，如激波。

耗散率方程为

$$\frac{\partial(\rho\varepsilon)}{\partial t}+\frac{\partial(\rho\varepsilon u_j)}{\partial x_j}=\frac{\partial}{\partial x_j}\left[\left(\mu+\frac{\mu_t}{\sigma_\varepsilon}\right)\frac{\partial \varepsilon}{\partial x_j}\right]+C_{\varepsilon1}(P_k+C_{\varepsilon3}P_b)\frac{\varepsilon}{k}-C_{\varepsilon2}\rho\frac{\varepsilon^2}{k}+S_\varepsilon \tag{5.15}$$

式中，σ_ε 为与耗散率对应的 Prandtl 数；$C_{\varepsilon1}$、$C_{\varepsilon2}$ 和 $C_{\varepsilon3}$ 为经验系数；S_ε 为广义源项。

在求解上述两个方程后，再计算出湍流黏度。根据定义，湍流黏度 μ_t 与湍动能的二次幂 k^2 和湍动耗散率 ε 的比值成正比：

$$\mu_t=\rho C_\mu\frac{k^2}{\varepsilon} \tag{5.16}$$

在标准 k-ε 模型中，根据 Launder 等的推荐及后来的试验验证，取值分别为 $C_{\varepsilon1}=1.44$，$C_{\varepsilon2}=1.92$，$\delta_k=1.0$，$\delta_\varepsilon=1.3$，$C_\mu=0.09$；对于可压湍流计算中与浮力相关的系数 $C_{\varepsilon3}$，当主流方向与重力方向平行时，$C_{\varepsilon3}=1$；当主流方向与重力方向垂直时，$C_{\varepsilon3}=0$。对于气、液两相均相流模型，将上述标准 k-ε 模型中的密度和分子黏度改成气、液两相混合物性参数即可。

标准 k-ε 模型凭借其简单的结构、稳定的收敛性、较高的精确性及优异的普适性，成为工程流体计算应用最为广泛的湍流模型。但是需要注意的是，标准 k-ε 模型主要针对的是充分发展的湍流，即高雷诺数湍流计算模型，当雷诺数比较低时，如近壁区湍流发展不充分，会造成计算出现很大偏差。对于强旋流、弯曲壁面流动、壁面剪切驱动流等，也会出现不合理的计算结果。此外，在空化流计算中，标准 k-ε 模型还是存在一定的缺陷。由于雷诺时均方法是将稳态流场数据进行平均，定义湍流黏度为湍动能的二次幂 k^2 和湍动耗散率 ε 的比值，这就表明标

准 k-ε 模型描述的是空化流场中的大尺度湍流现象，因而无法有效地求解具有多重湍流尺度的流动，容易造成湍流黏度过度预测的问题，而空化的非定常多相流特性决定其是一种具备多重湍流尺度的流动，其中湍流黏度又是影响空化泡脱落的重要因素之一。因此，标准 k-ε 模型在处理空化问题时存在明显的缺陷，无法精确地捕捉空泡脱落与溃灭的非定常过程。

5.2.3 RNG k-ε 模型

Yakhot 和 Orszag 在标准 k-ε 模型的基础上提出了一种基于重整化群方法的 RNG（Re-normalization group）k-ε 模型[5, 6]。该模型由于在湍动耗散率方程中增加一个 R_ε 项，考虑了湍流的各向异性及旋流流动情况，因而在空化数值计算中有着较好的表现。该模型的湍流涡黏度 μ_t、湍动能 k 方程与标准 k-ε 模型的 k 方程完全一致，仅系数有所差异，故此处仅给出 ε 方程：

$$\frac{\partial(\rho\varepsilon)}{\partial t}+\frac{\partial(\rho\varepsilon u_i)}{\partial x_i}=\frac{\partial}{\partial x_j}\left[\left(\mu+\frac{\mu_t}{\sigma_\varepsilon}\right)\frac{\partial\varepsilon}{\partial x_j}\right]+C_{\varepsilon1}(P_k+C_{\varepsilon3}P_b)\frac{\varepsilon}{k}-C_{\varepsilon2}\rho\frac{\varepsilon^2}{k}-R_\varepsilon+S_\varepsilon \tag{5.17}$$

$$R_\varepsilon=\frac{C_\mu\rho\eta^3(1-\eta/\eta_0)}{1+\beta\eta^3}\cdot\frac{\varepsilon^2}{k} \tag{5.18}$$

$$\eta=\frac{Sk}{\varepsilon} \tag{5.19}$$

$$S=\sqrt{2\overline{S_{ij}}\,\overline{S_{ij}}} \tag{5.20}$$

$$\overline{S_{ij}}=\frac{1}{2}\left(\frac{\partial u_i}{\partial x_j}+\frac{\partial u_j}{\partial x_i}\right) \tag{5.21}$$

式中，各常数项分别取值为 $C_{\varepsilon1}=1.42$，$C_{\varepsilon2}=1.68$，$C_\mu=0.085$，$\sigma_k=0.7179$，$\sigma_\varepsilon=0.7179$，$\eta_0=4.38$，$\beta=0.012$。

另外需要注意的是，RNG k-ε 模型还是针对充分发展的湍流，对于近壁处低雷诺数流动，仍然需要采用壁面函数法或低雷诺数 k-ε 模型来模拟。

5.2.4 k-ω 模型

Wilcox 在考虑了低雷诺数、可压缩性及剪切流传播等流场特性因素后，于 1988 年提出了 k-ω 模型[7, 8]。该模型采用湍流脉动频率 ω 方程代替标准 k-ε 模型中的 ε 方程，并将湍流黏度 μ_t 定义为

$$\mu_{\mathrm{t}} = \rho \frac{k}{\omega} \tag{5.22}$$

那么耗散率 ε 为

$$\varepsilon = C_{\mu}\omega k \tag{5.23}$$

忽略浮力作用，Wilcox k-ω 湍流模型为

$$\frac{\partial(\rho k)}{\partial t} + \frac{\partial(\rho k u_j)}{\partial x_j} = \frac{\partial}{\partial x_j}\left[\left(\mu + \frac{\mu_{\mathrm{t}}}{\sigma_k}\right)\frac{\partial k}{\partial x_j}\right] + P_k - \beta'\rho k\omega \tag{5.24}$$

$$\frac{\partial(\rho\omega)}{\partial t} + \frac{\partial(\rho\omega u_j)}{\partial x_j} = \frac{\partial}{\partial x_j}\left[\left(\mu + \frac{\mu_{\mathrm{t}}}{\sigma_\varepsilon}\right)\frac{\partial \omega}{\partial x_j}\right] + \alpha P_k \frac{\omega}{k} - \beta\rho\omega^2 \tag{5.25}$$

式中，$\beta' = 0.09$，$\alpha = 5/9$，$\beta = 0.075$，$\sigma_k = 2$，$\sigma_\omega = 2$。

k-ω 模型在近壁面处的边界条件为：$y = 0$ 时，$k = 0$；$y = y_1$ 时，$\omega = 7.2u/y^2$，其中 y_1 表示离壁面最近的一层网格单元到壁面的法向距离。因此，在使用 k-ω 模型时，需将第一层网格布置在黏性底层内，这就导致该模型对网格有着较高的要求。

随后，Menter 在 Wilcox 的基础上提出了一种 SST k-ω 模型[9]。该模型在近壁处，即边界层内采用 Wilcox k-ω 模型，而在自由剪切层内和边界层边缘采用标准 k-ε 模型。实际操作中，将标准 k-ε 模型转化成 k-ω 的形式，并在边界层交接混合区域通过混合函数 F_1 来调配两种模型，F_1 在壁面处为 1 而在边界层外为 0。

SST k-ω 湍流模型为

$$\frac{\partial(\rho k)}{\partial t} + \frac{\partial(\rho k u_j)}{\partial x_j} = \frac{\partial}{\partial x_j}\left[\left(\mu + \frac{\mu_{\mathrm{t}}}{\sigma_k}\right)\frac{\partial k}{\partial x_j}\right] + P_k - \beta'\rho k\omega \tag{5.26}$$

$$\begin{aligned}\frac{\partial(\rho\omega)}{\partial t} + \frac{\partial(\rho\omega u_j)}{\partial x_j} &= \frac{\partial}{\partial x_j}\left[\left(\mu_{\mathrm{m}} + \frac{\mu_{\mathrm{t}}}{\sigma_\varepsilon}\right)\frac{\partial \omega}{\partial x_j}\right] + 2(1-F_1)\rho\frac{1}{\sigma_\omega \omega}\cdot\frac{\partial k}{\partial x_j}\cdot\frac{\partial \omega}{\partial x_j} \\ &\quad + \alpha\frac{\omega}{k}P_{\mathrm{t}} - \beta\rho\omega^2\end{aligned} \tag{5.27}$$

其中，

$$\upsilon_{\mathrm{t}} = \frac{a_1 k}{\max(a_1\omega, \mathrm{SF}_2)} \tag{5.28}$$

$$\mu_{\mathrm{t}} = \upsilon_{\mathrm{t}}\rho \tag{5.29}$$

$$F_1 = \tanh(\arg_1^4) \tag{5.30}$$

$$\arg_1 = \min\left[\max\left(\frac{\sqrt{k}}{\beta'\omega y'}, \frac{500v}{y^2\omega}\right), \frac{4\rho k}{\mathrm{CD}_{k\omega}\sigma_{\omega 2}y^2}\right] \tag{5.31}$$

$$F_2 = \tanh(\arg_2^2) \tag{5.32}$$

$$\arg_2 = \max\left(\frac{2\sqrt{k}}{\beta'\omega y'}, \frac{500v}{y^2\omega}\right) \tag{5.33}$$

$$\mathrm{CD}_{k\omega} = \max\left(2\rho\frac{1}{\sigma_{\omega 2}}\frac{\partial k}{\partial x_j}\frac{\partial \omega}{\partial x_j}, 1.0\times 10^{-10}\right) \tag{5.34}$$

在 SST k-ω 模型中，相关系数是标准 k-ε 和 Wilcox k-ω模型系数的线性组合，如$\alpha = F_1\alpha_1 + (1-F_1)\alpha_2$，同理可得$\beta$、$\sigma_k$、$\sigma_\omega$。

在 Wilcox k-ω 模型中，其系数为$\alpha_1 = 5/9$，$\beta_1 = 0.075$，$\sigma_{k1} = 2$，$\sigma_{\omega 1} = 2$。

在基于标准 k-ε 模型转变的 k-ω 模型中，其系数为$\alpha_2 = 0.44$，$\beta_2 = 0.0828$，$\sigma_{k2} = 1$，$\sigma_{\omega 2} = 1/0.856$。

其他常系数为$\beta' = 0.09$。

Menter 的 SST k-ω 模型由于其特殊的流场处理方式，在具有逆压力梯度或者流动分离的流场中有着良好的表现。

5.3　空 化 模 型

空化数值计算中，除了湍流封闭之外，还需要增加空化模型方程来求解由于控制方程而增加的未知参量。采用汽相控制的汽液质量交换的均质流输运方程为[10]

$$\frac{\partial \rho_{\mathrm{v}}\alpha_{\mathrm{v}}}{\partial t} + \nabla\cdot(\rho_{\mathrm{v}}\alpha_{\mathrm{v}}\boldsymbol{V}_{\mathrm{v}}) = \dot{m} = \dot{m}^+ - \dot{m}^- \tag{5.35}$$

式中，$\dot{m}^+$和$\dot{m}^-$为控制汽、液两相间质量交换的源项，称为蒸发项和凝结项。大多数空化模型的区别即这两项的差异。

5.3.1　Zwart-Gerber-Belamri 空化模型

Zwart-Gerber-Belamri（以下简称 ZGB）空化模型是一种基于 Rayleigh-Plesset（以下简称 R-P）方程推导而得出的空化模型[11]。该方程最早由 Rayleigh 于 1917 年针对单一球形空泡推导得出，随后由 Plesset 于 1994 年首次应用于游移空泡问题中。R-P 方程考虑表面张力和黏性效应的表达式为

$$R_{\mathrm{B}}\frac{\mathrm{d}^2R_{\mathrm{B}}}{\mathrm{d}t^2} + \frac{3}{2}\left(\frac{\mathrm{d}R_{\mathrm{B}}}{\mathrm{d}t}\right)^2 + \frac{4\mu_{\mathrm{t}}}{R_{\mathrm{B}}}\frac{\mathrm{d}R_{\mathrm{B}}}{\mathrm{d}t} + \frac{2S}{\rho_1 R_{\mathrm{B}}} = \frac{p_{\mathrm{v}} - p}{\rho_1} \tag{5.36}$$

式中，μ_{t} 为流体的湍流动力黏度；p_{v} 为流体在某一温度下的饱和汽化压力；S 为表面张力；R_{B} 为空泡半径。由该式等号右边的压力表达式可知，空泡的尺寸主要取决于其饱和汽化压力与周围液体的差值。假设空泡间是独立不相互作用的，忽略二次项、湍流黏度项和表面张力项，则 R-P 方程可简化为

$$\frac{\mathrm{d}R_{\mathrm{B}}}{\mathrm{d}t}=\sqrt{\frac{2}{3}\frac{p_{\mathrm{v}}-p}{\rho_{\mathrm{l}}}} \tag{5.37}$$

由于 R-P 方程假设空泡为球形的，故由式（5.37）可推导得出单空泡单位时间内的质量交换率为

$$\frac{\mathrm{d}m_{\mathrm{B}}}{\mathrm{d}t}=4\pi R_{\mathrm{B}}^{2}\rho_{\mathrm{v}}\sqrt{\frac{2}{3}\frac{p_{\mathrm{v}}-p}{\rho_{\mathrm{l}}}} \tag{5.38}$$

式中，m_{B} 表示单空泡的质量。

Zwart 等同时假设流体单位体积内有 N_{B} 个空泡，那么空泡的体积分数为

$$\alpha_{\mathrm{v}}=\frac{4}{3}\pi R_{\mathrm{B}}^{3}N_{\mathrm{B}} \tag{5.39}$$

通过式（5.37）和式（5.38）可以推得单位时间单位体积的汽、液两相质量交换率为

$$m=\frac{3\alpha_{\mathrm{v}}\rho_{\mathrm{v}}}{R_{\mathrm{B}}}\sqrt{\frac{2}{3}\frac{p_{\mathrm{v}}-p}{\rho_{\mathrm{l}}}} \tag{5.40}$$

仅有式（5.40）还不能准确地模拟空化流的汽化和凝结的过程，因为随着空泡的增加，空化核的数量必须相应地减小。据此，Zwart 采用 r_{nuc}（$1-\alpha_{\mathrm{v}}$）代替流体汽化过程中的空泡体积分数 α_{v}。因此，ZGB 空化模型的最终形式可以表述为

$$\dot{m}^{+}=F_{\mathrm{vap}}\frac{3r_{\mathrm{ruc}}(1-\alpha_{\mathrm{v}})\rho_{\mathrm{v}}}{R_{\mathrm{B}}}\sqrt{\frac{2}{3}\frac{p_{\mathrm{v}}-p}{\rho_{\mathrm{l}}}},\quad p<p_{\mathrm{v}} \tag{5.41}$$

$$\dot{m}^{-}=F_{\mathrm{cond}}\frac{3\alpha_{\mathrm{v}}\rho_{\mathrm{v}}}{R_{\mathrm{B}}}\sqrt{\frac{2}{3}\frac{p-p_{\mathrm{v}}}{\rho_{\mathrm{l}}}},\quad p>p_{\mathrm{v}} \tag{5.42}$$

式中，r_{ruc} 为空泡成核点体积分数，取值为 $r_{\mathrm{ruc}}=5\times10^{-4}$；$F_{\mathrm{vap}}$、$F_{\mathrm{cond}}$ 分别为汽化和凝结过程中的修正系数，取值为 $F_{\mathrm{cond}}=0.01$，$F_{\mathrm{vap}}=50$；这里的 R_{B} 理解为空泡成核点半径，取值为 $R_{\mathrm{B}}=1.0\times10^{-6}\mathrm{m}$。

5.3.2　Singhal 空化模型

Singhal 空化模型也称为全空化模型，Singhal 考虑了所有一阶项，包括相变、空泡动力学、湍流压力脉动及不可凝结气体的影响[12]。式（5.35）汽液质量交换均质流输运方程改写为

$$\frac{\partial(f_{\mathrm{v}}\rho_{\mathrm{m}})}{\partial t}+\nabla\cdot(f_{\mathrm{v}}\rho_{\mathrm{m}}\boldsymbol{V}_{\mathrm{v}})=\nabla\cdot(\Gamma\nabla\cdot f_{\mathrm{v}})+\dot{m}^{+}-\dot{m}^{-} \tag{5.43}$$

式中，f_{v} 为空泡质量分数；Γ 为扩散系数。

汽、液两相连续性方程分别为

液相：

$$\frac{\partial}{\partial t}[(1-\alpha_v)\rho_l]+\nabla\cdot[(1-\alpha_v)\rho_l \boldsymbol{V}]=-\dot{m} \tag{5.44}$$

汽相：

$$\frac{\partial}{\partial t}\alpha_v\rho_l+\nabla\cdot(\alpha_v\rho_l \boldsymbol{V})=-\dot{m} \tag{5.45}$$

联立式（5.1）、式（5.44）和式（5.45），混合密度 ρ_m 可用空泡体积分数 α_v 表示为

$$\frac{d\rho}{dt}=-(\rho_l-\rho_v)\frac{d\alpha}{dt} \tag{5.46}$$

联立式（5.37）、式（5.39）和式（5.43）～式（5.46），在不考虑二次项、湍流黏度项和表面张力项的情况下推得简化的空泡输运方程为

$$\frac{\partial}{\partial t}(\rho_m+f_v)+\nabla\cdot(\rho_m f_v \boldsymbol{V}_v)=(4\pi N_B)^{1/3}(3\alpha_v)^{2/3}\frac{\rho_l\rho_v}{\rho_m}\sqrt{\frac{2}{3}\frac{p_B-p}{\rho_l}} \tag{5.47}$$

式中，空泡压力 p_B 在没有未溶解气体、质量输运及黏性阻尼的情况下等于饱和蒸汽压力 p_v。

考虑到式（5.47）中只有 N_B 是未知量，且没有模型来表征 N_B，故将式（5.47）改写成空泡半径 R_B 的表达式：

$$\dot{m}^+=\frac{3\alpha_v}{R_B}\frac{\rho_l\rho_v}{\rho_m}\sqrt{\frac{2}{3}\frac{p_v-p}{\rho_l}} \tag{5.48}$$

式中，空泡半径 R_B 可用现有近似模型替换：

$$R_B=\frac{0.061WeS}{2\rho_l v_{rel}^2} \tag{5.49}$$

因此，相变率的最终形式可以表述为

$$\dot{m}^+=F_{vap}\frac{V_{ch}}{S}\rho_v\rho_l\sqrt{\frac{2}{3}\frac{p_v-p}{\rho_l}}(1-f_v) \tag{5.50}$$

$$\dot{m}^-=F_{cond}\frac{V_{ch}}{S}\rho_v\rho_l\sqrt{\frac{2}{3}\frac{p_v-p}{\rho_l}}f_v \tag{5.51}$$

考虑到湍流场对空化的影响，对饱和蒸汽压力 p_v 进行修正：

$$p_v'=p_v+0.195\rho_m k \tag{5.52}$$

同时，考虑到不可凝结气体的影响，并用 $\sqrt{k}$ 替换 V_{ch} 来改写式（5.50）和式（5.51），得到全空化模型的最终形式为

$$\dot{m}^+=F_{vap}\frac{\sqrt{k}}{S}\rho_v\rho_l\sqrt{\frac{2}{3}\frac{p_v'-p}{\rho_l}}(1-f_g-f_v),\quad p<p_v \tag{5.53}$$

$$\dot{m}^{+}=F_{\mathrm{vap}}\frac{\sqrt{k}}{S}\rho_{\mathrm{v}}\rho_{\mathrm{l}}\sqrt{\frac{2}{3}\frac{p-p_{\mathrm{v}}'}{\rho_{\mathrm{l}}}}f_{\mathrm{v}},\quad p>p_{\mathrm{v}} \tag{5.54}$$

式中，f_{g}为不可凝结气体质量分数；蒸发过程修正系数F_{cond}和凝结过程修正系数F_{vap}分别取值为$F_{\mathrm{cond}}=0.01$，$F_{\mathrm{vap}}=0.02$。

5.3.3　SS 空化模型

不同于ZGB和全空化两种空化模型，SS（Schnerr and Sauer）空化模型在推导过程中采用另外一种表达式来描述空泡体积分数和单位液相体积内空泡密度的关系[13]：

$$\alpha_{\mathrm{v}}=\frac{\frac{4}{3}\pi N_{\mathrm{B}}R^{3}}{1+\frac{4}{3}\pi N_{\mathrm{B}}R^{3}} \tag{5.55}$$

其推导过程与全空化模型类似，相变率表达式为

$$\dot{m}=\frac{\rho_{\mathrm{v}}\rho_{\mathrm{l}}}{\rho_{\mathrm{m}}}\alpha_{\mathrm{v}}(1-\alpha_{\mathrm{v}})\frac{3}{R_{\mathrm{B}}}\sqrt{\frac{2}{3}\frac{p_{\mathrm{v}}-p}{\rho_{\mathrm{l}}}} \tag{5.56}$$

式中，空泡半径R_{B}由式（5.54）推导而来，即

$$R_{\mathrm{B}}=\left(\frac{\alpha_{\mathrm{v}}}{1-\alpha_{\mathrm{v}}}\frac{3}{4\pi}\frac{1}{N_{\mathrm{B}}}\right)^{\frac{1}{3}} \tag{5.57}$$

因此，SS空化模型的最终形式可以表述为

$$\dot{m}^{+}=\frac{\rho_{\mathrm{v}}\rho_{\mathrm{l}}}{\rho_{\mathrm{m}}}\alpha_{\mathrm{v}}(1-\alpha_{\mathrm{v}})\frac{3}{R_{\mathrm{B}}}\sqrt{\frac{2}{3}\frac{p_{\mathrm{v}}-p}{\rho_{\mathrm{l}}}},\quad p<p_{\mathrm{v}} \tag{5.58}$$

$$\dot{m}^{-}=\frac{\rho_{\mathrm{v}}\rho_{\mathrm{l}}}{\rho_{\mathrm{m}}}\alpha_{\mathrm{v}}(1-\alpha_{\mathrm{v}})\frac{3}{R_{\mathrm{B}}}\sqrt{\frac{2}{3}\frac{p-p_{\mathrm{v}}}{\rho_{\mathrm{l}}}},\quad p>p_{\mathrm{v}} \tag{5.59}$$

5.4　优化理论及技术

5.4.1　优化设计理论

1. 单目标优化问题

优化方法广泛应用于机械、经济、材料、医学等众多领域。根据优化问题中的目标、变量和有效的可行区域，构造一个合适的目标函数，找到一个在可行区

域内最满意的解，这是应用数学中最优化的研究问题[14, 15]。最优化问题的数学模型如式（5.60）所示：

$$\min F(\boldsymbol{x})=(f_1(\boldsymbol{x}),f_2(\boldsymbol{x}),\cdots,f_{n-1}(\boldsymbol{x}),f_n(\boldsymbol{x}))$$
$$\text{s.t.}\begin{cases}g_i(\boldsymbol{x})\leqslant 0, & i=1,2,\cdots,p-1,p\\ h_j(\boldsymbol{x})=0, & j=1,2,\cdots,q-1,q\end{cases} \tag{5.60}$$

式中，优化变量 $\boldsymbol{x}=(x_1,x_2,\cdots,x_{m-1},x_m)$ 是 m 维；目标函数 $F(\boldsymbol{x})$可以是单目标或多目标函数；$g(\boldsymbol{x})$表示的是 p 个不等式约束方程；$h(\boldsymbol{x})$表示的是 q 个等式约束方程。约束方程对优化变量的取值范围进行限制，则 $\boldsymbol{x}$ 的可行解为

$$D_x=\{\boldsymbol{x}\in\mathbf{R}^m \mid g_i(\boldsymbol{x})\leqslant 0,i=1,2,\cdots,p-1,p;h_j(\boldsymbol{x})=0,j=1,2,\cdots,q-1,q\} \tag{5.61}$$

如果优化问题中含有约束条件，则称为有约束优化问题；如果没有约束条件，则称为无约束优化问题。

在泵优化问题中，通常将效率 η、扬程 H、功率 P 和空化 NPSHr 作为优化目标，同时也包括噪声、压力脉动等。采用优化方法可实现泵效率提高、扬程提高、功率下降、空化性能提高、低噪声和低压力脉动的目的。

2. 多目标优化问题

多目标问题（MOP）也称为多准则优化、多指标优化或向量优化，其目的是要找到一组折中解以满足不同目标函数的要求。多目标问题的基本定义为：寻找一个由决策变量构成的向量，使其能够满足所有约束条件和由目标函数组成的向量函数，这些目标函数是对性能指标的数学描述，并且它们往往是相互冲突的。

1）多目标优化

一般的多目标问题由 m 个设计变量参数（决策变量）、n 个目标函数和 l 个约束条件构成。以最小化问题为例，其数学定义如下：

$$\begin{aligned}&\min\ \ \boldsymbol{y}=F(\boldsymbol{x})=(f_1(\boldsymbol{x}),f_2(\boldsymbol{x}),\cdots,f_n(\boldsymbol{x}))\in\boldsymbol{\varLambda}\\&\text{subject to}\ \ e(\boldsymbol{x})=(e_1(\boldsymbol{x}),e_2(\boldsymbol{x}),\cdots,e_l(\boldsymbol{x}))^{\mathrm{T}}\leqslant 0,\quad \boldsymbol{x}\in\boldsymbol{\varOmega}\\&\text{where}\ \ \boldsymbol{x}=(x_1,x_2,\cdots,x_m)^{\mathrm{T}}\\&\qquad\quad \boldsymbol{y}=(y_1,y_2,\cdots,y_n)\end{aligned} \tag{5.62}$$

式中，$\boldsymbol{x}$ 为设计变量；$\boldsymbol{y}$ 为目标函数；$\boldsymbol{\varOmega}$ 为决策空间；$\boldsymbol{\varLambda}$ 为目标函数空间。能够满足所有约束条件的决策变量称为可行解。一般的多目标问题的搜索过程都发生在目标函数空间里。

由于一般的多目标问题在优化过程中，各个目标函数之间都是相互冲突的，一个能够使得所有目标函数都达到全局最优值的最优解往往是不存在的。因此，解决多目标问题的手段只能是在各个目标之间进行权衡和折中处理，使得各个目

标值尽可能为设计者接受。多目标问题的解具有多样性，所以使用 Pareto 最优解定义多目标问题的解集。

2）Pareto 最优

在单目标优化问题中，可行解可以根据目标函数值的优劣进行排序。然而，对于多目标问题，由于存在多个目标函数，很难比较出可行解之间的优劣。针对这一问题，法国经济学家 Pareto 于 1896 年提出了 Pareto 最优的概念。

首先，对于多目标问题中的可行解优劣比较，提出一种称为 Pareto 占优或 Pareto 支配的计算方式：对于任意的向量 $\boldsymbol{u}=(u_1,u_2,\cdots,u_m)$， $\boldsymbol{v}=(v_1,v_2,\cdots,v_m)$， $\boldsymbol{u}$、$\boldsymbol{v}\in\boldsymbol{\Lambda}$，对于 $\forall i\in\{1,2,\cdots,m\}$ 满足 $u_i\leqslant v_i$ 且 $\exists j\in\{1,2,\cdots,m\}$ 使得 $u_j<v_j$，则称为向量 $\boldsymbol{u}$ 占优于 $\boldsymbol{v}$。

如图 5.1 所示，*D* 点表示的解在两个目标函数上都优于 *K* 点和 *N* 点所表示的解，由上述定义可知，*D* 点所表示的解占优于 *K* 点和 *N* 点所表示的解。比较 *C* 点和 *D* 点所表示的解，可见 *C* 点在目标函数 2 上要优于点 *D*，但在目标函数 1 上要逊色于 *D* 点，因此在多目标问题上解 *C* 和解 *D* 无差别。

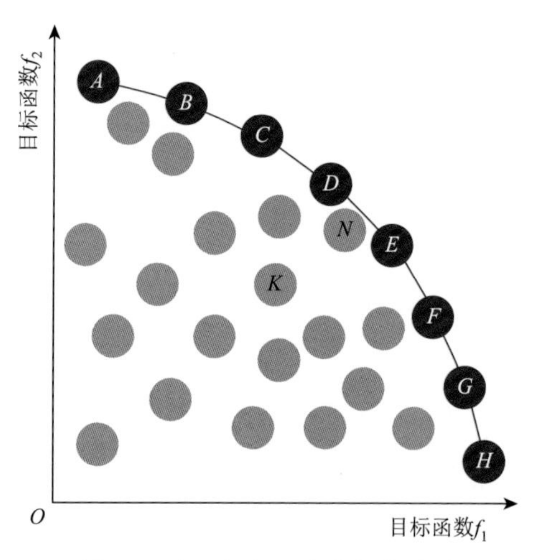

图 5.1　多目标问题中的解的关系

基于上述概念，可以得到 Pareto 最优解的概念，即在可行域（由可行解组成的区域） $\boldsymbol{X}_u=\{\boldsymbol{x}\in\boldsymbol{\Omega}\,|\,e(\boldsymbol{x})\leqslant 0\}$ 中，对于可行解 $\boldsymbol{x}$，不存在 $\boldsymbol{x}'\in\boldsymbol{X}_u$ 使得 $F(\boldsymbol{x}')$ 占优于 $F(\boldsymbol{x})$，则称 $\boldsymbol{x}$ 为 $\boldsymbol{X}_f$ 上的 Pareto 最优解或非劣解。

仍以图 5.1 为例，在可行域内，不存在任何解可以支配解 *C*，因此解 *C* 为该可行域内的 Pareto 最优解。以此类推，点 *A*、*B*、*C*、*D*、*E*、*F*、*G*、*H* 都是 Pareto 最优解。所有的 Pareto 最优解的结合称为 Pareto 最优解集，这些解对应的目标函数向量称为 Pareto 最优前沿。

5.4.2　自动优化技术及相关命令

目前，三维参数化设计、自动数值计算是实现自动优化的基础，本小节罗列了在叶片泵优化设计中比较常用的批处理命令及 MATLAB 调用方式，方便读者实现读写 CAD/CAE/自编程序的编写，实现应用程序的参数化集成和运行[16, 17]。

MATLAB 中调用外部函数的命令为“dos”，调用操作系统以执行指定的命令。其调用方式为

```
[status,cmdout]=dos(command)
```

其中，“command”为 bat 文件路径。

泵设计及数值计算的常用软件调用方式如下。

（1）Creo 三维软件的调用方式：

```
"C:\Program Files\PTC\Creo 3.0\M030\Parametric\bin\parametric.bat"-g:no_graphics a_creo_cp_basic.txt
```

（2）BladeGen 旋转机械设计的调用方式：

```
set path=%path%;C:\Program Files\ANSYS Inc\v180\aisol\BladeModeler\BladeGen
BladeBatch bladegen_name.bgi bladegen_name.bgd
```

（3）ICEM 网格划分的调用方式：

```
"C:\Program Files\ANSYS Inc\v180\icemcfd\win64_amd\bin\icemcfd.bat" -batch-script vane.rpl
```

（4）WorkBench 的调用方式：

```
"C:\Program Files\ANSYS Inc\v180\Framework\bin\Win64\RunWB2.exe"-B-R filenamewbjn
```

（5）CFX-Pre 数值计算前处理的调用方式：

```
"C:\Program Files\ANSYS Inc\v180\CFX\bin\cfx5pre.exe" -batch C:\E\02work-italy\moving_mesh\programme_base\vane_cfxpre.pre
```

（6）CFX-Solver 的调用方式：

```
"C:\Program Files\ANSYS Inc\v180\CFX\bin\cfx5solve.exe" -batch -def filenamedef-par-local-partition 4-fullname filenamerespath
```

（7）CFX 计算结果监测点的调用方式：

```
"C:\Program Files\ANSYS Inc\v180\CFX\bin\cfx5mondata.exe" -res filenameres -varrule "CATEGORY=USER POINT" -out
```

```
filenamecsv
```

（8）CFX-Post 的调用方式：

```
"C:\Program Files\ANSYS Inc\v180\CFX\bin\cfx5post.exe"
-batch pressure.cse
```

参 考 文 献

[1] 王福军. 计算流体动力学分析：CFD 软件原理与应用[M]. 北京：清华大学出版社，2004.

[2] 王健. 水力装置空化空蚀数值计算与试验研究[D]. 镇江：江苏大学，2015.

[3] 付燕霞. 涡轮泵及诱导轮流动不稳定性及空化特性研究[D]. 镇江：江苏大学，2014.

[4] Harlow F H，Nakayama P I. Turbulence transport equations[J]. Physics of Fluids，1967，10（11）：2323-2332.

[5] Yakhot V，Orszag S A. Renormalization group analysis of turbulence. I. Basic theory[J]. Journal of Scientific Computing，1986，1（1）：3-51.

[6] Yakhot V，Orszag S A，Thangam S，et al. Development of turbulence models for shear flows by a double expansion technique[J]. Physics of Fluids A：Fluid Dynamics，1992，4（7）：1510-1520.

[7] Wilcox D C. Reassessment of the scale-determining equation for advanced turbulence models[J]. AIAA Journal，1988，26（11）：1299-1310.

[8] Wilcox D C. Turbulence Modeling for CFD[M]. La Canada，CA：DCW Industries，1998.

[9] Menter F R. Two-equation eddy-viscosity turbulence models for engineering applications[J]. AIAA Journal，1994，32（8）：1598-1605.

[10] 潘中永. 泵空化基础[M]. 镇江：江苏大学出版社，2013.

[11] Zwart P J，Gerber A G，Belamri T. A two-phase flow model for predicting cavitation dynamics[C]//5th International Conference on Multiphase Flow，Yokohama，2004：152.

[12] Singhal A K，Athavale M M，Li H，et al. Mathematical basis and validation of the full cavitation model[J]. Journal of Fluids Engineering，2002，124（3）：617-624.

[13] Sauer J，Schnerr G H. Unsteady cavitating flow—A new cavitation model based on a modified front capturing method and bubble dynamics[C]//Proceedings of 2000 ASME Fluid Engineering Summer Conference，2000，251：1073-1079.

[14] Rao S S. Engineering Optimization：Theory and Practice[M]. New York：John Wiley & Sons，2009.

[15] 陈宝林. 最优化理论与算法[M]. 北京：清华大学出版社，2005.

[16] Lawrence K L. ANSYS Workbench Tutorial Release 14[M]. Mission：SDC Publications，2012.

[17] 张威. MATLAB 基础与编程入门[M]. 西安：西安电子科技大学出版社，2008.

第6章　管道离心泵多目标多参数优化技术

本章以管道泵为研究对象，采用拉丁方试验设计、人工神经网络和多目标粒子群算法对管道泵肘形进口段进行多工况优化，同时采用多目标粒子群算法对进口段和叶轮进行多工况的多部件匹配优化。

6.1　研究背景

立式管道泵是离心泵的一种重要形式，因其进出口在同一直线上，且进出口口径相同，如同一段管道可安装在管道的任何位置，故取名管道泵。管道泵的结构紧凑，占地面积小，安装和维修方便，因此常用于安装空间受限的场所，如高楼供水、船舶运输等。与普通单级单吸离心泵不同，立式管道泵采用了肘形弯管的进口结构以实现进出口在同一条直线上。据研究，肘形弯管对于管道泵内部流动具有较大影响，容易引发进口回流、叶轮入流不均等问题[1-3]。因此，相对于同比转速的普通单级单吸离心泵而言，立式管道泵的效率较低，高效运行区较窄。

管道泵在实际工作中需要具有较宽的运行区域，提高其不同工况下的效率，尤其是非设计工况下的效率就显得尤为必要。然而，目前的优化设计方法，如试错法、试验设计法等，或成本高、优化周期长，或优化精度较低、难以取得全局最优解，因此研究一种针对离心泵的低成本、高精度的多工况优化方法，拓宽管道泵的高效运行区，具有重要的学术意义和良好的经济价值[4-7]。同时，对比分析优化模型和原始模型的内部流动，总结优秀的管道泵设计参数，为立式管道泵的正向设计工作提供借鉴，具有良好的工程价值。

6.2　管道离心泵模型

管道泵的肘形进口结构容易引发入口回流和旋涡，从而导致叶轮的入流不均，使得泵的整体性能下降。然而，管道泵在实际工作中需要具有较宽的运行区域，因此提高其不同工况下的效率，尤其是非设计工况下的效率就显得尤为必要。

6.2.1　计算模型

本章所采用的立式管道泵模型如图 6.1 所示，其主要参数如表 6.1 所示。为了简化网格划分流程，管道泵流域分为四个部分：进口弯管、叶轮、蜗壳和出水管。同时，为了保证数值模拟的可靠性，进口弯管和出水管的长度设为 10 倍管径。

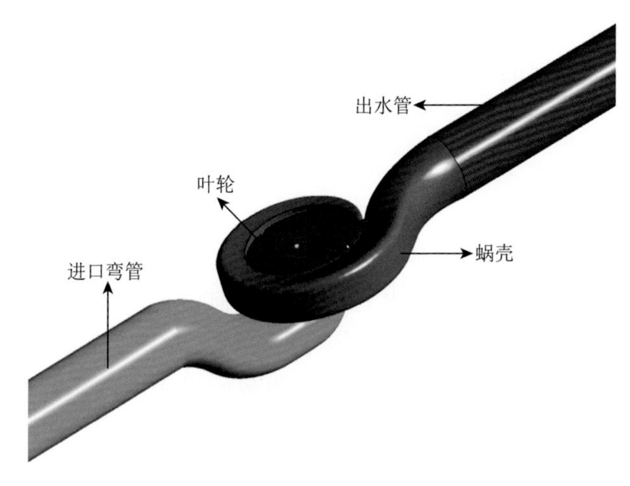

图 6.1　立式管道泵模型

表 6.1　立式管道泵的主要设计参数

参数	值
设计流量 Q_d/(m^3/h)	50
设计扬程 H_d/m	20
转速 n/(r/min)	2910
比转数 n_s	132.36
叶轮进口直径 D_1/mm	72
叶轮出口直径 D_2/mm	136
叶轮进口宽度 b_1/mm	34.5
叶轮出口宽度 b_2/mm	17.8
叶片进口安放角 β_1/(°)	38
叶片出口安放角 β_2/(°)	23
叶片数 z	6
进口弯管直径 D_s/mm	80
出水管直径 D_d/mm	80

6.2.2　计算网格

众所周知，网格的数量和质量对于数值计算的精度和速度均有巨大的影响。因此，为了尽可能地减小因网格造成的计算误差，本章采用 ANSYS ICEM CFD 18.0 对管道泵模型进行结构网格划分。对于模型中对流动较为敏感的区域的网格，如进口弯管的弯道区域、叶轮进口边和隔舌等，进行局部加密以捕捉其中较为复杂的流动现象。最终的网格如图 6.2 所示，其中敏感区域的 $y+$ 值小于 10，所有流域的 $y+$ 最大值为 80。

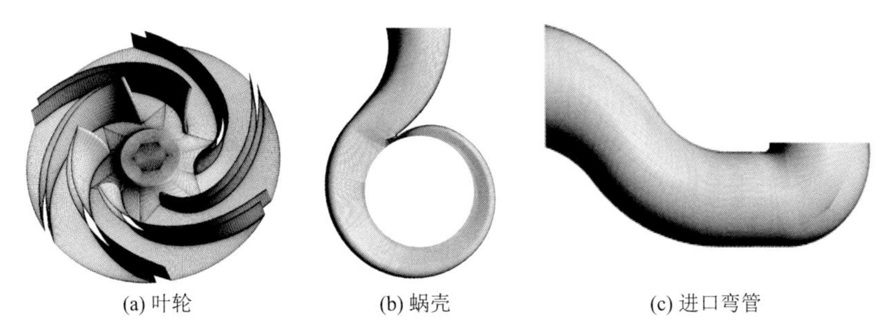

图 6.2　主要部件网格示意图

同时，为了平衡计算精度与计算速度，本章对该模型进行网格无关性分析，分析结果如图 6.3 所示。由图可见，当叶轮网格数大于 85 万时，管道泵的扬程与效率趋于稳定。因此，最终选取的网格数分布如表 6.2 所示。

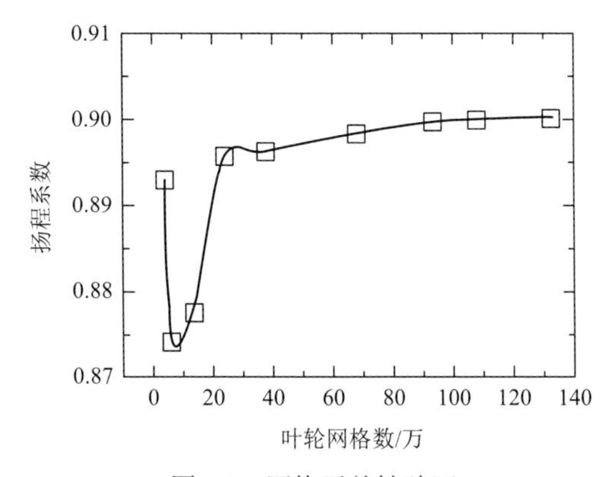

图 6.3　网格无关性验证

表 6.2　网格数分布

流道	进口弯管	叶轮	蜗壳	出水管
网格数	1361122	933510	1216305	779544

6.2.3　数值模拟设置

数值计算结果的可靠性依赖于模拟的设定条件。然而，实际情况往往受限于计算条件，因此研究者提出了许多湍流模型来简化计算。SST 模型便是湍流模型的一种，其具有良好的近壁面区域的分析能力，同时对于流动分离现象的捕捉也十分精确。因此，在优化过程中，本章采用该模型对管道泵进行数值模拟。

具体地，本章所采用的数值模拟设置如表 6.3 所示。

表 6.3　数值模拟设置

参数	值
进口条件	总压进口，1atm
出口条件	质量流量出口
参考压力	1atm
壁面条件	无滑移壁面
动静交界面条件	瞬时转子-动子
收敛精度	1×10^{-4}

注：1atm = 101.325kPa。

6.2.4　试验验证

为了验证数值计算结果的可靠性，对管道泵进行外特性试验，试验用泵如图 6.4 所示，试验台如图 6.5 所示。试验结果与数值计算结果的对比如图 6.6 所示。

图 6.4　管道泵

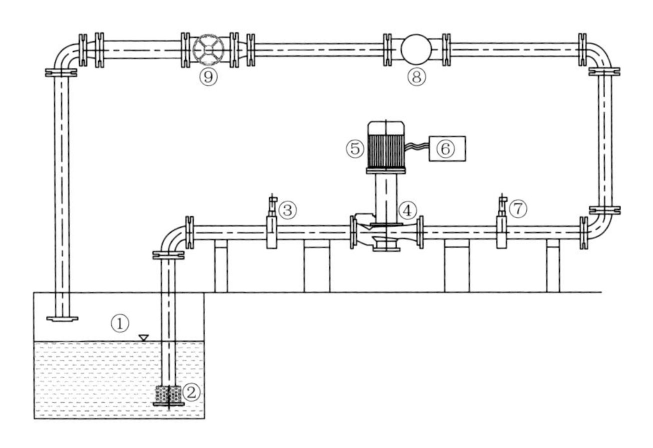

图 6.5　外特性试验台

①. 水池；②. 底阀；③. 进口压力表；④. 管道泵；⑤. 电机；⑥. 变频控制器；⑦. 出口压力表；⑧. 电磁流量计；⑨.节流阀

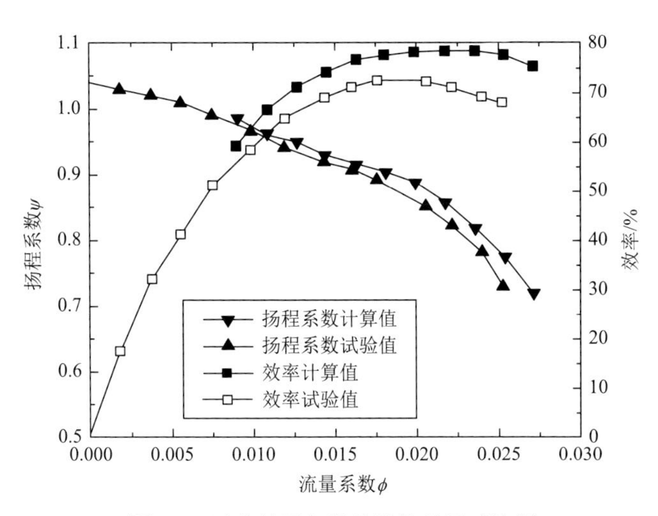

图 6.6　试验结果与数值计算结果对比图

管道泵的外特性试验在江苏大学国家水泵及系统工程技术研究中心实验室的开式试验台上进行，扬程和效率的测量误差小于 ±2%，流量的测量误差小于 ±0.2%。试验采用 WIKA 压力传感器测量泵的进出口压力，其量程分别为 0～1.6bar 和 0～4bar（1bar = 0.1MPa），采用电磁流量计（KROHNE-UFM 3030）获取泵的流量信息，并通过功率表记录泵的输入功率。试验中，通过变频调速装置控制电机的转速，并通过调整节流阀来调整流量。同时，对管道泵进行多次重复性试验以保证结果的可靠性。

如图 6.6 所示，试验结果与计算结果均以无量纲参数显示，图中所用的扬程系数和流量系数的定义如下：

$$\psi = \frac{2gH}{u_2^2} \tag{6.1}$$

$$\phi = \frac{Q}{\pi D_2 b_2 u_2} \tag{6.2}$$

由图 6.6 可知，试验结果与计算结果表现出了良好的一致性，计算效率为水力效率，故略高于试验效率。在设计工况下，扬程误差为 1.33%，效率误差为 7.2%。

6.3 管道离心泵近似模型优化技术

本节以管道泵进口弯管的多目标优化设计为例，具体讨论基于近似模型和智能算法的流道优化方法。本节基于双层前馈型人工神经网络和多目标遗传算法对管道泵进口弯管进行多目标优化设计，其主要流程如图 6.7 所示。

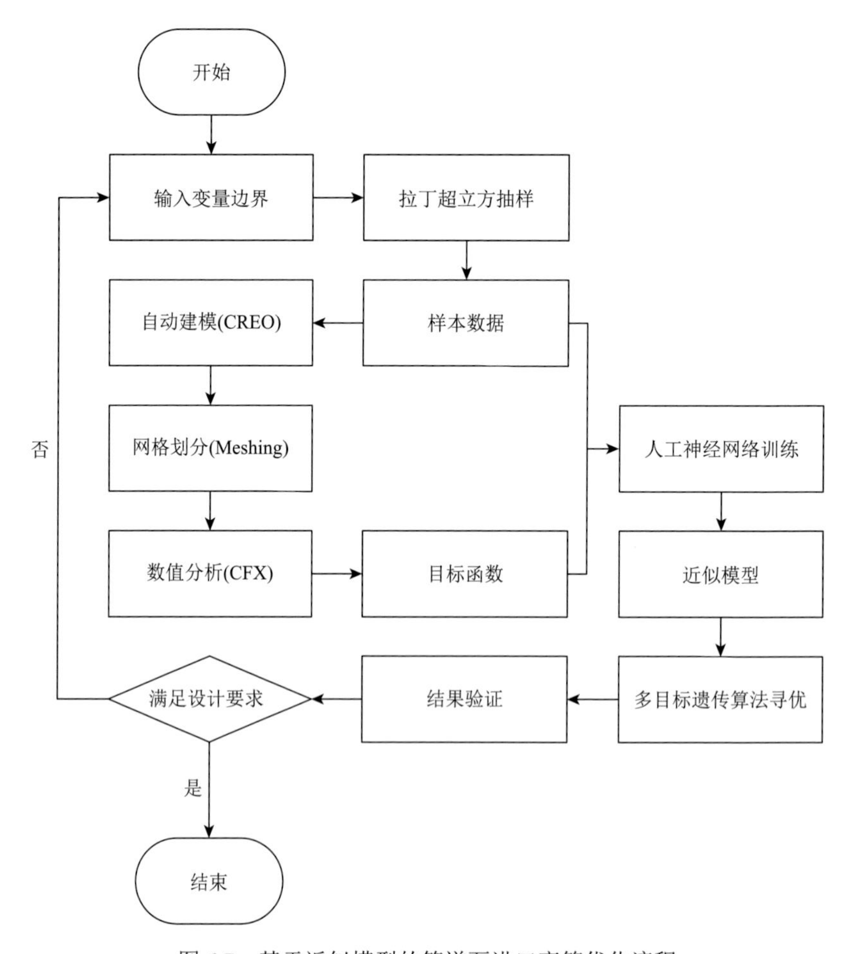

图 6.7 基于近似模型的管道泵进口弯管优化流程

具体地，优化过程首先从决策空间中抽取了 150 组样本数据，并通过 CREO 4.0 自动绘制了 149 个不同的三维水体模型（其中 1 组样本数据无效）。然后，使用 ANSYS Meshing 和 ANSYS CFX 完成对上述模型的自动网格划分和数值分析，从而得到了 149 组样本数据和其对应的目标函数值。采用人工神经网络对目标函数与设计变量进行拟合，并使用第 4 章改进的多目标粒子群算法对所得的近似模型在决策空间内进行寻优，最后对所得的最优参数组合进行数值模拟验证。

为了整合上述软件，实现自动优化过程，所用软件均使用 MATLAB 脚本控制。具体地，CREO 的造型过程可以通过 trail 追踪文件进行控制，从而实现参数造型的能力。即通过 MATLAB 创建 149 组设计样本所对应的 trail 文件，然后通过 bat 脚本（如下面所示）以 batch 模式启动 CREO 软件，实现 149 个三维水体模型的绘制。同样，通过追踪文件以 batch 模式启动 ANSYS WorkBench 平台，整合前处理软件 Meshing 和求解器 CFX，实现后续的自动网格划分和数值分析，并将最终计算得到的目标函数值反馈给运行的 MATLAB 脚本。

以 batch 模式启动 CREO 及 WorkBench 的 bat 脚本如下所示：

```
CREO:"%CREOPATH%\Parametric\bin\parametric.bat"  -g:no_graphics %TRAILPATH%
WorkBench:"%ANSYSPATH%\Framework\bin\Win64\RunWB2.exe" -B-R %JOURNALPATH%
```

脚本中，%CREOPATH%和%ANSYSPATH%分别指 CREO 和 ANSYS 的安装路径，%TRAILPATH%和%JOURNALPATH%分别指 CREO 和 ANSYS WorkBench 的追踪文件的路径。

6.3.1　优化设置

1. 优化变量

在优化开始前，首先要实现优化目标的参数化设计，从而实现优化目标的自动化建模。本章中，采用管道泵的肘形进口弯管的形状作为优化对象。如图 6.8 和图 6.9 所示，肘形进口弯管的几何形状可由弯管的中线和截面形状控制。

为了参数化描述各个截面的形状，这里定义了三个参数，如图 6.9 所示。另外，进口弯管的设计过程设定截面积从进口弯管进口至出口线性递减，以实现流速和压力的平稳变化。因此，参数 L 可由式（6.3）计算得到，即

$$A_{\mathrm{x}} = 0.25 \times \pi \cdot \left[D_{\mathrm{s}}^2 - (D_{\mathrm{s}}^2 - D_1^2) \cdot \frac{c_{\mathrm{x}}}{c_1} \right] \tag{6.3}$$

式中，A_x 为截面积；D_s 为进口弯管直径；D_1 为出口直径（叶轮进口直径）；$\frac{c_x}{c_1}$ 为截面的相对位置。

$$L=\frac{1}{\pi}\cdot\left[\frac{4\cdot A_x}{D}+(\pi-4)\cdot l\right] \tag{6.4}$$

式中，L、D、l 为截面形状的设计参数（图 6.9）。

因此，只需控制截面设计参数中的两个设计变量便可描述进口弯管的截面形状从进口至出口的变化趋势。因此，采用五阶贝塞尔（Bézier）曲线拟合进口弯管中线（图 6.8），三阶 Bézier 曲线拟合参数 D、l 的变化趋势（图 6.10）。

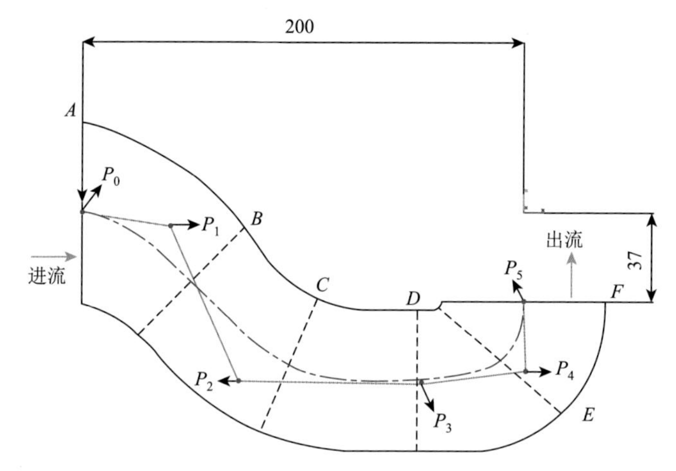

图 6.8　进口弯管的中线形状（单位：mm）

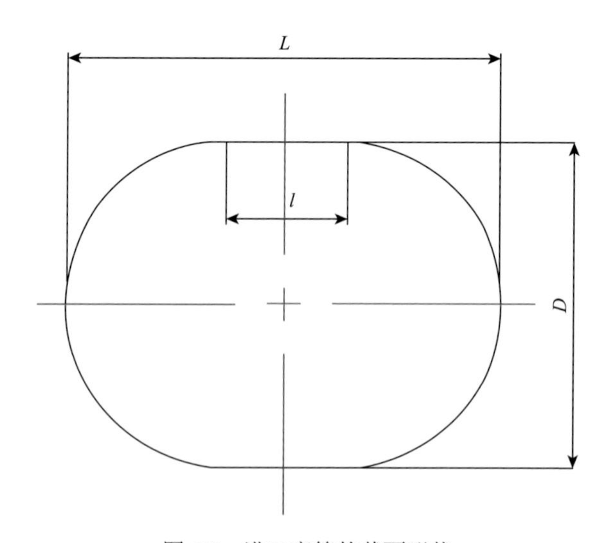

图 6.9　进口弯管的截面形状

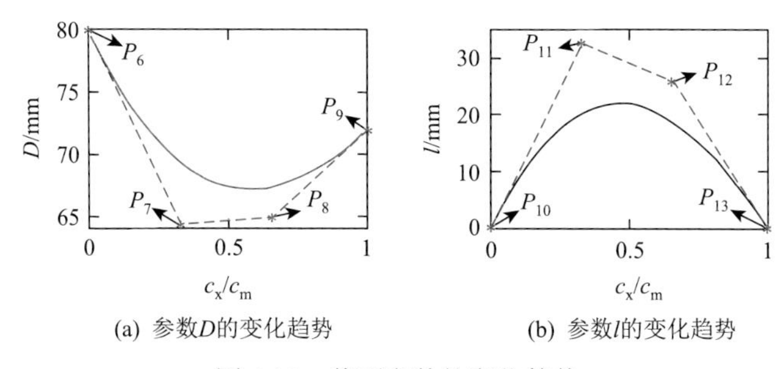

(a) 参数D的变化趋势　(b) 参数l的变化趋势

图6.10　截面参数的变化趋势

易知，通过图6.8和图6.10中的14个控制点可以实现管道泵肘形进口弯管的参数化设计。但实际上，进口弯管的形状还受到实际安装条件的限制。

首先，对于进口弯管的中间截面形状（图6.8），控制点P_0与P_5的位置分别控制截面A、F的相对位置，而截面A为管道泵与进口弯管的交界面，截面F为肘形弯管与叶轮的交界面。由管道泵的特点可知，截面A的纵向位置固定，截面F为固定截面，即P_0的纵坐标为定值，P_5为固定点。另外，为了保证弯道处的流线平滑，还应确保P_1的纵坐标与P_0相等（即$y_1 = y_0$，控制点的横纵坐标分别以x、y表示，下标为控制点编号，下同），P_4的横坐标与P_5相等（$x_4 = x_5$）。

同样地，对于各个截面的形状，由于截面A、F分别为进口弯管和进口弯管与叶轮的交界面，因此截面A、F的形状确定（分别为直径为80mm和72mm的圆），即控制点P_6、P_9、P_{10}和P_{13}的位置固定。另外，减少设计变量的数量，降低维度，设定参数D和l的控制点在横坐标方向上均匀分布。设计变量边界如表6.4所示。

表6.4　设计变量边界

变量	x_0	x_1	x_2	y_2	x_3	y_3	y_4	y_7	y_8	y_{11}	x_{12}
上限	−180	−90	−90	−40	−120	−40	−120	65	65	40	40
下限	−300	−160	−160	−100	−220	−100	−180	50	50	25	25

2. 目标函数

为了拓宽管道泵的高效运行区，本章采用管道泵不同流量下的效率作为目标函数，其数学定义如下：

$$\max\begin{cases}\eta_{0.5Q_d} = f_1\\ \eta_{1.0Q_d} = f_2\\ \eta_{1.5Q_d} = f_3\end{cases} \tag{6.5}$$

式中，Q_d 为设计流量，$\eta_{0.5Q_d}$ 为 0.5 Q_d 下的效率；$\eta_{1.0Q_d}$ 为 1.0 Q_d 下的效率；$\eta_{1.5Q_d}$ 为 1.5 Q_d 下的效率。

3. 拉丁超立方抽样

为了满足高精度近似模型的训练需求，本章采用拉丁超立方抽样方法（MATLAB 中以命令 lhsdesign 调用拉丁超立方抽样工具）在决策空间内选取 150 组设计样本，剔除无效数据后，共 149 组数据被录入样本库。拉丁超立方抽样生成的样本数据如表 6.5 所示。

表 6.5 拉丁超立方抽样生成的样本数据

序号	x_0	x_1	x_2	y_2	x_3	y_3	y_4	y_7	y_8	y_{11}	y_{12}
1	−195.02	−102.90	−107.99	−81.58	−142.04	−70.57	−150.75	61.38	63.75	35.21	36.08
2	−228.08	−118.28	−90.19	−86.32	−131.41	−95.83	−134.26	64.53	53.59	28.47	35.47
3	−284.43	−117.80	−154.84	−49.61	−205.10	−80.41	−171.10	63.77	54.05	39.69	29.27
4	−191.51	−144.66	−145.01	−73.70	−128.67	−43.26	−164.11	59.60	63.26	32.25	28.63
5	−190.92	−142.34	−111.89	−42.34	−192.26	−74.33	−151.07	54.45	62.25	39.40	34.26
⋮	⋮	⋮	⋮	⋮	⋮	⋮	⋮	⋮	⋮	⋮	⋮
146	−244.81	−131.52	−113.48	−96.06	−133.12	−68.42	−126.88	60.34	52.90	38.79	29.73
147	−241.67	−97.96	−152.42	−77.81	−125.67	−76.07	−157.70	50.30	53.73	32.32	34.62
148	−270.28	−150.47	−103.41	−77.36	−161.30	−41.82	−161.62	59.99	51.50	30.02	36.35
149	−217.65	−113.36	−99.92	−52.57	−187.41	−98.15	−170.32	50.71	62.09	34.08	27.89

4. 人工神经网络

在 MATLAB 中，使用 Neural Network Fitting 工具箱创建目标函数和设计变量之间的人工神经网络模型，软件界面如图 6.11 所示。本章的优化过程采用两层前馈型人工神经网络拟合目标函数和设计变量，其隐藏层具有 12 个神经元，使用 Sigmoid 激活函数，输出层使用线性激活函数。前面所述的 149 组样本数据分为三组，其中，80%的数据（119 组）用于训练人工神经网络模型，10%的数据（15 组）用于验证，最后 10%的数据（15 组）用于测试所训练的近似模型。

6.3.2 多目标遗传算法设置

本章采用 MATLAB 优化工具箱（MATLAB 中使用命令 optimtool 调出优化工具箱，如图 6.12 所示）中的 NSGA-II 算法（多目标遗传算法）对所求得的近似模

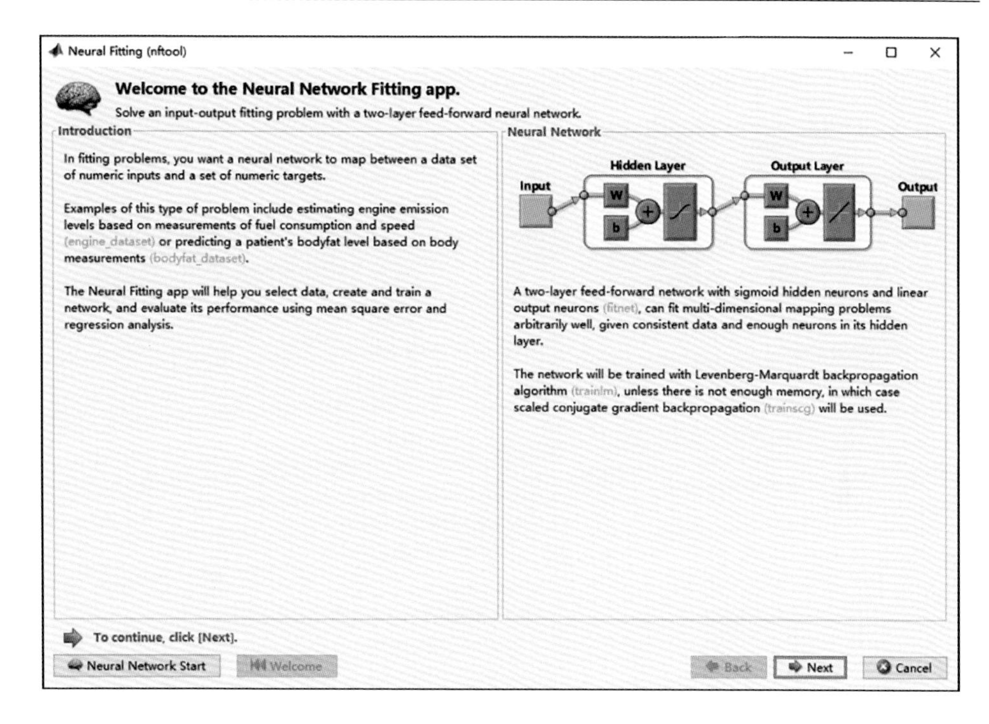

图 6.11　人工神经网络拟合工具箱界面

型进行求解，以获得进口弯管多工况优化问题的 Pareto 前沿。优化过程所设置的 NSGA-II 算法的全局参数如表 6.6 所示。

表 6.6　NSGA-II 算法的全局参数

参数	值
种群数	100
精英比例	0.1
变异比例	0.05
代沟比例	0.85
最大迭代数	1000
外部储存器规模限制	100
收敛精度	10^{-4}

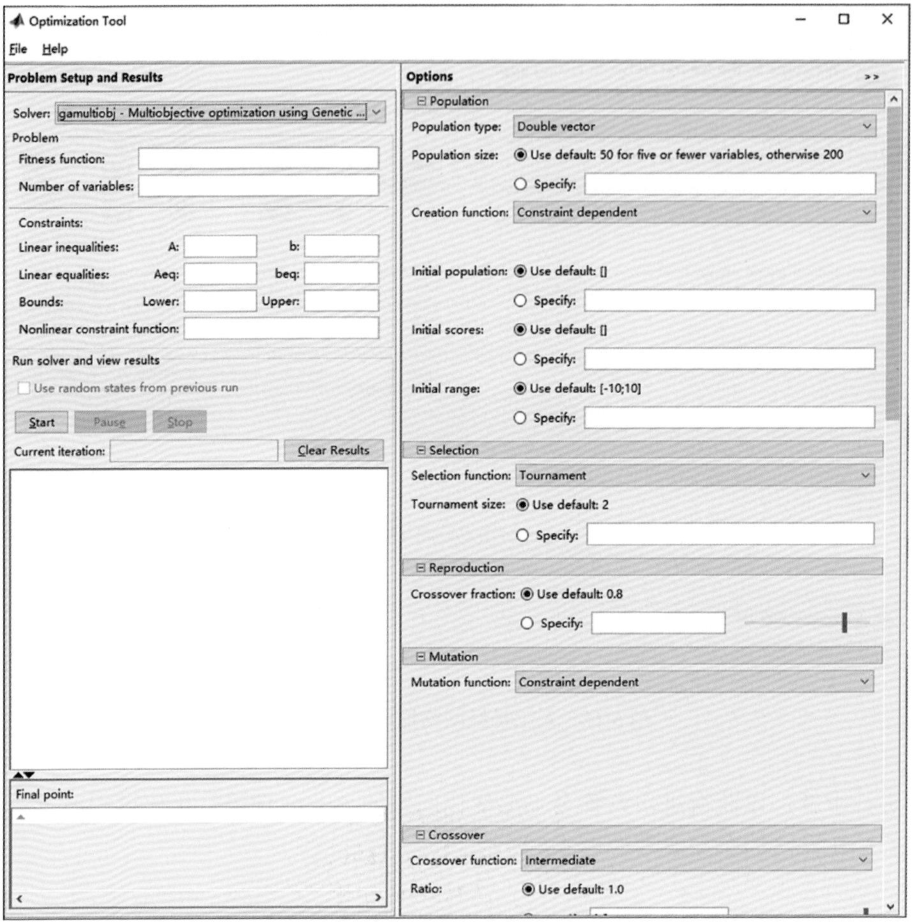

图 6.12　MATLAB 优化工具箱界面

6.3.3　管道泵优化结果分析

1. 近似模型分析

本章采用人工神经网络拟合了 3 个目标函数和 11 个设计变量之间的函数关系，为了评价训练所得的近似模型的精度，采用线性回归方式对人工神经网络模型进行评价。

线性回归分析的结果如图 6.13 所示，$0.5Q_{\mathrm{d}}$、$1.0Q_{\mathrm{d}}$、$1.5Q_{\mathrm{d}}$ 下的人工神经网络模型的 R^2 值分别为 0.9022、0.9017 和 0.9367。其 R^2 值均大于 0.9，说明所得的人工神经网络近似模型具有良好的精度，能够满足优化工作的精度要求。

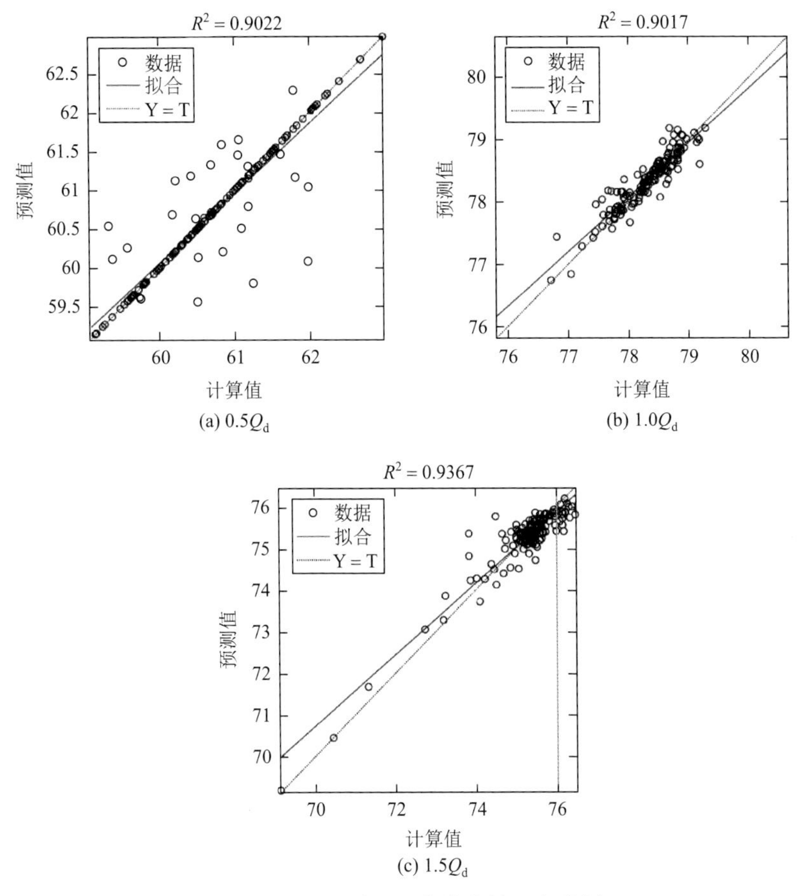

图 6.13　人工神经网络的线性回归分析

2. Pareto 前沿分析

NSGA-II 算法计算所得的三维 Pareto 前沿如图 6.14 所示。结果表明，大流量（$1.5Q_d$）工况下泵的效率在大多数设计方案下都能保持稳定。在计算中，大流量工况下管道泵的效率通常为 74%～76%。但 $\eta_{1.5Q_d}$ 的趋势并不是连续的。当 $\eta_{0.5Q_d}$ 为 64%～64.5%时，大流量工况时效率略有下降，但下降幅度不大。因此，立式管道泵的进口弯管的形状对泵的大流量工况下的性能影响很小。

为了研究进口弯管在小流量（$0.5Q_d$）和设计流量（$1.0Q_d$）条件下对效率的影响，这里计算了 $\eta_{0.5Q_d}$ 和 $\eta_{1.0Q_d}$ 之间的二维 Pareto 最优边界（图 6.15）。表 6.7 给出了图 6.14 所示的 Pareto 最优个体的人工神经网络计算的变量和目标函数值。表 6.7 中的数据按照 $\eta_{0.5Q_d}$ 的升序排序。如图 6.15 所示，在设计流量工况和小流量工况下，所有 Pareto 最优个体的效率都大于原始模型的效率。因此，在设计流量和小流量条件下，进口弯管的形状对性能有很大的影响。随着 $\eta_{0.5Q_d}$ 的提高，$\eta_{1.0Q_d}$ 逐渐下降。

此外，还使用 CFD 程序对三个性能优良的优化案例进行了验证，并在表 6.8 中列出了部分变量和数值，可以发现在三个工况下近似模型预测值与实际计算值之间的最大误差分别为 1.94%、2.35%和 0.40%，说明近似模型具有较高的精度。

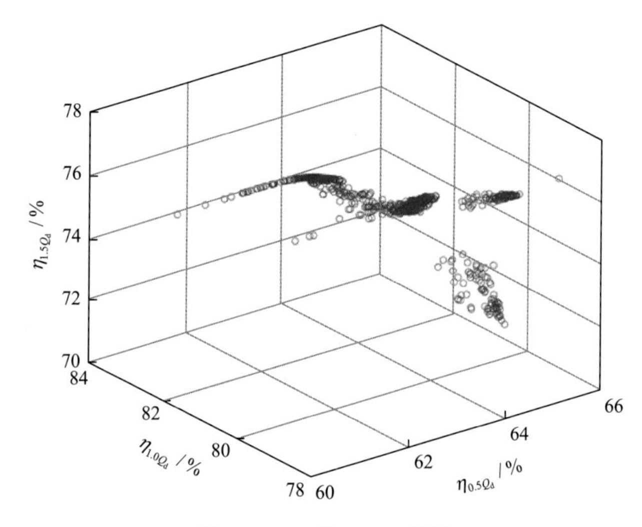

图 6.14　三维 Pareto 前沿

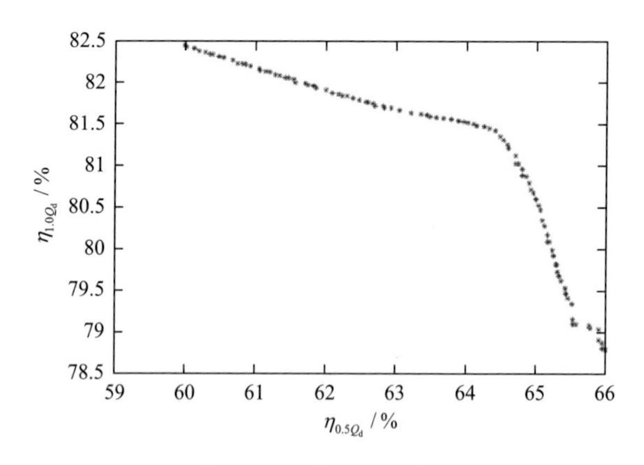

图 6.15　二维 Pareto 前沿

表 6.7　Pareto 预测函数值

序号	$\eta_{0.5Q_d}$ /%	$\eta_{1.0Q_d}$ /%	$\eta_{1.5Q_d}$ /%
1	59.99	82.45	75.20
2	60.01	82.42	75.20
3	60.12	82.41	75.21

续表

序号	$\eta_{0.5Q_d}$ /%	$\eta_{1.0Q_d}$ /%	$\eta_{1.5Q_d}$ /%
4	60.19	82.38	75.22
5	60.28	82.36	75.22
⋮	⋮	⋮	⋮
96	65.89	79.04	76.15
97	65.89	78.91	75.94
98	65.94	78.87	75.93
99	65.94	78.81	75.85
100	65.99	78.80	75.88

表 6.8　优化前后设计参数和计算效率的对比

名称	x_0	x_1	x_2	y_8	y_{11}	y_{12}	$\eta_{0.5Q_d}$ /%	$\eta_{1.0Q_d}$ /%	$\eta_{1.5Q_d}$ /%
原始模型	−200	−159.70	−128.70	—	—	—	59.09	77.65	75.41
优化模型①	−196.52	−139.66	−111.71	53.72	25.58	33.83	60.40	80.10	75.60
优化模型②	−198.11	−142.96	−131.72	62.64	28.69	32.49	63.35	79.42	76.12
优化模型③	−249.66	−140.39	−141.16	61.55	26.63	33.92	64.05	78.82	76.20

3. 扬程分析

为了分析优化后模型效率提高的原因，对不同部件的扬程分布进行研究。这项研究的结果如表 6.9 所示。结果表明，在大流量条件下，三种优化方案与原工况的差异很小。然而，在小流量和设计流量条件下，三种优化方案的性能均优于原工况。

表 6.9　不同部件的扬程对比

流量	模型	进口弯管/m	叶轮/m	蜗壳/m	出水管/m
$0.5Q_d$	原始模型	−1.111	30.107	−6.049	−0.133
	优化模型①	−1.150	28.710	−5.530	−0.115
	优化模型②	−1.035	28.690	−5.560	−0.119
	优化模型③	−1.018	28.906	−5.715	−0.130
$1.0Q_d$	原始模型	−0.054	23.033	−2.498	−0.214
	优化模型①	−0.166	23.109	−2.265	−0.152
	优化模型②	−0.108	23.046	−2.392	−0.219
	优化模型③	−0.097	23.081	−2.328	−0.197

续表

流量	模型	进口弯管/m	叶轮/m	蜗壳/m	出水管/m
$1.5Q_d$	原始模型	−0.114	18.740	−2.085	−0.497
	优化模型①	−0.410	19.144	−2.148	−0.562
	优化模型②	−0.233	19.121	−2.040	−0.511
	优化模型③	−0.221	19.127	−2.062	−0.507

在设计流量工况下，优化后模型的叶轮扬程得到了一定程度的提升，同时蜗壳和出水管内的损失得到不同程度的减少，从而使得泵整体的效率得到提升；小流量工况下，优化后模型的叶轮做功能力略有下降，但泵的扬程依然满足要求，同时，蜗壳内的水力损失得到了显著下降，从而使得泵的性能得到提升。

4. 内流分析

图 6.16 显示了在表 6.8 中列出的原始模型和三个优化模型的型线比较。图中，实线、点划线、稀疏虚线、密集虚线分别代表原始模型、优化模型①、优化模型②和优化模型③。

同时，对原始模型与三个优化模型的水力性能进行了比较，结果如图 6.17 所示。从图中可以看出，三个优化模型在三个运行条件下的效率均大于原始模型，并且在设计流量和大流量工况下的扬程系数得到了不同程度的增加。然而，在小流量工况下，三个优化模型的扬程小幅度减小，但仍然能够满足设计要求。

图 6.18 和图 6.19 示出了在设计流量和小流量工况下进口弯管中间截面上的速度分布。出口截面在设计流量下的速度分布如图 6.20 所示。图 6.21～图 6.23 显示了不同位置处横截面的速度分布。

由图 6.16（a）可知，流道中线在优化后变得更加平滑。优化模型①和优化模型②的水平长度与原始模型相似，而优化模型③的水平长度更长。与原始模型相比，优化模型的第二弯道的相对位置距离进口弯管的出口更远。因此，优化后，在进口弯管的出口之前有一段较长的直线，从而使得出流速度分布更加均匀。对于截面形状，当截面位置接近出口时，三个优化模型和原始壳体之间的差异变得更大（参见图 6.16（b）～（d））。然而，在相对位置小于 0.5 时，优化模型与原始模型的横截面的形状是相似的。

由图 6.21～图 6.23 可以发现，管道泵内部的速度分布具有对称性。不同截面的速度分布从管道外侧到内侧呈现上升趋势，优化模型中的速度水平高于原始模型。然而，由图 6.18 和图 6.19 可知，在优化模型中，进口弯管的出流方向几乎是垂直的，而在原始模型中，出流方向是向右倾斜的。同时还可以观察到，优化模型中低速区域的占比比原始模型小，流动主要集中于流道的中心区域。

具体地，如图 6.20 所示，优化模型出口截面上的速度分布更加均匀，同时，出口截面上的速度梯度低于原始模型的速度梯度。因此，叶轮的入流条件得到改善，有助于增加设计流量下的效率。另外，还可以发现，优化模型①的出口截面上的高流速区域更靠近中心，从而使得叶轮入流的均匀性进一步改善，从而使得其设计流量下的表现要好于其他模型。然而，优化模型①的设计也导致出口附近出现回流旋涡，当流量下降时，该旋涡进一步增大。因此，在小流量工况下，该设计的性能不够好。如图 6.17 和表 6.8 所示，对于优化模型②和优化模型③，出口附近的回流旋涡得到一定程度的改善，从而有助于提高小流量工况下的效率。

最后，为了了解叶轮在优化过程中的速度场修正，表 6.10 给出了三个优化模型和原始模型下叶轮入口冲角的情况。结果表明，优化后小流量工况下的冲角增大，导致叶轮性能下降（表 6.9）。设计流量工况下的冲角增大，从而改善了叶片背面的流动分离。优化后，叶轮在设计流量下的性能得到改善（表 6.9）。大流量条件下的冲角接近 0°，因此在大流量工况下，不同设计的性能相似。

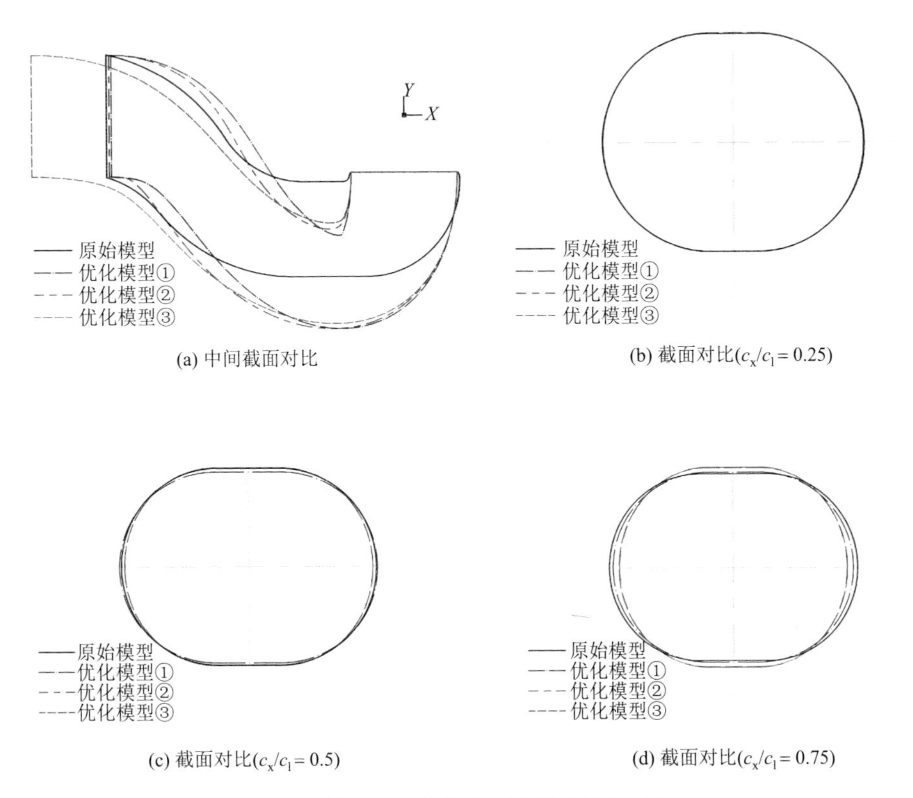

图 6.16　优化前后模型的型线对比

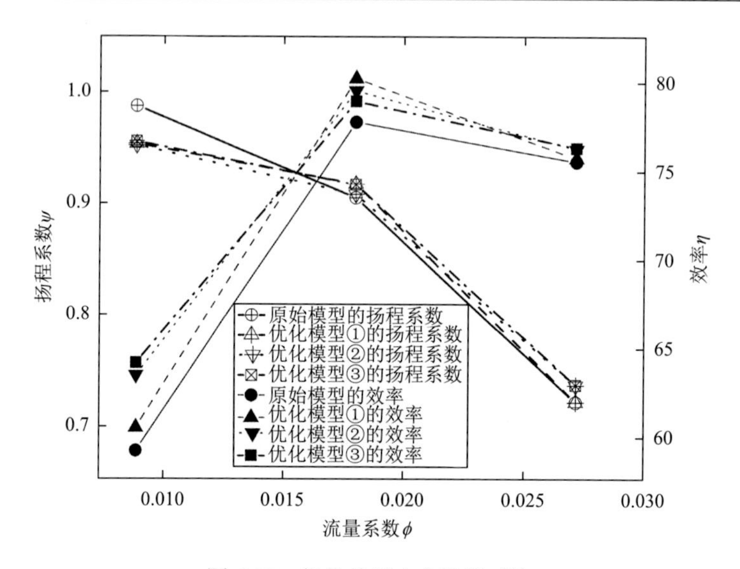

图 6.17　优化前后水力性能对比

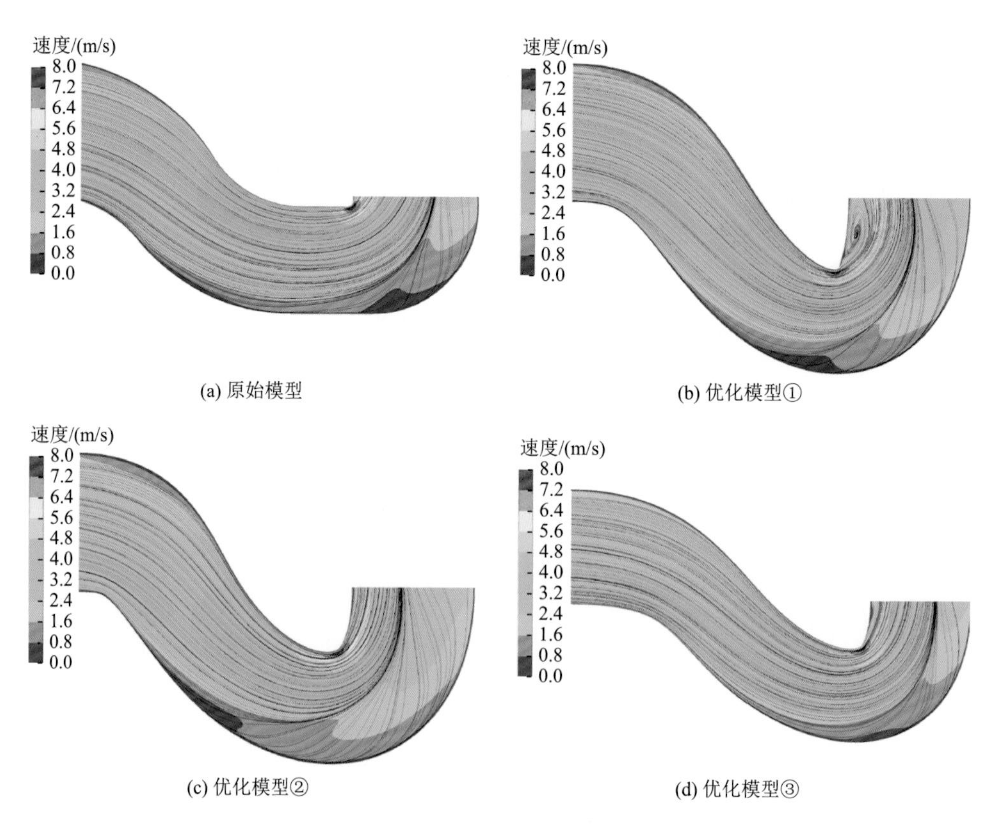

图 6.18　中间截面的速度分布对比（设计流量工况）

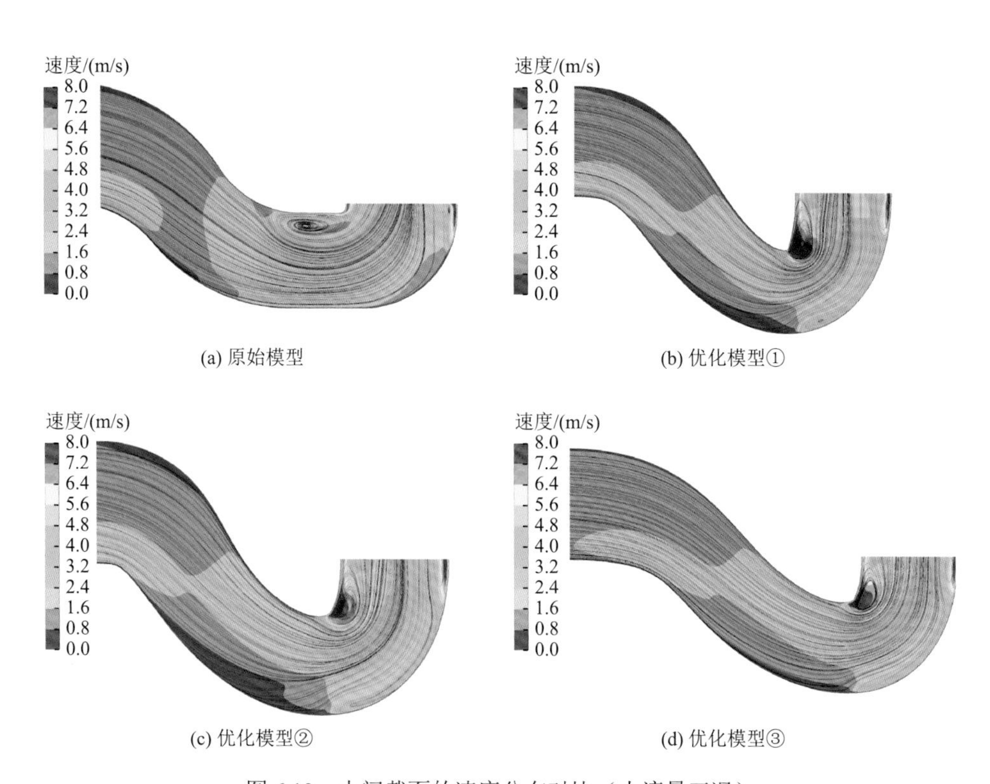

(a) 原始模型　　(b) 优化模型①

(c) 优化模型②　　(d) 优化模型③

图 6.19　中间截面的速度分布对比（小流量工况）

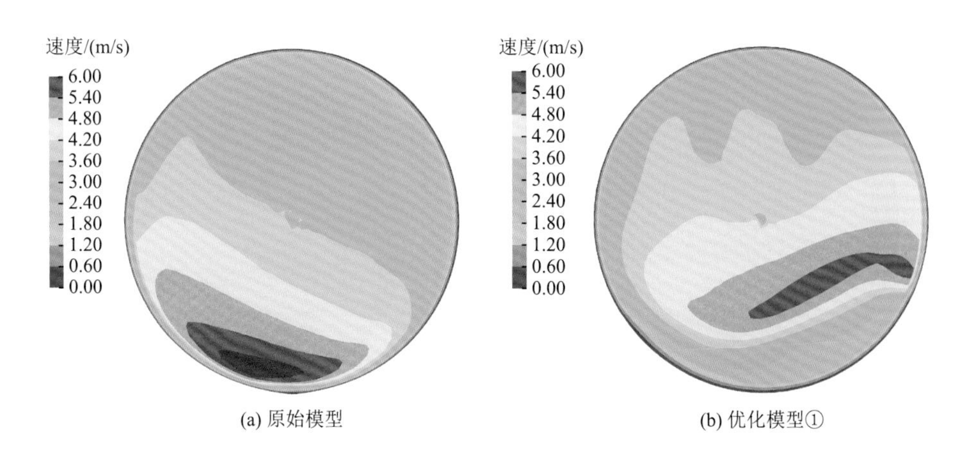

(a) 原始模型　　(b) 优化模型①

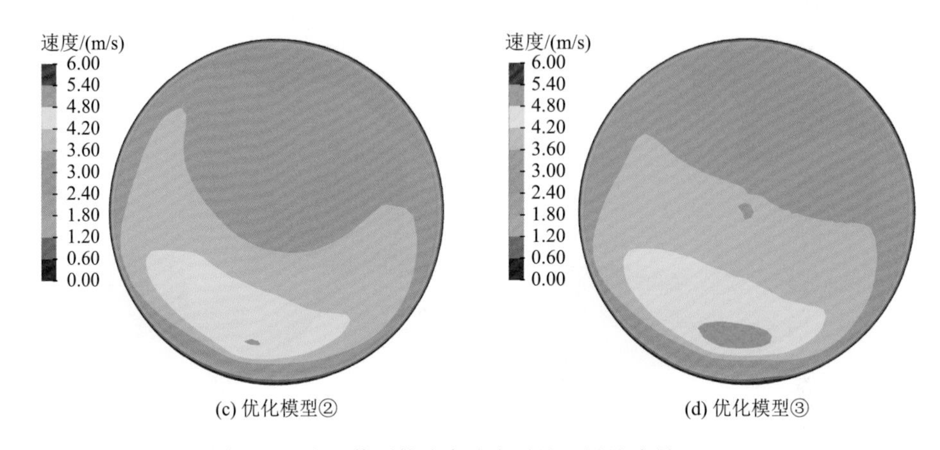

(c) 优化模型②　　(d) 优化模型③

图 6.20　出口截面的速度分布对比（设计流量工况）

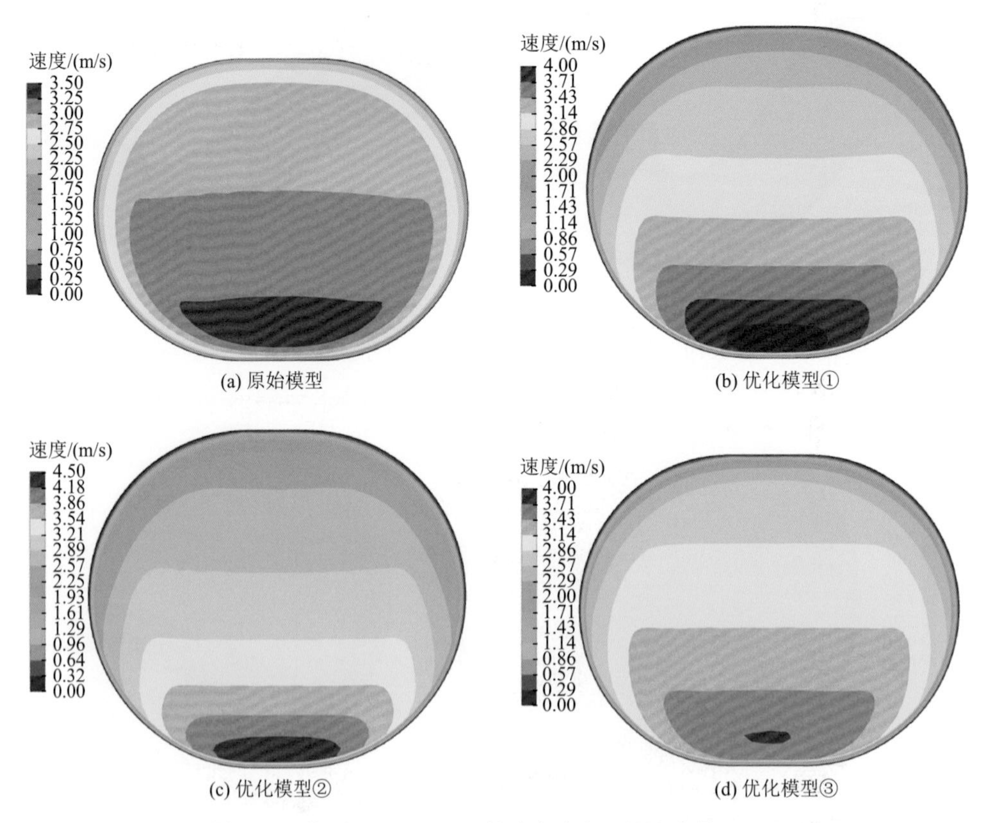

(a) 原始模型　　(b) 优化模型①

(c) 优化模型②　　(d) 优化模型③

图 6.21　截面 $c_x / c_m = 0.25$ 的速度分布（设计流量工况）

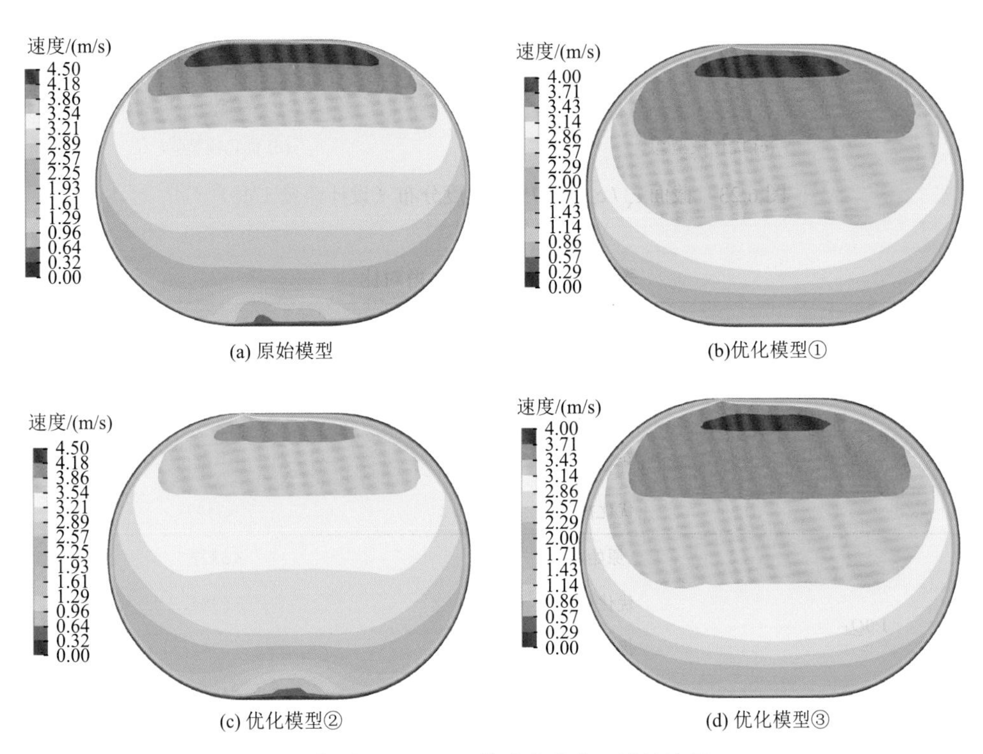

图 6.22　截面 $c_x / c_m = 0.5$ 的速度分布（设计流量工况）

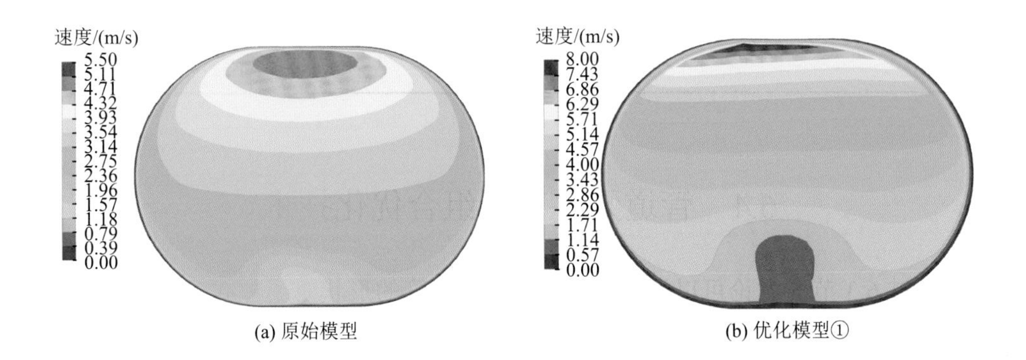

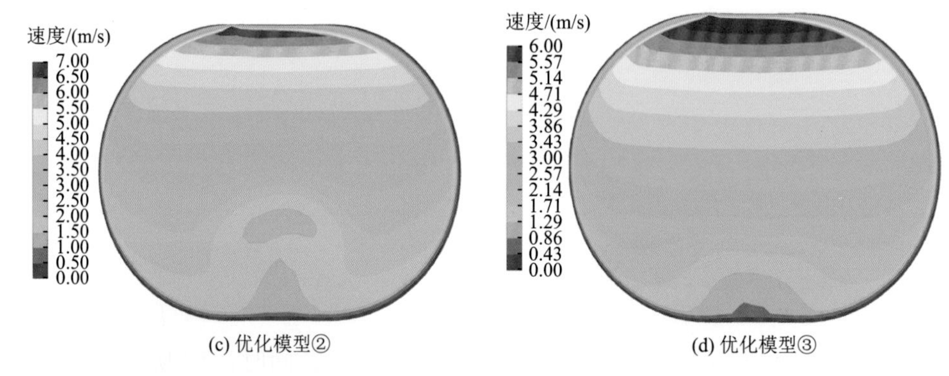

图 6.23　截面 $c_x / c_m = 0.75$ 的速度分布（设计流量工况）

表 6.10　叶轮入口冲角对比

流量	模型	冲角/(°)
$0.5Q_d$	原始模型	9.8573
	优化模型①	10.5696
	优化模型②	10.7464
	优化模型③	10.7149
$1.0Q_d$	原始模型	3.5827
	优化模型①	3.5384
	优化模型②	3.5768
	优化模型③	3.5809
$1.5Q_d$	原始模型	1.6242
	优化模型①	−0.9537
	优化模型②	2.1532
	优化模型③	1.0532

6.4　管道泵多目标组合优化技术

通过 6.3 节的讨论可以发现，仅优化进口弯管的形状对于立式管道泵的性能提升有限，考虑到叶轮与进口弯管之间存在耦合作用，本节对管道泵的进口弯管与叶轮同时进行优化，以考虑两者之间的匹配关系，尽可能地提高管道泵的性能。

6.4.1　管道泵进口弯管-叶轮组合优化设置

1. 优化流程

相对于管道泵的肘形进口弯管，叶轮的形状要复杂得多，其需要更多的设计参数来实现叶轮的参数化设计。然而，近似模型拟合目标函数和设计参数之间的函数关系所需要的样本数据规模也会随着设计参数数量的增长迅速增大，其带来的计算成本与时间成本均是不可估量的。同时，近似模型在拟合高维度问题时，其精度往往不足以满足要求。因此，基于近似模型的优化方法在管道泵的多部件优化中不再适用。本章采用前面改进的多目标粒子群算法，在决策空间内对管道泵的进口弯管和叶轮进行组合优化，以提高优化精度，降低优化成本。

图 6.24 为管道泵双部件优化流程图，其主要可分为以下三个部分：

（1）决策空间和目标函数的确定；

（2）改进的多目标粒子群算法模块；

（3）自动数值分析模块。

其中，改进的多目标粒子群算法模块的逻辑已在第 2 章中进行了讨论，因此本小节主要分析管道泵双部件自动优化的优化变量和优化目标以及自动数值分析方法。

2. 优化变量

本章采用管道泵的肘形进口弯管和叶轮的设计参数作为优化变量。其中，进口弯管的设计参数在前面已经详细讨论，不再重复，此处主要讨论叶轮的设计参数。

叶轮水体的几何形状主要由轴面形状、叶片安放角、叶片厚度和叶片数确定，因此只需完成前三个元素的参数化设计即可控制叶轮的水体形状。

1）轴面形状

叶轮的轴面投影图如图 6.25 所示。由图可知，叶轮的轴面形状主要由前盖板流线、后盖板流线和叶片进口边三个元素构成。

因此，为了实现叶轮轴面形状的参数化控制，采用四阶 Bézier 曲线拟合叶轮的前盖板流线和后盖板流线，三阶 Bézier 曲线拟合叶片进口边形状，如图 6.26 所示。

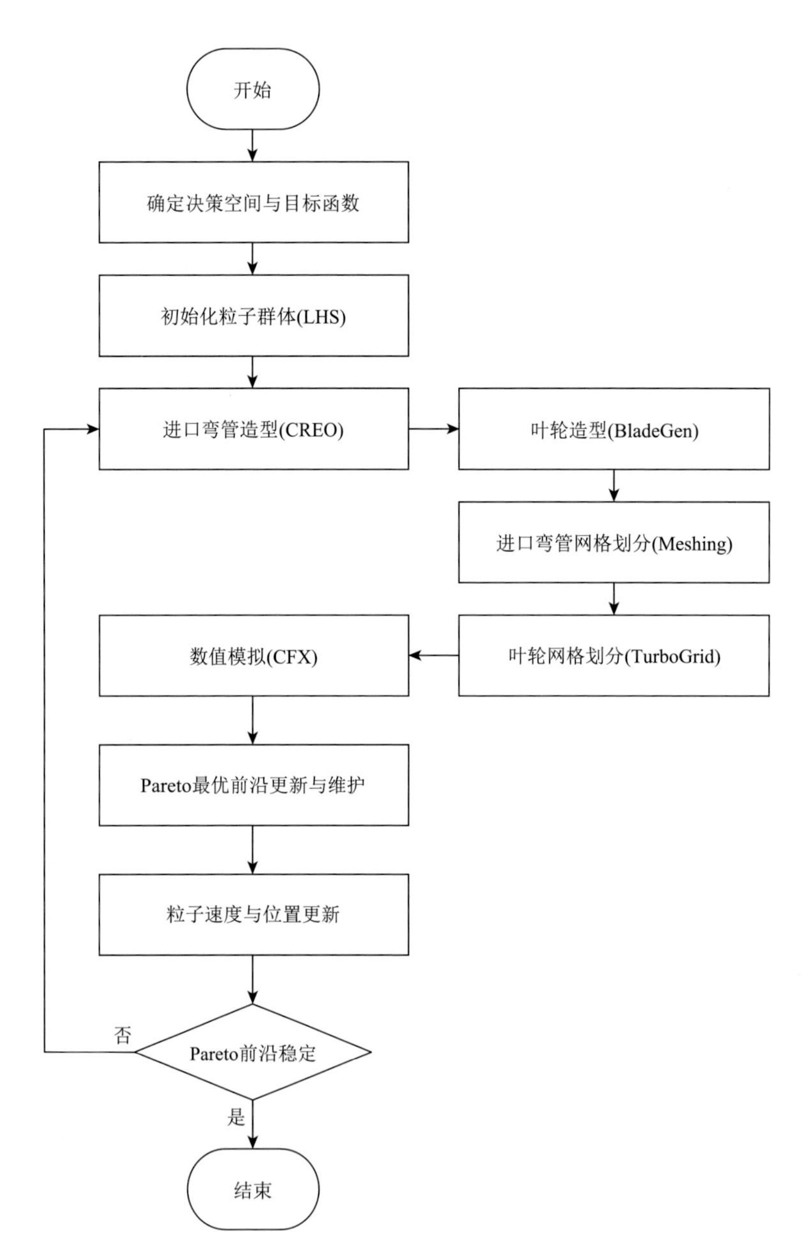

图 6.24　管道泵双部件优化流程图

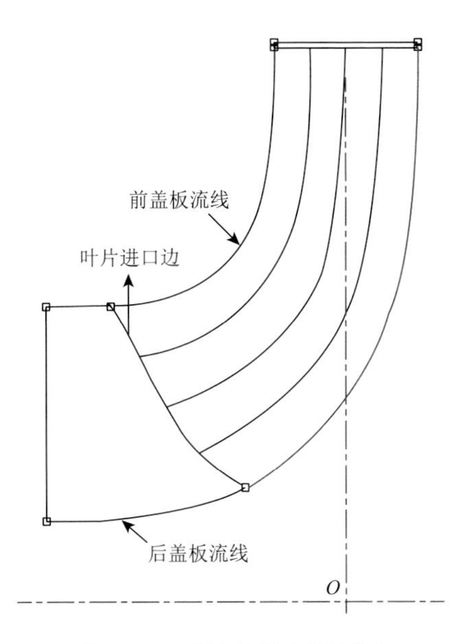

图 6.25　叶轮的轴面投影图

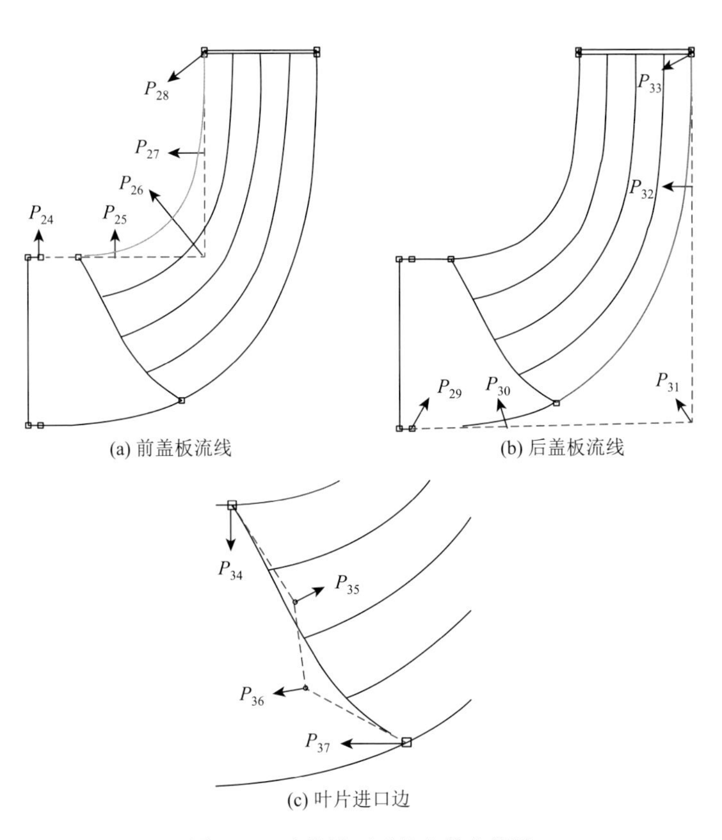

图 6.26　叶轮轴面形状参数化设计

具体地，前盖板流线与后盖板流线均具有 5 个控制点，叶片进口边具有 4 个控制点。以这些控制点的横纵坐标（原点如图 6.25 所示）作为设计变量代入优化过程。考虑到实际的叶轮设计过程中存在安装限制，因此在叶轮轴面形状的参数化设计过程中，对各个控制点的坐标加以限制。对于前后盖板流线，为了保证与前后流道的匹配，控制点 P_{24}、P_{28}、P_{29} 和 P_{33} 的位置固定，同时为了使流线过渡平滑，控制点 P_{25} 与 P_{30} 的纵坐标固定，控制点 P_{27} 与 P_{32} 的横坐标固定。详细的参数限制如表 6.11 所示。

表 6.11　叶轮轴面形状设计参数与边界　　（单位：mm）

控制点编号	坐标	类型	上限	下限
P_{24}	x_{24}	固定	−35	
	y_{24}	固定	36	
P_{25}	x_{25}	变量	−30	−10
	y_{25}	固定	36	
P_{26}	x_{26}	固定	−8.87	
	y_{26}	固定	36	
P_{27}	x_{27}	固定	−8.87	
	y_{27}	变量	60	40
P_{28}	x_{28}	固定	−8.87	
	y_{28}	固定	67.5	
P_{29}	x_{29}	固定	−35	
	y_{29}	固定	10	
P_{30}	x_{30}	变量	−30	−10
	y_{30}	固定	10	
P_{31}	x_{31}	变量	−7	−8.87
	y_{31}	变量	12	10
P_{32}	x_{32}	固定	8.87	
	y_{32}	变量	60	20
P_{33}	x_{33}	固定	8.87	
	y_{33}	固定	67.5	
P_{34}	x_{34}	变量	−10	−20
	y_{34}	变量	15	10
P_{35}	x_{35}	变量	−10	−30
	y_{35}	变量	23	15
P_{36}	x_{36}	变量	−10	−30
	y_{36}	变量	31	23
P_{37}	x_{37}	变量	−25	−30
	y_{37}	变量	38	36

2）叶片形状

叶轮的叶片形状主要受叶片安放角与叶片厚度的控制。在本章的优化设计方案中，为简化表达叶片安放角与叶片厚度从叶轮进口至叶轮出口的变化趋势，采用五阶 Bézier 曲线拟合叶片安放角的变化趋势，三阶 Bézier 曲线拟合叶片厚度的变化趋势，如图 6.27 所示（图中，横坐标为相对位置，纵坐标为控制对象）。

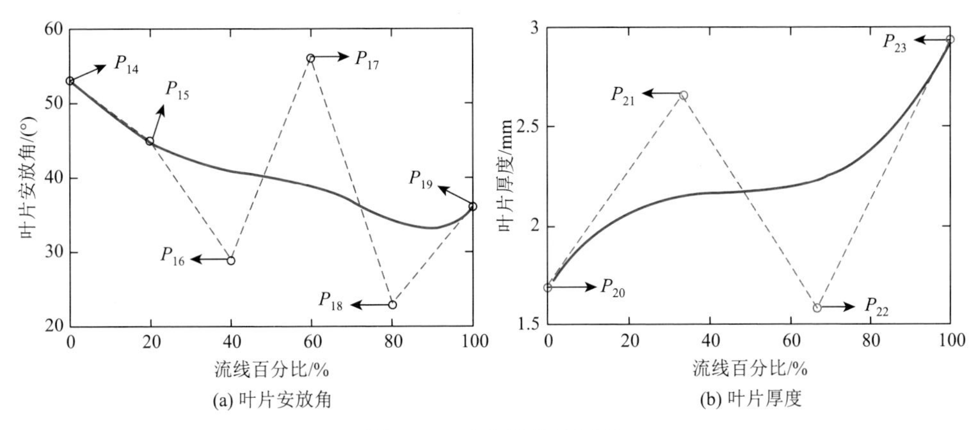

图 6.27　叶片形状控制点

为了减少设计变量的数量，设定叶片厚度的 Bézier 曲线的控制点在横坐标方向上均匀分布，即控制点 P_{20}～P_{23} 的横坐标分别为 0、33.33、66.66 和 100。以各个控制点的坐标作为设计变量代入优化过程，具体限制如表 6.12 所示。

表 6.12　叶片形状设计参数与边界

控制点编号	坐标	类型	上限	下限
14	x_{14}	固定	0	
	y_{14}	变量	70	20
15	x_{15}	变量	30	10
	y_{15}	变量	70	20
16	x_{16}	变量	50	30
	y_{16}	变量	70	20
17	x_{17}	变量	70	50
	y_{17}	变量	70	20
18	x_{18}	变量	90	70
	y_{18}	变量	70	20
19	x_{19}	固定	100	
	y_{19}	变量	80	20

续表

控制点编号	坐标	类型	上限	下限
20	x_{20}	固定	0	
	y_{20}	变量	3	1
21	x_{21}	固定	33.33	
	y_{21}	变量	3	1
22	x_{22}	固定	66.66	
	y_{22}	变量	3	1
23	x_{23}	固定	100	
	y_{23}	变量	3	1

3）叶片数

众所周知，叶轮叶片数对于泵的性能具有至关重要的影响。较多的叶片数具有更好的做功能力，但其通过性能则会变差。因此，在叶轮的设计过程中，叶片数的选择往往需要针对不同的应用场合采用不同的方案。管道泵作为一种特殊的单级单吸离心泵，其工质为清水，叶片数取 5～7[8]。因此，将叶片数作为整性优化变量（即在优化过程中，该变量始终为整数）代入优化过程，其取值范围为{5, 6, 7, 8}。

综上可知，管道泵的双部件联合优化共有 40 个设计变量，其组成的决策空间边界如表 6.4、表 6.11 和表 6.12 所示。

3. 目标函数

根据 6.2 节的研究结论，进口弯管的外形对于管道泵在大流量工况下的性能影响不明显。因此，在本章的研究中，仅采用小流量工况下的效率和设计流量工况下的效率作为目标函数。

同时，为了保障优化过程中管道泵的性能，以小流量工况下和设计流量工况下的扬程下降不超过 5%作为限制条件。其数学表达式如下：

$$\max\begin{cases}\eta_{0.5Q_\mathrm{d}}\\ \eta_{1.0Q_\mathrm{d}}\end{cases}$$

$$\text{s.t.}\qquad\qquad(6.6)$$

$$H_{0.5Q_\mathrm{d}}^{\mathrm{OPT}}\geqslant 0.95H_{0.5Q_\mathrm{d}}^{\mathrm{ORI}}$$

$$H_{1.0Q_\mathrm{d}}^{\mathrm{OPT}}\geqslant 0.95H_{1.0Q_\mathrm{d}}^{\mathrm{ORI}}$$

4. 自动数值分析设置

在本章所述的对管道泵的双部件联合直接优化过程中，直接采用自动数值分析模块作为目标函数模块代入改进的多目标粒子群算法中参与运算，从而有效地减少由近似模型拟合所带来的拟合误差。

自动数值分析模块的输入变量为粒子参数（即进口弯管和叶轮的设计参数），通过数值模拟手段，输出粒子参数所对应的设计流量和小流量工况下的效率和扬程等管道泵的性能参数。本章采用的自动数值分析方法基于 MATLAB Code 和 ANSYS WorkBench 平台，其流程如图 6.28 所示。

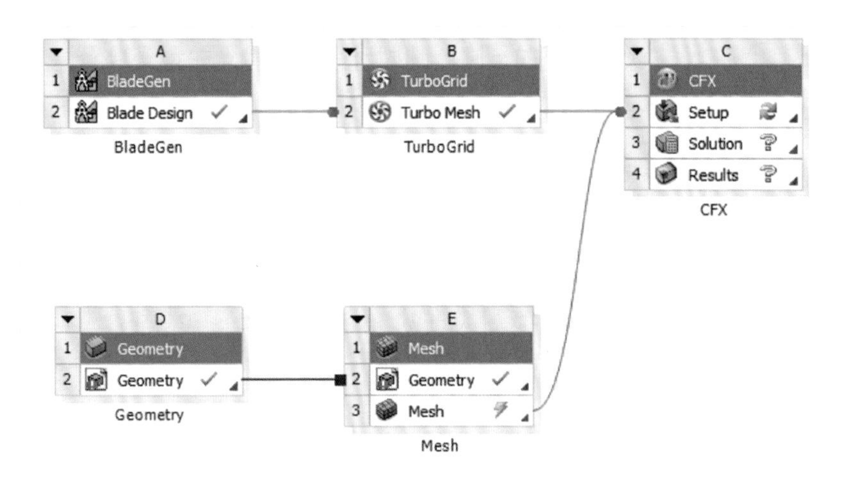

图 6.28　基于 MATLAB Code 和 ANSYS WorkBench 平台的自动数值分析流程图

进口弯管的自动造型方法在前面已经进行了讨论，而叶轮的造型方法主要基于 ANSYS BladeGen 的参数化造型方法，并基于 ANSYS WorkBench 平台实现叶轮的三维造型、网格划分等前处理的自动运行。

而对于叶片数的处理方法，本章采用 MATLAB 脚本结合 CEL 对 ANSYS CFX 进行操作，从而实现自动数值模拟对叶片数的控制。具体的 CEL 代码如下所示（对“Number of Copies = 6”部分进行修改以修改叶片数）：

```
MESH TRANSFORMATION:
Angle End=0,0,0
Angle Start=0,0,0
Delete Original=Off
Glue Copied=On
Glue Reflected=On
Glue Strategy=Location And Transformed Only
Nonuniform Scale=1,1,1
Normal=0,0,0
```

```
Number of Copies=6
Option=Rotation
Passages in 360=1
Passages per Mesh=1
Passages to Model=1
Point=0,0,0
Point 1=0,0,0
Point 2=0,0,0
Point 3=0,0,0
Preserve Assembly Name Strategy=Existing
Principal Axis=Z
Reflection Method=Original(No Copy)
Reflection Option=YZ Plane
Rotation Angle=0.0 [degree]
Rotation Angle Option=Full Circle
Rotation Axis Begin=0,0,0
Rotation Axis End=0,0,0
Rotation Option=Principal Axis
Scale Method=Original(No Copy)
Scale Option=Uniform
Scale Origin=0,0,0
Target Location=Inlet,Passage Main
Theta Offset=0.0 [degree]
Transform Targets Independently=Off
Translation Deltas=0,0,0
Translation Option=Deltas
Translation Root=0,0,0
Translation Tip=0,0,0
Uniform Scale=1.0
Use Coord Frame=Off
Use Multiple Copy=On
X Pos=0.0
Y Pos=0.0
Z Pos=0.0
END
```

5. 算法设置

本章采用第 4 章改进的多目标粒子群算法对管道泵进行直接优化，其全局参数如表 6.13 所示。

表 6.13　改进的多目标粒子群算法优化全局参数

参数	值
粒子数	70
精英比例	0.1
变异比例	0.05
最大迭代数	100
外部储存器规模限制	100
收敛精度	10^{-4}
其他参数	见 2.1 节

6.4.2　结果与讨论

1. Pareto 前沿分析

计算所得的 Pareto 前沿如图 6.29 所示，性能数据如表 6.14 所示，主要设计参数如表 6.15 所示。对比可知，优化结果相对于原始模型具有更高的效率，同时扬程也满足设计条件。

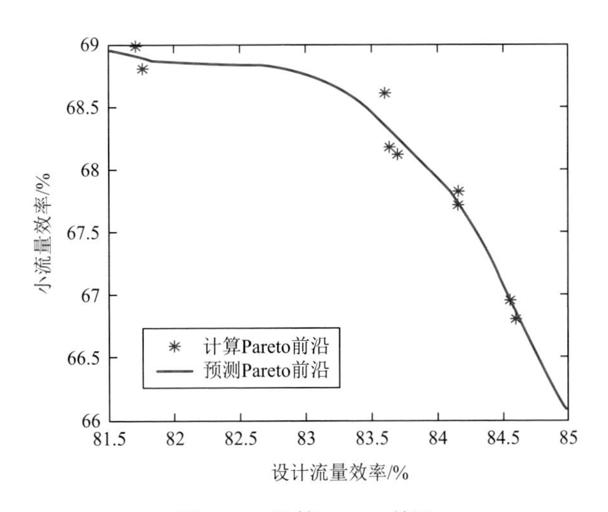

图 6.29　计算 Pareto 前沿

表 6.14　计算 Pareto 前沿的性能数据

编号	$\eta_{1.0Q}$ / %	$\eta_{0.5Q}$ / %	$H_{1.0Q}$ / m	$H_{0.5Q}$ / m	$P_{1.0Q}$ / W	$P_{0.5Q}$ / W
1	81.71	68.98	19.65	21.13	3275.01	2085.89
2	81.76	68.80	19.70	21.10	3282.28	2088.47
3	83.59	68.61	21.06	21.72	3431.83	2156.40
4	83.60	68.59	21.06	21.72	3431.33	2156.72
5	83.63	68.17	21.03	21.73	3425.45	2171.49
6	83.69	68.14	20.98	21.64	3414.01	2163.20
7	84.06	67.85	20.48	21.34	3318.75	2142.46
8	84.15	67.83	20.53	21.37	3322.16	2145.38
9	84.16	67.72	20.52	21.37	3321.84	2148.76
10	84.56	66.98	19.84	20.78	3196.23	2112.51
11	84.57	66.81	19.83	20.76	3194.08	2116.54
12	84.60	66.81	19.83	20.77	3191.68	2117.46
原始模型	76.65	60.37	20.05	20.99	3466.79	2368.08

表 6.15　计算 Pareto 前沿的部分主要设计参数

编号	x_0	x_1	x_2	y_2	y_{14}	x_{15}	y_{15}	y_{19}	z
1	−313.90	−153.24	−101.68	−86.97	28.21	15.07	18.87	28.81	6
2	−313.69	−153.07	−101.80	−87.10	28.27	15.10	19.04	28.78	6
3	−252.70	−112.81	−118.62	−110.39	36.01	17.17	50.04	15.79	8
4	−252.50	−112.72	−118.58	−110.43	35.98	17.15	50.09	15.76	8
5	−259.15	−115.64	−120.63	−109.28	37.51	17.87	48.37	16.20	8
6	−265.11	−118.80	−120.89	−107.70	38.26	18.15	46.04	16.92	8
7	−245.87	−109.66	−116.48	−111.85	34.53	16.48	51.84	14.98	7
8	−241.60	−107.43	−115.98	−112.95	34.05	16.23	53.31	14.42	7
9	−241.79	−107.53	−116.03	−112.90	34.09	16.24	53.25	14.44	7
10	−227.19	−100.64	−112.43	−115.96	31.12	14.91	57.53	13.01	6
11	−227.78	−100.91	−112.58	−115.84	31.25	14.97	57.36	13.07	6
12	−225.92	−100.03	−112.12	−116.24	30.88	14.80	57.90	12.87	6

小流量工况下，优化后的最大效率提升为 8.61%，优化后的模型相对于原始模型均有明显的功率下降，优化前后扬程波动不明显；设计工况下，优化后的最大效率提升为 7.95%，在输入功率和扬程方面，优化后的结果均有明显波动，不同结果之间数据相差较大。

计算所得的 Pareto 前沿如图 6.29 所示，小流量下的管道泵运行效率会随着设计流量效率的升高而下降。当设计流量效率小于 83%时，小流量效率降幅较小；而当设计流量效率高于 83%时，随着设计流量效率的增大，小流量效率迅速下降。优化模型的设计流量效率分布较广，而小流量效率分布较窄。

由表 6.15 中 Pareto 前沿的设计参数可知，对于小流量效率较好的设计，进口弯管一般具有相对更长的水平长度（表中 x_0 表示进口弯管的水平长度，下同），且叶轮具有较小的进口安放角和较大的出口安放角（表中 y_{14} 表示叶片进口安放角，y_{19} 表示叶片出口安放角，下同）；而分析设计流量表现更好的案例可知，其一般具有水平长度较小的进口弯管，且叶轮的出口安放角更小。对于更多叶片的设计方案（叶片数大于 6），其性能往往介于两者之间，即综合性能更好。

为了进一步研究优化前后管道泵性能提升的原因，选取优化后模型中比较具有代表性的三个案例与原始模型进行对比，其编号分别为 1、8、12。

2. 优化前后性能对比分析

由试验验证结果可知，所选择的数值模拟设置对于管道泵在 $0.5Q_d \sim 1.5Q_d$ 下的预测结果与试验值具有良好的契合度。因此，选择 $0.5Q_d \sim 1.5Q_d$ 作为性能比较的运行区间，步长为 $0.1Q_d$，共 11 个流量点。选择的三个优化模型（1 号模型对应优化模型①，8 号模型对应优化模型②，12 号模型对应优化模型③，下同）与原始模型的效率曲线对比如表 6.16 和图 6.30 所示。

表 6.16　优化前后性能对比

参数	$\eta_{0.5Q_d}$ / %	$\eta_{1.0Q_d}$ / %	$\eta_{1.5Q_d}$ / %	$H_{0.5Q_d}$ / m	$H_{1.0Q_d}$ / m	$H_{0.5Q_d}$ / m
原始模型	60.37	76.65	74.23	20.99	20.05	15.78
优化模型①	68.52	81.94	68.74	21.20	19.68	12.59
优化模型②	68.86	84.19	78.51	21.18	20.52	16.05
优化模型③	67.83	84.53	76.37	20.59	19.78	15.06

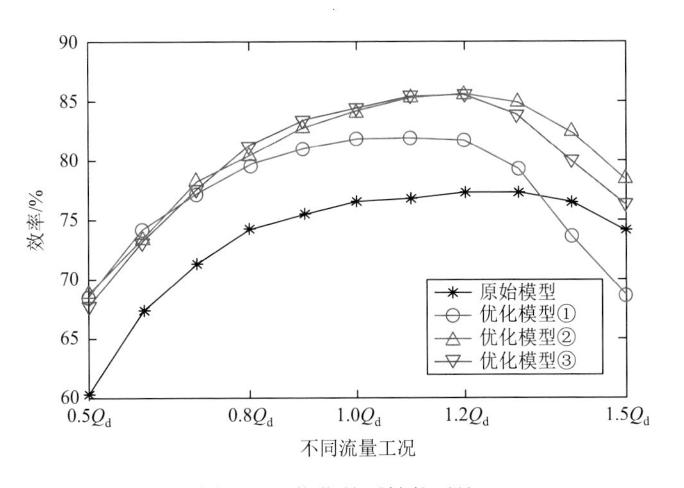

图 6.30　优化前后性能对比

由图 6.30 可知，相对于原始模型，在 $0.8Q_d \sim 1.2Q_d$ 工况下，优化后模型表现出了更好的性能，并且具有良好的稳定性。但随着流量的进一步增大，优化后模型的稳定性变差，优化模型①出现了效率陡降，并在 $1.35Q_d$ 左右，效率值低于原始模型。

所选的三个优化模型与原始模型的进口弯管的几何参数和形状对比分别如表 6.17 和图 6.31 所示，其中，实线表示原始模型，点划线表示优化模型①，稀疏虚线表示优化模型②，密集虚线表示优化模型③。由图可知，优化后模型的进口弯管的水平长度更长且第二弯道的相对位置距离出口更远。具体地，三个优化模型的水平长度依次减小，优化模型①最长，优化模型③最短。优化模型①的第一弯道的曲率相对更小，第一弯道与第二弯道之间的过渡段更长；优化模型②和优化模型③的进口弯管形状相似。

表 6.17　优化前后部分主要设计参数对比

参数	x_0	x_1	x_2	y_2	y_{14}	x_{15}	y_{15}	y_{19}	z
原始模型	−200	−159.70	−128.70	−74.66	38	20	35	23	6
优化模型①	−313.90	−153.24	−101.68	−86.97	28.21	15.07	18.87	28.81	6
优化模型②	−241.60	−107.43	−115.98	−112.95	34.05	16.23	53.31	14.42	7
优化模型③	−225.92	−100.03	−112.12	−116.24	30.88	14.80	57.90	12.87	6

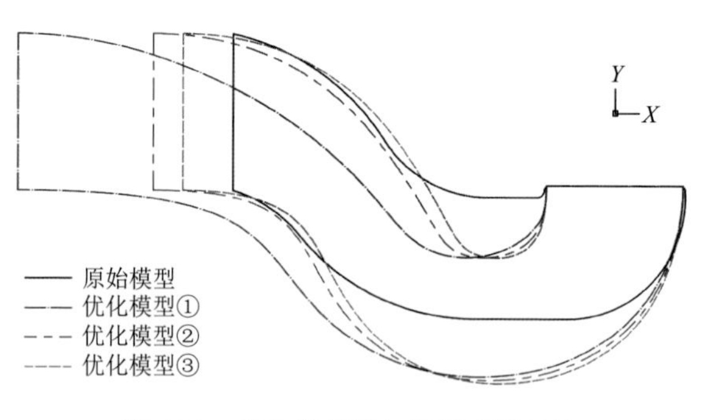

图 6.31　优化前后进口弯管形状对比

3. 优化前后流场分析

1）扬程分布分析

为了研究不同部件内部的流动损失情况，对原始模型和优化后的三个模型进行了扬程分布分析，优化前后不同流道内的扬程分布及输入功率如表 6.18 所示。

表 6.18　优化前后不同流道内的扬程分布及输入功率

流量	模型	进口弯管/m	叶轮/m	蜗壳/m	出水管/m	输入功率/kW
$0.5Q_d$	原始模型	−0.817	29.004	−5.882	−0.111	2.368
	优化模型①	−0.112	27.146	−5.256	−0.126	2.086
	优化模型②	−0.958	27.336	−4.361	−0.141	2.145
	优化模型③	−0.893	26.645	−4.275	−0.135	2.117
$1.0Q_d$	原始模型	−0.044	22.828	−2.558	−0.222	3.467
	优化模型①	−0.071	22.433	−2.194	−0.188	3.275
	优化模型②	−0.076	23.109	−2.001	−0.204	3.332
	优化模型③	−0.080	22.161	−1.816	−0.194	3.192
$1.5Q_d$	原始模型	−0.086	18.464	−2.151	−0.504	4.425
	优化模型①	−0.149	16.038	−2.354	−0.749	3.740
	优化模型②	−0.160	18.992	−1.937	−0.633	4.176
	优化模型③	−0.168	18.288	−2.087	−0.742	4.030

在大流量工况下，三个优化模型的输入功率显著降低，其中，优化模型①在大流量工况下的性能不佳，叶轮做功能力较差，故其输入功率明显低于其他三个模型。对于进口弯管，根据第 3 章的研究，在设计流量和大流量工况下，进口弯管内部的流动损失主要由冲击损失和摩擦损失组成，而优化设计后进口弯管的长度比原始模型更长，因此优化后进口弯管内部的水力损失要高于原始模型。其他部件内部的数据相差不大（除了优化模型①），但输入功率明显下降，从而使得优化模型②和优化模型③在大流量工况下的表现好于原始模型。

同理，在设计流量工况下，三个优化模型的输入功率低于原始模型，且蜗壳和出水管内部的水力损失得到不同程度的下降，从而使得优化后的模型在设计流量下的性能优于原始模型。

在小流量工况下，优化后的模型的叶轮做功能力有不同程度的下降，但同时在其他流道内部的损失也有不同程度的下降，故总的扬程仍然满足设计要求。对于优化模型①，其进口弯管内部的水力损失相对于原始模型显著下降，同时其蜗壳内部的水力损失也低于原始模型；对于优化模型②和优化模型③，其蜗壳内部的水力损失相对于原始模型有明显的下降，其进口弯管的流动损失水平与原始模型相近。三个优化模型在小流量工况下的功率均明显低于原始模型，从而使得三个优化模型在小流量工况下的效率得以提升。

2）进口弯管中间截面的速度分布分析

根据第 4 章的研究，进口弯管各个位置的截面上的速度分布相对于中间截面具有良好的对称性，因此本节研究进口弯管中间截面上的速度分布情况以了解不同流量下进口弯管内部的流动情况。$0.5Q_d$、$1.0Q_d$、$1.5Q_d$ 下三个优化模型和原始模型进口弯管中间截面的速度分布对比如图 6.32～图 6.34 所示。

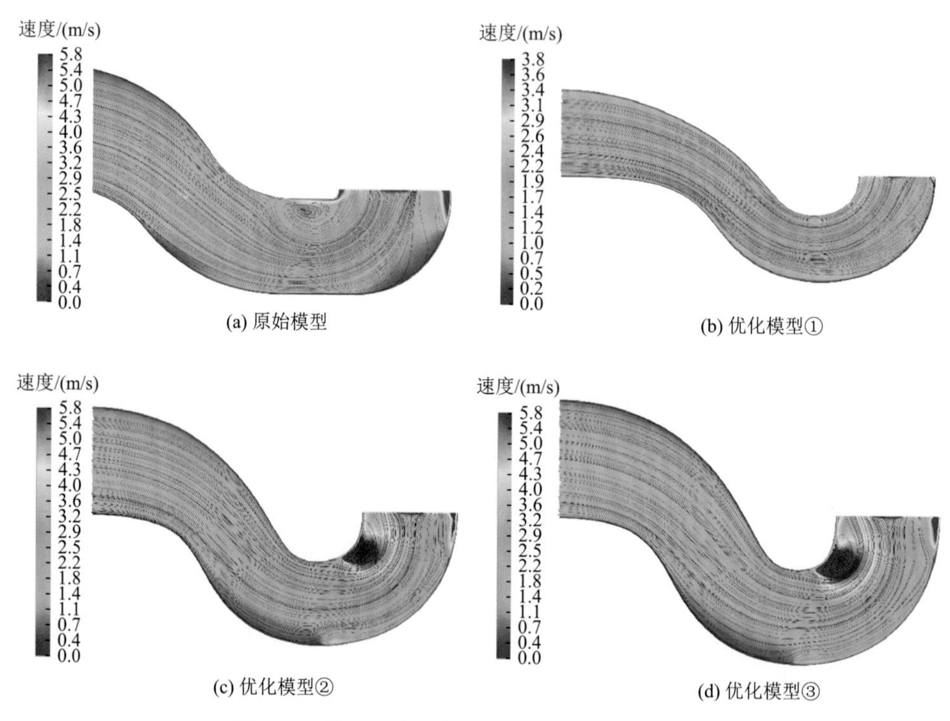

(a) 原始模型　(b) 优化模型①

(c) 优化模型②　(d) 优化模型③

图 6.32　进口弯管中间截面的速度分布（$0.5Q_d$）

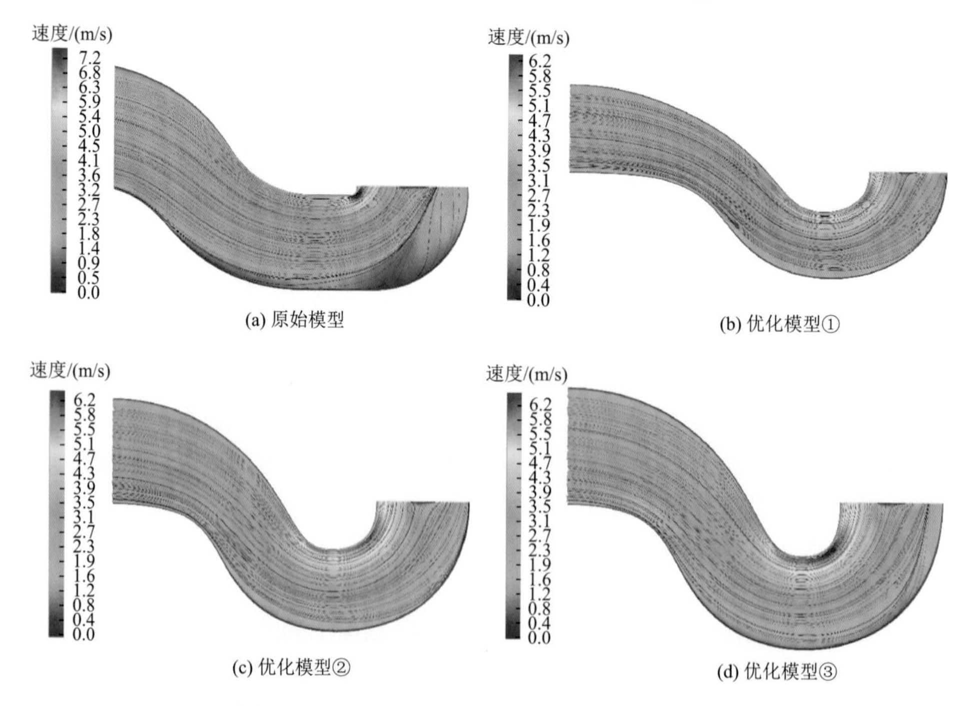

(a) 原始模型　(b) 优化模型①

(c) 优化模型②　(d) 优化模型③

图 6.33　进口弯管中间截面的速度分布（$1.0Q_d$）

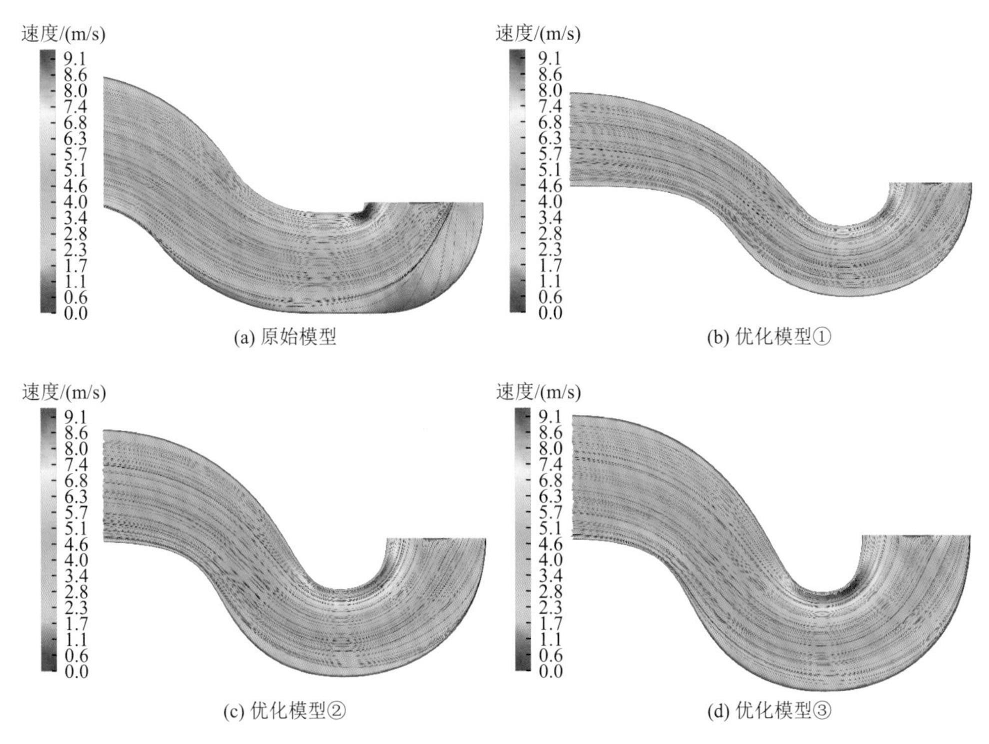

(a) 原始模型　(b) 优化模型①

(c) 优化模型②　(d) 优化模型③

图 6.34　进口弯管中间截面的速度分布（$1.5Q_d$）

小流量工况下进口弯管中间截面的流动分布如图 6.32 所示。如图 6.32（a）所示，小流量工况下原始模型的进口弯管内会形成明显的回流旋涡并沿着上侧壁面向进口方向延伸，造成严重的流道堵塞，从而使得第一弯道末尾造成的流动分离区域减小。回流旋涡的影响区域在优化模型②和优化模型③中更加靠后，且流速更大；在优化模型①中，进口弯管内流动顺畅，回流旋涡消失，最高流速大幅下降，从而使得该工况下，该模型的进口弯管内的水力损失得以大幅下降（表 6.18）。

如图 6.33 所示，设计流量工况下，高速流动区域集中在第二弯道内侧，且原始模型的最高流速明显高于优化后的模型。同样地，在原始模型的进口弯管内发现了明显的流动分离，所形成的分离涡沿着进口弯管下侧壁面向出口处延伸，并进一步影响到其出流的均匀性；在优化模型中，流动分离的现象得到了改善，仅优化模型③对进口弯管的出流造成影响。

如图 6.34 所示，大流量工况下，不同模型的进口弯管内的流动特征相似，高流速区域集中于第二弯道内侧，且最高流速相近。相对而言，优化后的三个模型的流动分布更加均匀，原始模型在第一弯道末尾处发生流动分离，分离涡向进口弯管出口处延伸，严重影响了进口弯管出流的均匀度，而在优化后的三个模型流动分离现象得到了明显减弱且影响区域较小，对进口弯管的出流影响程度较小。

3）进口弯管出口截面的速度分布分析

为了更好地理解进口弯管对出流状态的影响，分析进口弯管出口截面上的速度分布，在小流量、设计流量和大流量工况下的速度分布分别如图 6.35～图 6.37 所示。

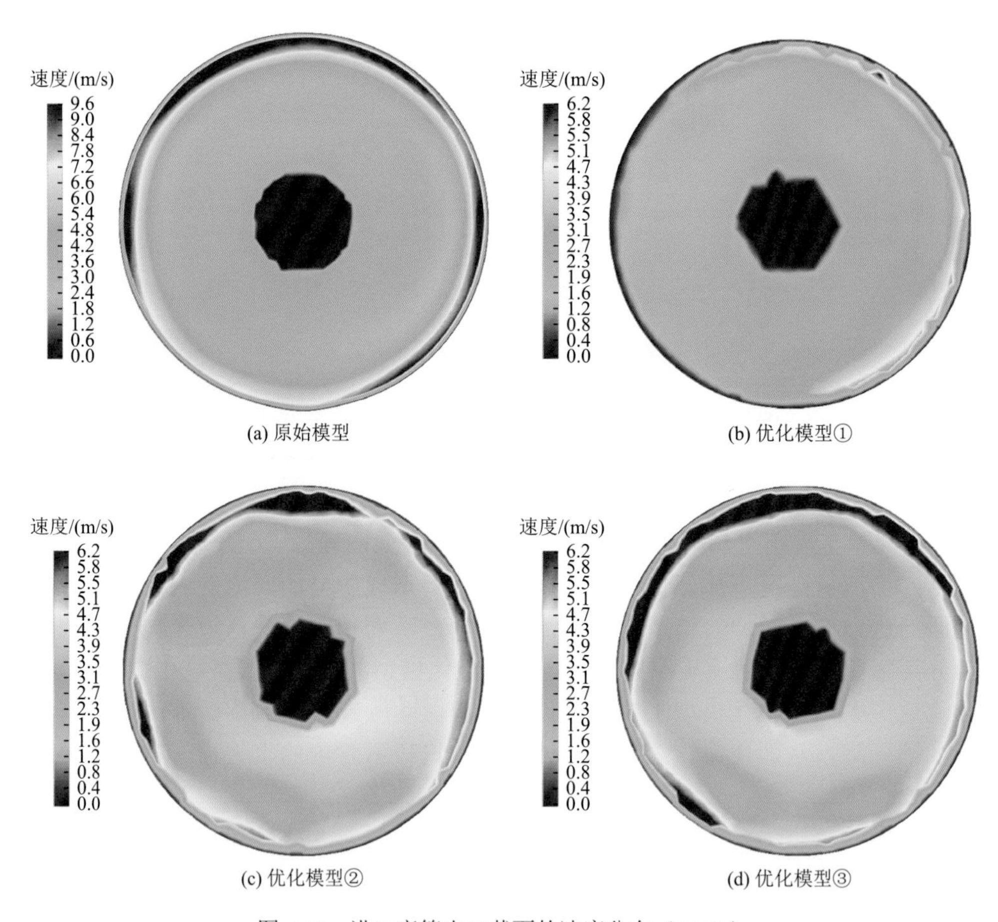

图 6.35 进口弯管出口截面的速度分布（$0.5Q_d$）

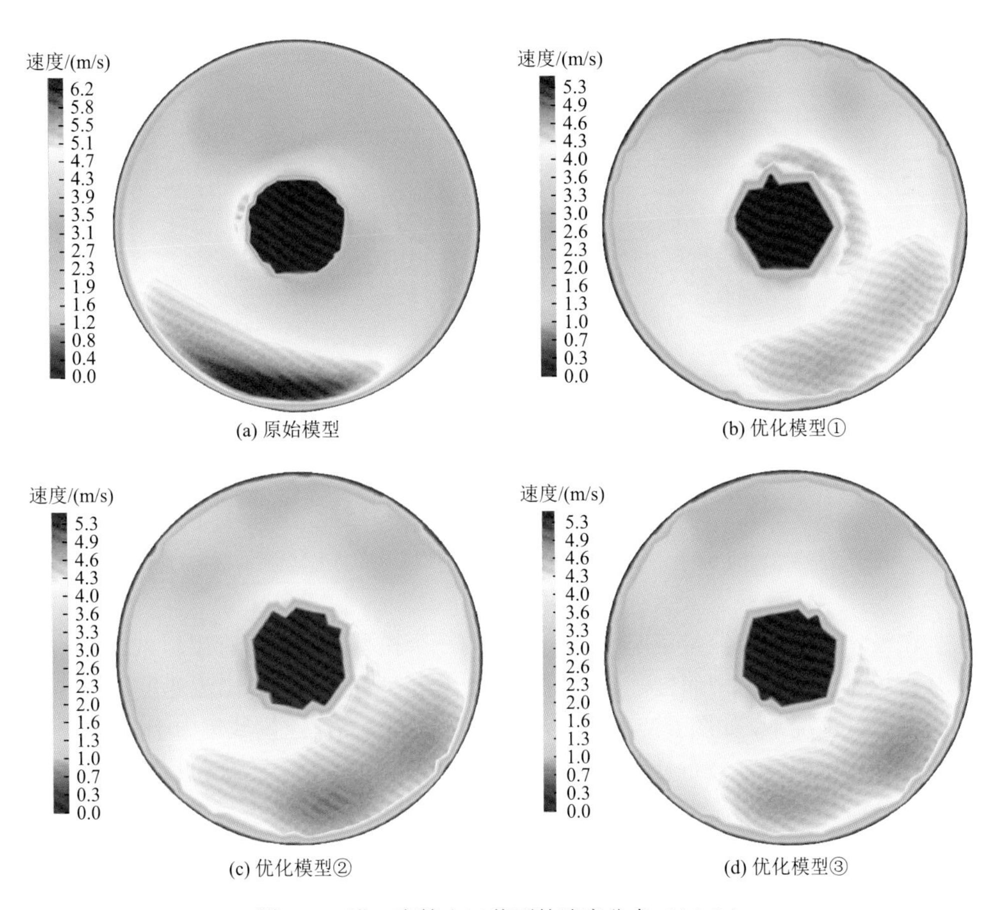

(a) 原始模型　(b) 优化模型①

(c) 优化模型②　(d) 优化模型③

图 6.36　进口弯管出口截面的速度分布（$1.0Q_d$）

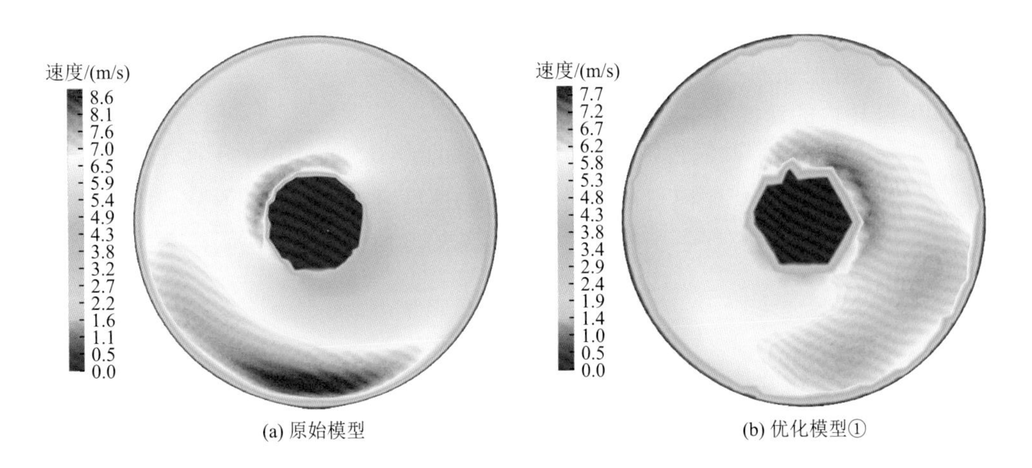

(a) 原始模型　(b) 优化模型①

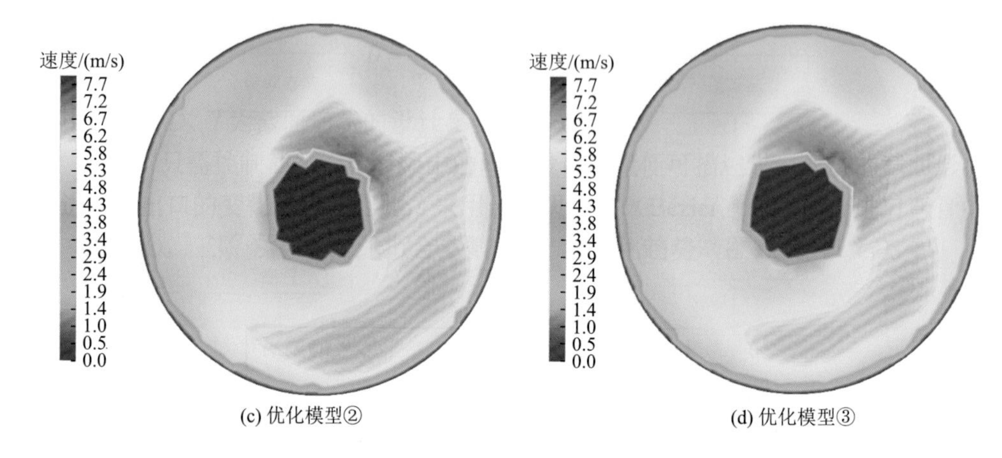

(c) 优化模型②　　(d) 优化模型③

图 6.37　进口弯管出口截面的速度分布（1.5Q_d）

在设计流量和大流量工况下，优化后的三个模型的进口弯管出口截面上的速度分布相对于原始模型而言，具有更好的均匀度和更小的最高出流速度。

小流量工况下，如图 6.35 所示，进口弯管出流的高流速区域集中于外侧壁面。原始模型的出流速度分布具有明显的梯度，且最高流速相对于优化后的模型要高很多，从而加剧了小流量工况下的原始模型进口弯管内部的水力损失。优化模型中，优化模型①在小流量工况下的出流相对于其他几个模型而言，均匀性有很大提升，从而使得该模型在小流量工况下的性能表现要好于其他几个模型。优化模型②和优化模型③的进口弯管出流具有很强的不均匀性和不对称性，根据前面的分析，造成该现象的主要原因在于回流旋涡距离出口的位置很近，从而使得出口处的流动具有很强的不稳定性。

4）叶轮内的速度分布分析

为了更好地理解叶轮内流场的分布，对 span = 0.5 的叶轮子午面进行速度分析，原始模型和三个优化模型在不同流量下的速度分布分别如图 6.38～图 6.40 所示。不同流量下，流体在各个模型的叶轮内部的冲角如表 6.19 所示。冲角的定义公式如下：

$$\Delta\beta_1 = \beta_{b1} - \beta_1 \tag{6.7}$$

式中，$\Delta\beta_1$ 为叶轮叶片的进口冲角；β_1 为进口液流角；β_{b1} 为叶片进口安放角。

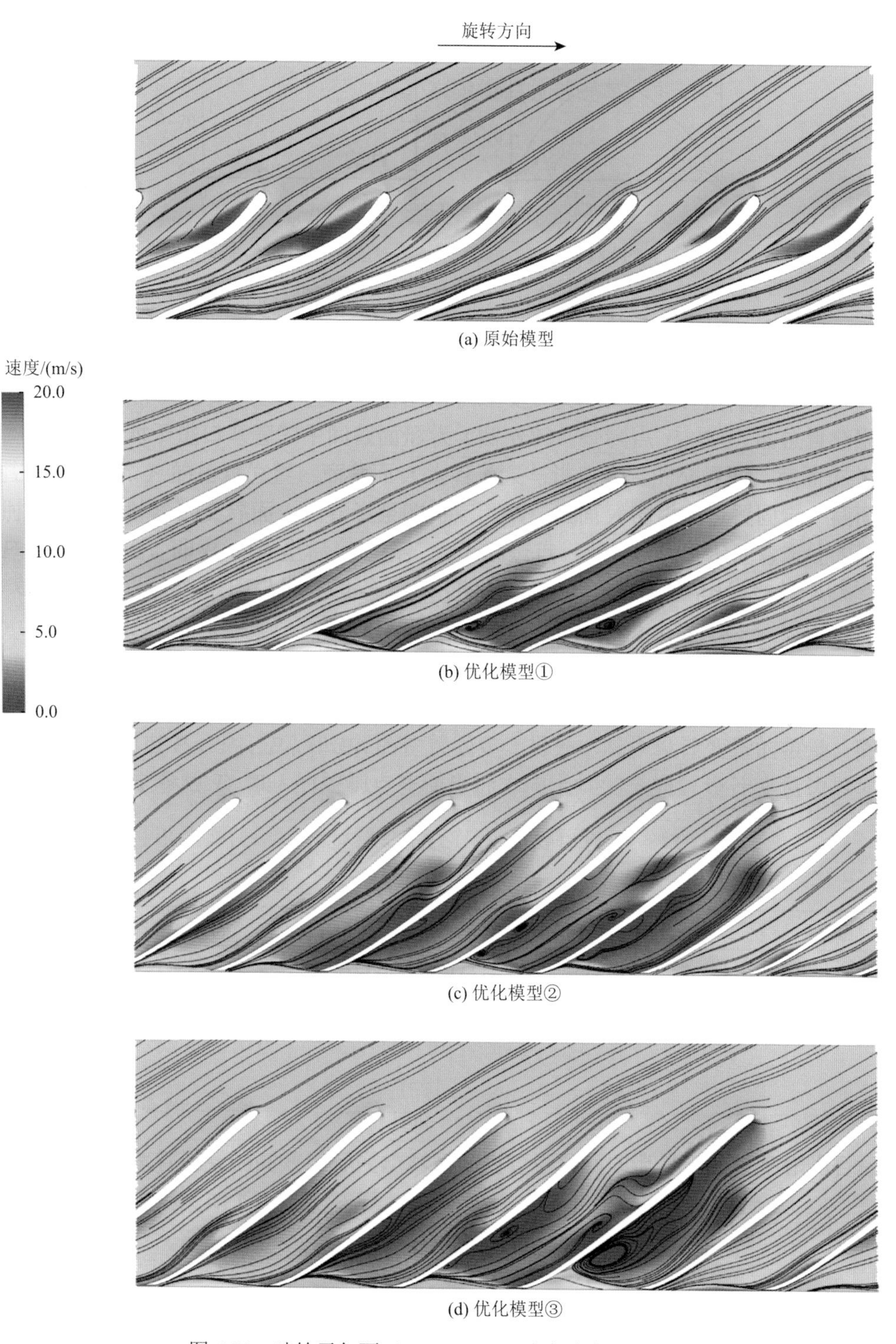

(a) 原始模型

(b) 优化模型①

(c) 优化模型②

(d) 优化模型③

图 6.38 叶轮子午面（span = 0.5）速度分布（$0.5Q_d$）

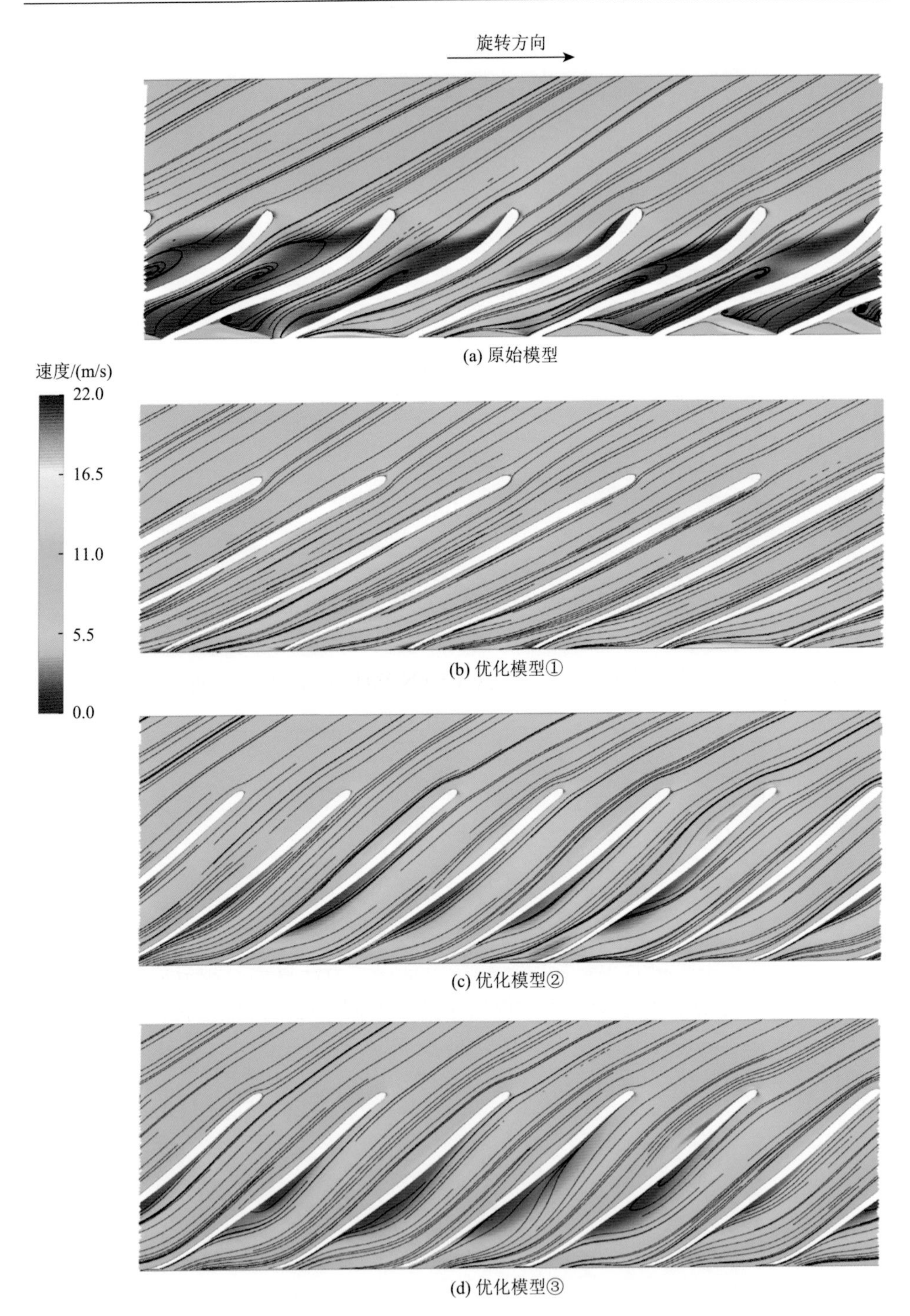

图 6.39　叶轮子午面（span = 0.5）速度分布（$1.0Q_d$）

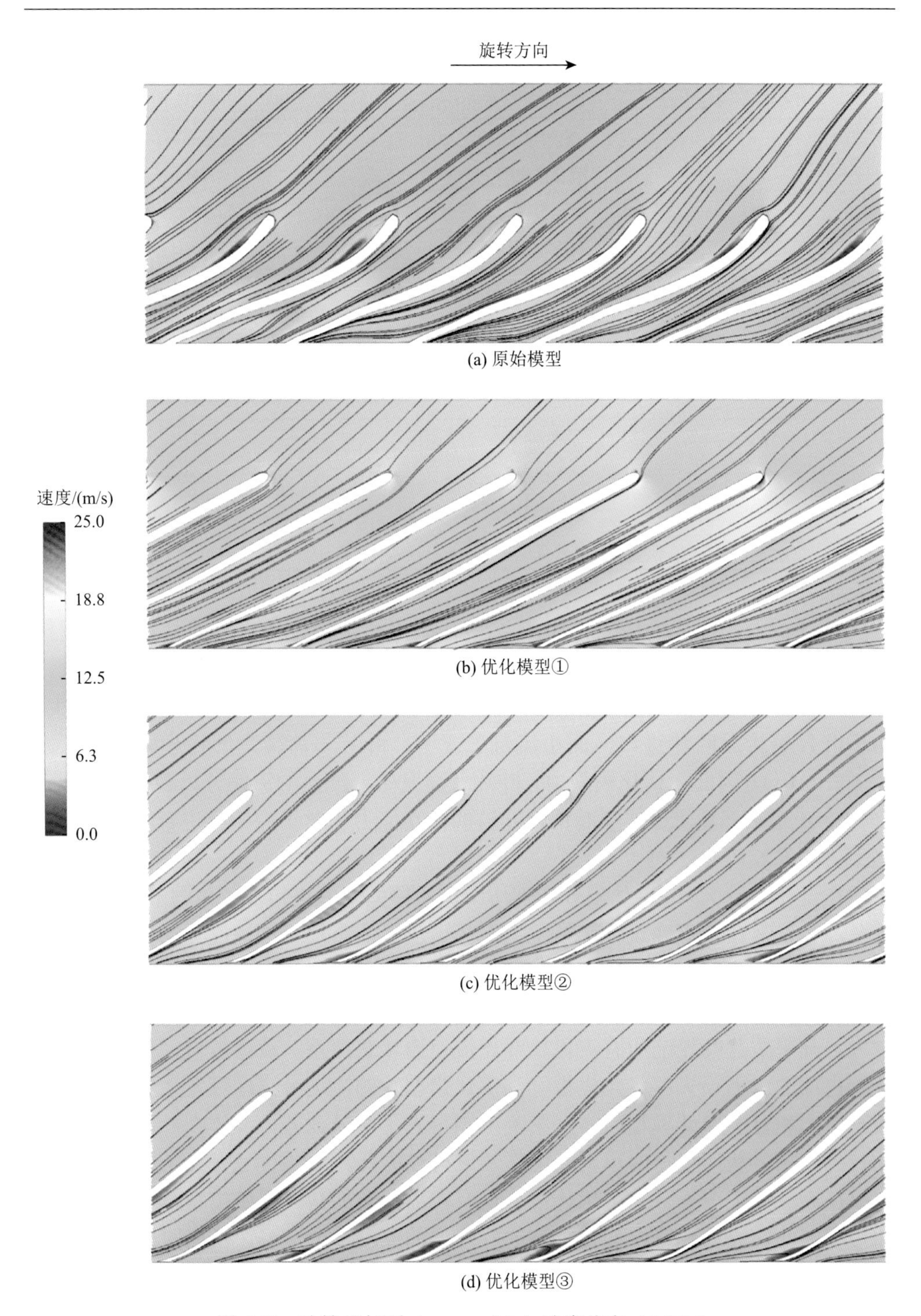

(a) 原始模型

(b) 优化模型①

(c) 优化模型②

(d) 优化模型③

图 6.40　叶轮子午面（span = 0.5）速度分布（$1.5Q_{\mathrm{d}}$）

表 6.19　叶轮进口冲角对比

流量	模型	冲角/(°)
$0.5Q_d$	原始模型	9.8573
	优化模型①	9.5060
	优化模型②	14.2474
	优化模型③	11.4557
$1.0Q_d$	原始模型	3.5827
	优化模型①	−0.9850
	优化模型②	3.8123
	优化模型③	0.6558
$1.5Q_d$	原始模型	1.6242
	优化模型①	−12.0995
	优化模型②	−6.3760
	优化模型③	−9.6124

可以看出，优化后的三个模型均具有更大的叶轮包角，且叶片进口边更接近叶轮进口。在小流量工况下，四个模型均发生了不同程度的流动分离现象，相对而言，原始模型的流动分离区域较小，优化后的模型的流动分离区域较大。由于叶片更接近叶轮进口，而小流量工况下，叶片与流体之间均为较大的正冲角（表 6.19），因此在优化模型中，叶片背面发生了严重的流动分离现象，并导致 2～4 个流道被严重堵塞，从而使得叶轮的做功能力相对于原始模型有了一定程度的下降（表 6.18）。

在设计流量工况下，如表 6.19 所示，优化模型①的进口安放角与液流角相近，呈负冲角，故该模型在设计流量工况下呈现出了非常良好的速度分布，流道内几乎没有流动分离区域。而原始模型和优化模型②与优化模型③在设计流量工况下均具有正冲角，原始模型的叶片背部发生了非常严重的流动分离现象，且影响区域大，几乎覆盖叶轮的所有流道，叶轮流道内堵塞严重，流速较慢，从而加剧了叶轮内部的水力损失；优化模型②和优化模型③的流动分离区域发生在叶片工作面附近，相对于原始模型而言，影响范围得到了明显改善，流体在叶轮内部的流动较为顺畅，从而使得两模型的工作效率得以提升。

在大流量工况下，三个优化模型均有较大的负冲角，原始模型具有很小的正冲角。因此，流体在三个优化模型的叶轮内的流动十分顺畅，但同时也限制了叶轮的做功能力（表 6.19）。原始模型叶轮内的流动由于具有一定的正冲角，因此在叶片的背面形成了很小的流动分离区，但对主流的影响不明显。

参考文献

[1] 吴登昊，袁寿其，任芸，等. 管道泵不稳定压力及振动特性研究[J]. 农业工程学报，2013，29（4）：79-86.

[2] 吴登昊，袁寿其，任芸，等. 叶片几何参数对管道泵径向力及振动的影响[J]. 排灌机械工程学报，2013，31（4）：277-283.

[3] Stephen C，Yuan S Q，Pei J，et al. Numerical flow prediction in inlet pipe of vertical inline pump[J]. Journal of Fluids Engineering，2018，140（5）：51201.

[4] 甘星城. 基于改进粒子群算法的管道泵多目标优化设计研究[D]. 镇江：江苏大学，2018.

[5] 裴吉，甘星城，王文杰，等. 基于人工神经网络的管道泵进水流道性能优化[J]. 农业机械学报，2018，49（9）：130-137.

[6] Pei J，Gan X C，Wang W J，et al. Multi-objective shape optimization on the inlet pipe of a vertical inline pump[J]. Journal of Fluids Engineering，2019，141（6）：61108.

[7] Gan X C，Pei J，Yuan S Q，et al. Multi-objective optimization on inlet pipe of a vertical inline pump based on genetic algorithm and artificial neural network[C]//ASME 2018 5th Joint US-European Fluids Engineering Division Summer Meeting，2018：V001T06A003.

[8] 袁寿其，施卫东，刘厚林. 泵理论与技术[M]. 北京：机械工业出版社，2014.

第 7 章　双吸离心泵近似模型优化技术

本章以双吸离心泵为研究对象，采用正交试验设计、拉丁方试验设计、Kriging 模型和人工神经网络（ANN）模型对叶轮进行优化研究，以提高多工况双吸离心泵的效率和空化性能。

7.1　研 究 背 景

双吸泵作为离心泵的一种重要形式，具有扬程高、流量大等特点，在城市给排水、矿山、工厂、灌溉工程和跨流域调水等领域应用广泛。双吸泵结构简单，其叶轮是由两个背靠背的叶轮组合而成的，共用一个压水室，轴向力对称平衡，不会发生平衡装置泄漏。

双吸泵普遍存在小流量工况运行不稳定、大流量工况效率陡降的问题，吸水室和叶轮容易出现二次流、旋涡等现象，导致运行效率较低。提高泵设计工况效率会产生可观的社会经济效益，以此为基础拓宽双吸泵高效区则对节能减排具有重大意义[1]。此外，双吸泵运行也会面临空化问题，空化会对双吸泵的运行稳定性及寿命造成严重影响，降低运行效率。因此，对双吸泵进行多工况效率和空化优化具有很高的研究价值[2-6]。

近似模型优化主要是建立优化目标和设计变量间的近似数学模型，其优化周期短[7-10]。

7.2　双吸离心泵模型

7.2.1　计算模型

本章以一台比转数为 89.5 的双吸离心泵为优化对象，模型泵的主要几何参数如表 7.1 所示。采用 UG 10.0 软件对模型泵计算域进行三维造型，如图 7.1 所示。计算域主要包括吸水室、双吸叶轮和蜗壳三部分。

表 7.1 模型泵的主要几何参数

参数	数值	参数	数值
设计流量 Q_d/(m^3/h)	500	叶片出口宽度 b_2/mm	46
设计扬程 H_d/m	40	轮毂直径 D_h/mm	87
额定转速 n/(r/min)	1480	叶轮叶片数 z	6
叶轮出口角 β_2 /(°)	29.4	叶片包角 $\Delta\varphi$ /(°)	143
叶轮进口直径 D_1/mm	192	泵进口弯管径 D_s/mm	250
叶轮出口直径 D_2/mm	365	泵出口管径 D_d/mm	200

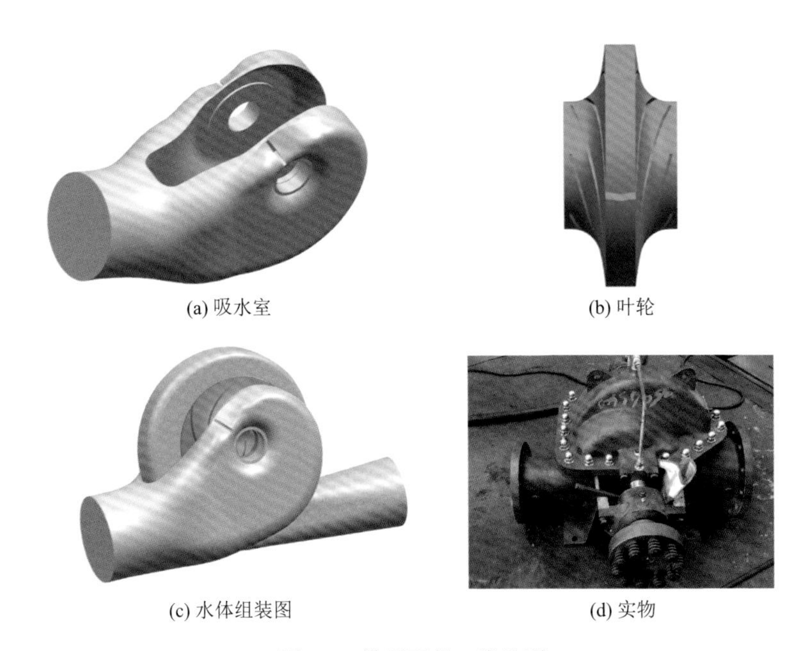

(a) 吸水室　(b) 叶轮　(c) 水体组装图　(d) 实物

图 7.1 模型泵的三维造型

7.2.2 双吸离心泵叶轮参数化建模

传统的叶轮设计方法需要消耗大量的人力和时间。为了对双吸离心泵进行更有效、更充分的优化，本章借助三维水力设计软件 CFturbo 对双吸离心泵叶轮进行三维参数化设计，在 CFturbo 中直接给叶轮几何参数赋值，精确修改叶轮几何形状，大大缩短了优化时间。目前，CFturbo 还不能直接设计出双吸离心泵模型，但由于双吸离心泵的对称特性，可先根据其水力参数设计出三维模型的一半，再进行镜像处理。

如图 7.2（a）所示，CFturbo 参数化设计的第一步是给定双吸离心泵的性能参数（包括流量、扬程、转速），由于只先设计双吸离心泵的一半造型，所以流量设置为设计流量的一半，而流动介质为20℃的水。第二步是进行尺寸参数设置，如图 7.2（b）所示，分别给定双吸离心泵的轮毂直径、叶轮进口直径、叶轮出口直径和叶轮出口宽度，同样，叶片出口宽度设置为设计宽度的一半。

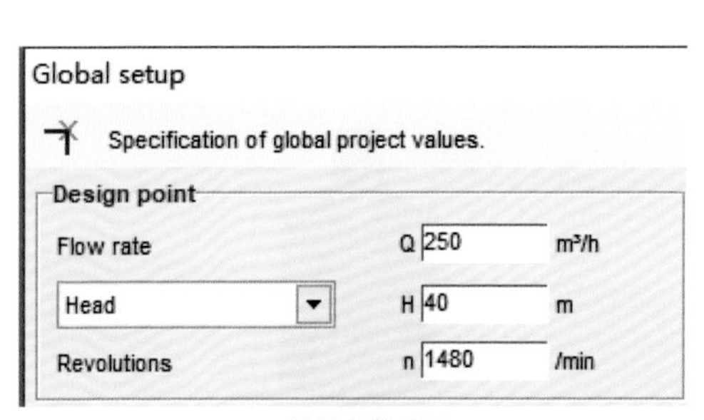

(a) 性能参数设置

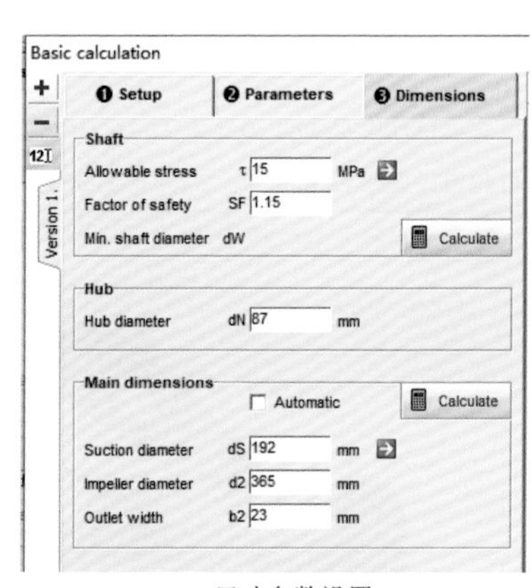

(b) 尺寸参数设置

图 7.2　主要性能参数和尺寸参数设置

叶轮参数化设计的关键是叶片型线的控制。图 7.3 为叶轮轴面投影图。前盖板流线和后盖板流线分别都由一段直线和一段圆弧构成（前盖板流线由直线 *DE* 和圆弧 *EF* 组成，后盖板流线由直线 *AB* 和圆弧 *BC* 组成），直线 *DE* 和直线 *AB* 的倾斜角分别由点 3 和点 1 控制，根据双吸离心泵的造型，直线 *AB* 的倾斜角为 0（即与 *Z* 轴垂直），而为了最后的镜像方便，点 *A* 的轴向坐标设为 0（即 $Z=0$）。然后，圆弧 *EF* 的角度和半径由点 4 控制，圆弧 *AB* 的角度和半径由点 2 控制；叶片进口边位置由四阶 Bézier 曲线进行调节，固定叶片进口边在前后盖板的位置，控制点可以自由移动。

图 7.4～图 7.6 分别为叶片安放角参数设置、叶片包角及进口延伸角参数设置和叶片厚度参数设置，CFturbo 自动生成的叶轮三维图如图 7.7 所示。至此，只完成双吸离心泵造型的一半，还需完成最后一步镜像，这里尝试以下三种方法。

（1）将图 7.7（a）所示的水体域导入三维软件直接镜像，然后两部分进行合并，再将两边进口拉伸到与模型泵相同宽度。

（2）将图 7.7（b）所示的双吸离心泵叶片导入三维软件中镜像但不求和，如图 7.8（a）所示，然后将双吸离心泵的轴面投影图旋转得到图 7.8（b）所示的水体轮廓，将这两个图求差，就能得到双吸离心泵水体图，如图 7.8（c）所示。

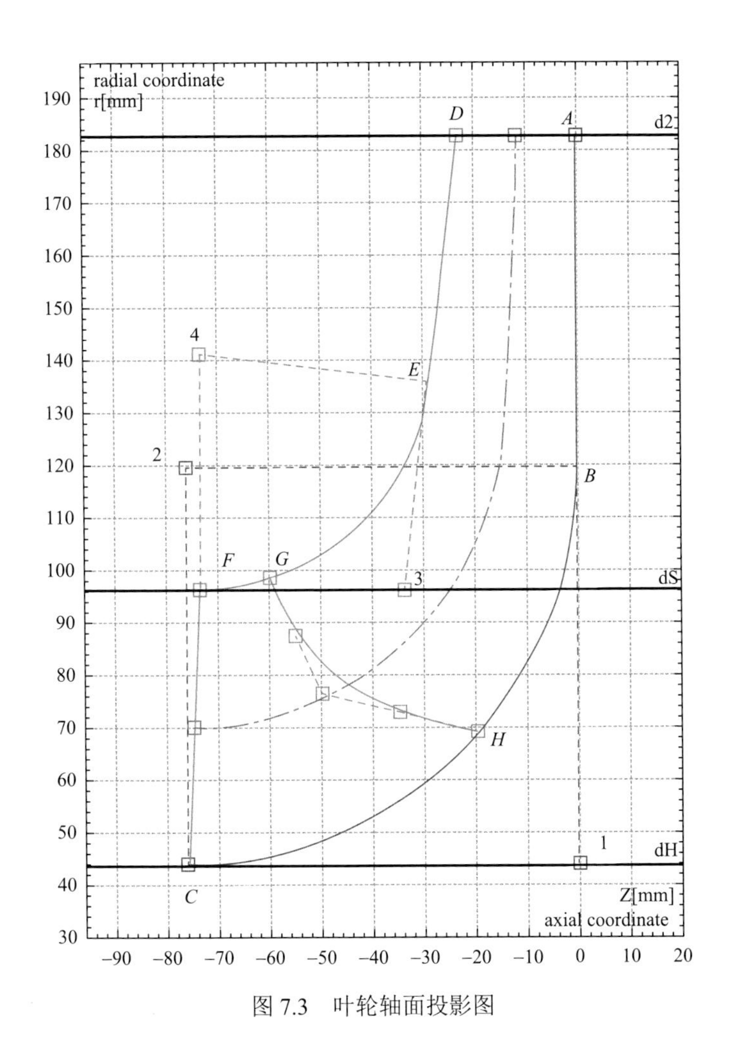

图 7.3　叶轮轴面投影图

（3）将图 7.7（a）所示的水体域导入三维软件中拉伸到模型泵一半宽度，然后导入 ICEM 软件画网格，最后直接在 CFX 中进行镜像合并。

综合考虑时间成本和模型精确度，本章采用第二种方法进行三维造型。

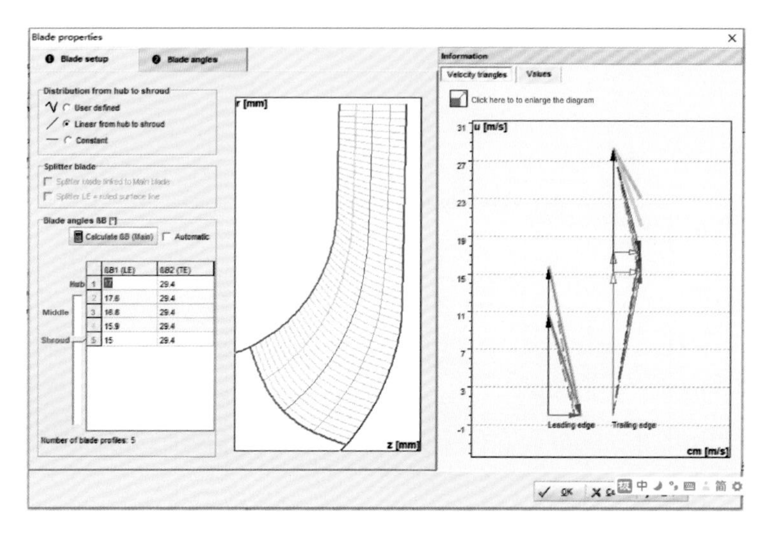

图 7.4　叶片安放角参数设置

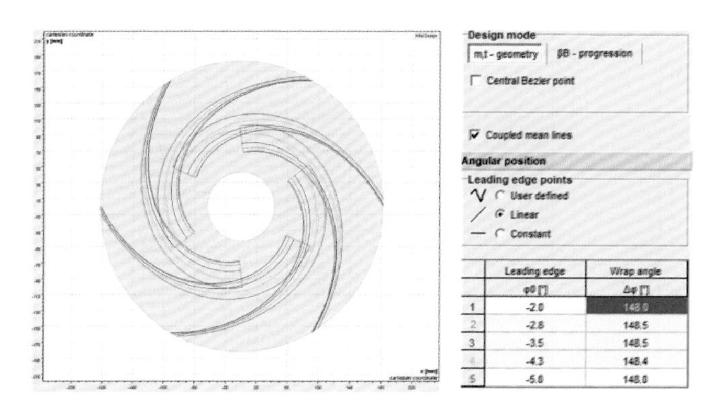

图 7.5　叶片包角及进口延伸角参数设置

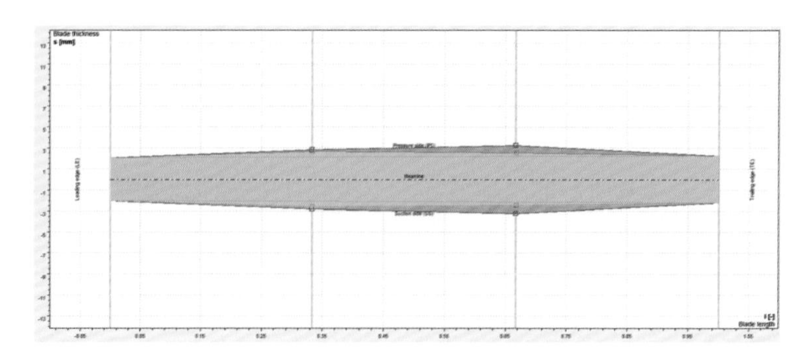

图 7.6　叶片厚度参数设置

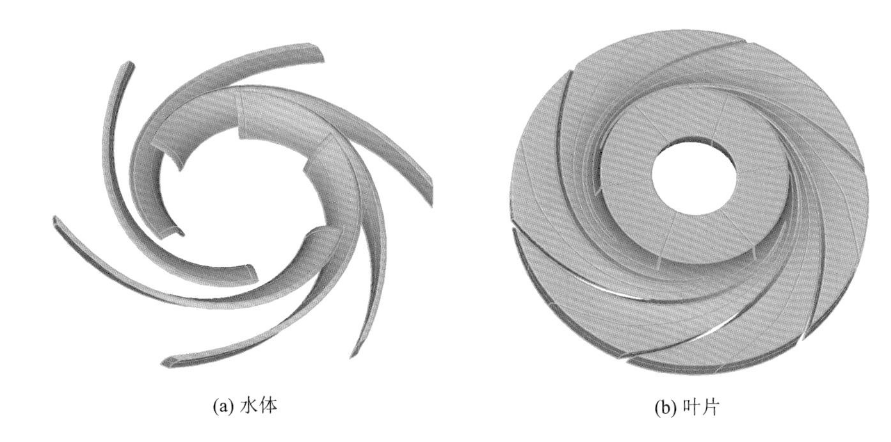

(a) 水体　　(b) 叶片

图 7.7　CFturbo 自动生成的三维叶轮示意图

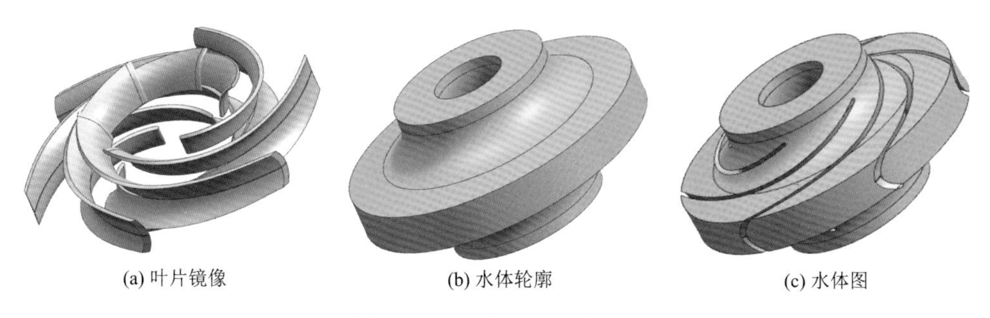

(a) 叶片镜像　　(b) 水体轮廓　　(c) 水体图

图 7.8　双吸离心泵三维造型

7.2.3　计算网格

为了提高数值模拟的准确性，本小节对双吸离心泵的吸水室、叶轮和蜗壳进行六面体结构化网格划分，并根据泵内各部分流态复杂性进行局部加密，最终整个双吸离心泵计算区域网格单元数约为 426 万，检查质量均在 0.6 以上，其网格细节如图 7.9 所示。同时，为了平衡计算精度和计算速度，本书以效率和扬程作为评价指标，对模型泵进行网格无关性分析，结果如表 7.2 所示。为直观地看出不同网格数对效率和扬程影响的大小和规律，同时将网格方案与对应性能绘制成柱状图（图 7.10）。由图可知，当网格数持续增加时，扬程逐渐增大并趋于稳定，说明计算结果已不随网格数量变化，因此计算时采用总网格数约为 426 万较为合适。

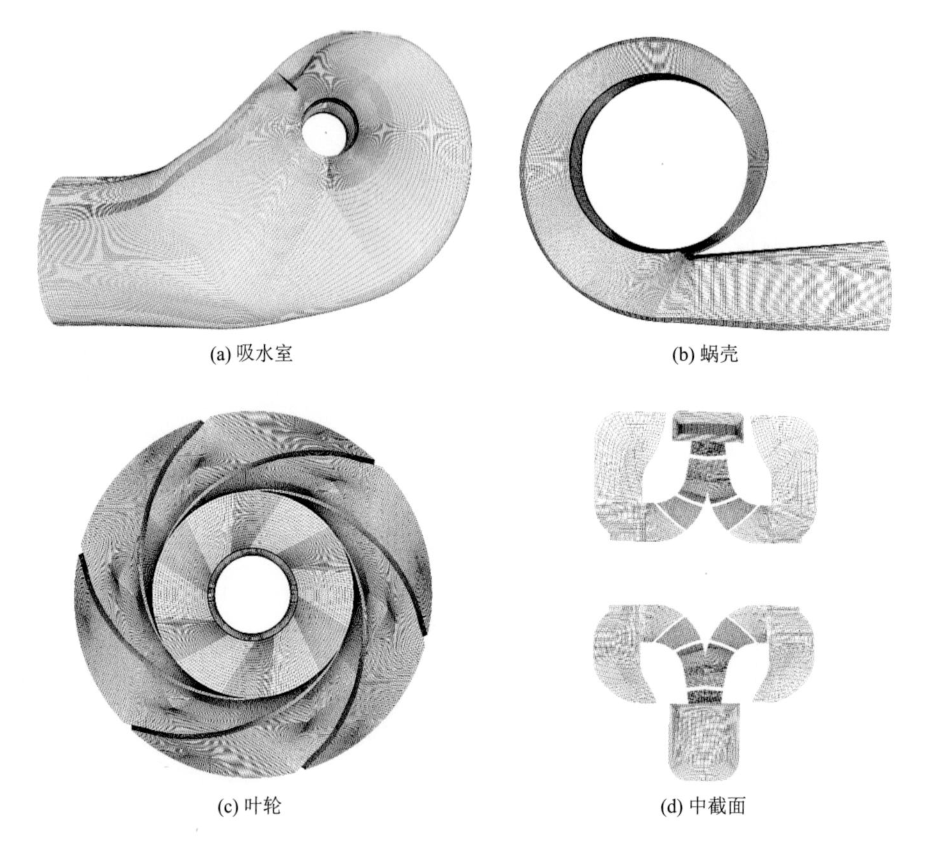

(a) 吸水室　(b) 蜗壳

(c) 叶轮　(d) 中截面

图 7.9　双吸离心泵计算域六面体网格

表 7.2　不同网格数下数值计算结果

测试方案	网格数	扬程/m	效率/%
网格 I	2878243	32.57	65.89
网格 II	3679342	38.48	73.90
网格III	4266423	40.55	88.01
网格IV	4958168	40.54	88.05
网格 V	5847757	40.56	88.05

7.2.4　数值模拟设置

本章采用 ANSYS CFX 18 对模型泵内部流动进行数值模拟，其中流体介质为25℃的清水，进口边界条件采用总压入口，进口压力 $P_{\text{inlet}} = 1\text{atm}$；出口边界采用质量流量出口，其大小根据实际工况下的流量换算得到；假设壁面无滑移、光滑且绝热；近壁面的流动采用标准壁面函数描述；叶轮水体域基于旋转坐标系进行计算。

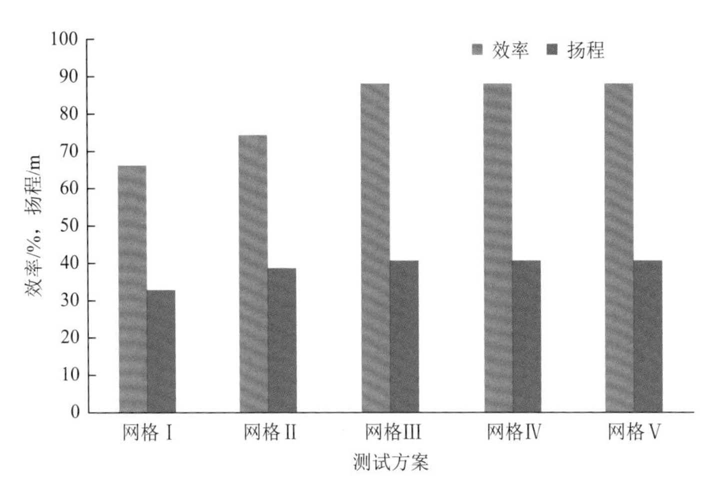

图 7.10　不同网格数下效率、扬程的变化规律

7.2.5　试验验证

双吸离心泵的测试试验台如图 7.11 所示，其俯视示意图如图 7.12 所示。模型泵的叶轮和蜗壳均为不锈钢材料。

图 7.11　双吸离心泵的测试试验台

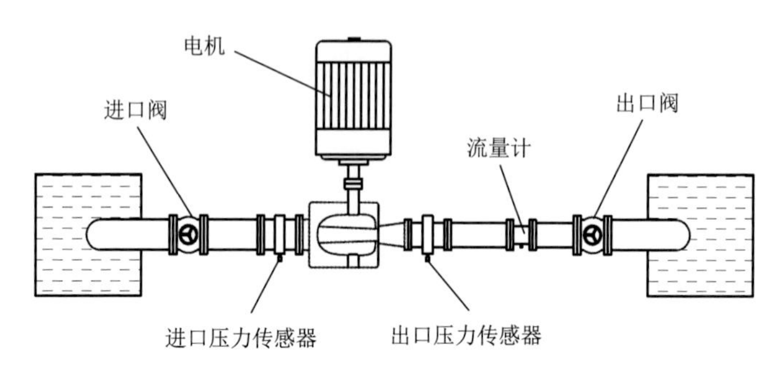

图 7.12　双吸离心泵试验装置的俯视示意图

将模型泵数值模拟得到的扬程、效率曲线和试验得到的扬程、效率曲线进行对比，如图 7.13 所示。由图可知，模拟扬程曲线和试验扬程曲线基本重合，扬程最大误差不超过 1.2%。小流量工况下，扬程模拟值小于试验值，而随着流量的增大，模拟值开始高于试验值。对比各个工况下的效率，最大误差出现在 $1.2Q_d$ 工况下，仅为 2.49%，而额定工况下的效率误差仅为 1.67%。综上所述，各工况下效率和扬程的模拟值与试验值的误差均低于 3%，在合理范围之内。

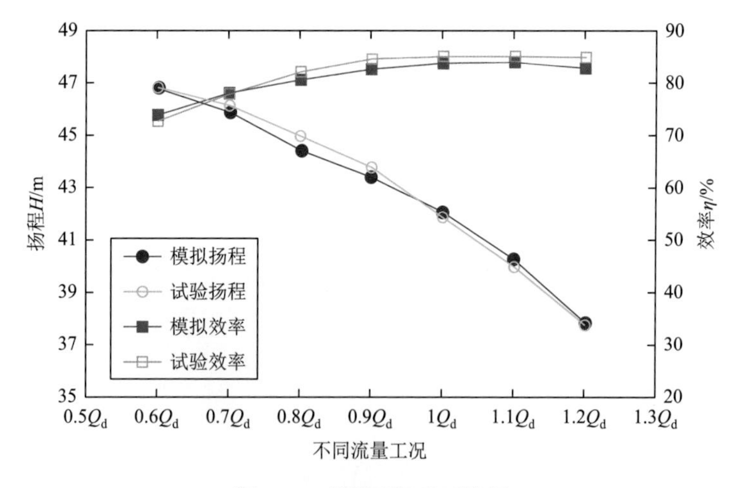

图 7.13　模型泵性能对比图

7.3　基于极差分析的多工况正交优化

为了提高模型泵效率、拓宽模型泵高效区，本节选取叶片型线八个参数作为优化变量，采用正交试验设计方法获取样本；通过 CFX 对样本进行数值模拟，获取模型泵三个流量工况点（$0.8Q_d$、$1.0Q_d$ 和 $1.2Q_d$）的效率值；基于极差分析方法得到几何参数对目标的影响大小，并获取各工况下效率最高时的参数组合。

7.3.1　优化变量与目标

为了不改变双吸离心泵叶轮总体形状，只对叶片型线八个相关参数进行优化。选取叶轮前盖板叶片进口安放角、前盖板叶片出口安放角、前盖板叶片包角、前盖板叶片进口前缘延伸角、后盖板叶片进口安放角、后盖板叶片出口安放角、后盖板叶片包角和后盖板叶片进口前缘延伸角八个叶轮参数作为优化变量。如表 7.3 所示，每个变量各取四个值，A～H 为各变量的代号。

表 7.3　优化变量取值　　（单位：°）

编号	A $\beta_{1\mathrm{shroud}}$	B $\beta_{2\mathrm{shroud}}$	C $\Delta\varphi_{\mathrm{shroud}}$	D $\varphi_{0\mathrm{shroud}}$	E $\beta_{1\mathrm{hub}}$	F $\beta_{2\mathrm{hub}}$	G $\Delta\varphi_{\mathrm{hub}}$	H $\varphi_{0\mathrm{hub}}$
1	13	26	139	–5	15	26	139	–5
2	15	28	143	–2.5	17	28	143	–2.5
3	17	30	145	2.5	19	30	145	2.5
4	19	32	148	5	21	32	148	5

7.3.2　正交试验设计

正交试验设计方法可以合理均匀地安排试验方案，减少试验次数，只需给定设计参数个数和水平数，就可以生成相应的正交表，正交表可以表示为 $\mathrm{L}_m(p^n)$，m 代表生成的方案个数；n 和 p 分别为设计参数个数和水平数。

针对 7.3.1 节选取的八个优化变量及各个变量的四个取值，由正交表得到 32 组方案，如表 7.4 所示。将所有方案进行三维造型（CFturbo、UG NX）、网格划分（ICEM）和数值计算（CFX），获取每组方案的目标值并进行结果分析。

表 7.4　正交试验方案　　（单位：°）

方案	A $\beta_{1\mathrm{shroud}}$	B $\beta_{2\mathrm{shroud}}$	C $\Delta\varphi_{\mathrm{shroud}}$	D $\varphi_{0\mathrm{shroud}}$	E $\beta_{1\mathrm{hub}}$	F $\beta_{2\mathrm{hub}}$	G $\Delta\varphi_{\mathrm{hub}}$	H $\varphi_{0\mathrm{hub}}$
1	13	26	148	–5	17	28	148	–2.5
2	19	28	139	–2.5	21	28	145	–2.5
3	17	26	145	5	21	26	143	–2.5
4	19	32	145	–5	21	28	139	5
5	15	32	139	5	15	28	143	2.5
6	17	32	148	–2.5	15	32	139	–2.5

续表

方案	A $\beta_{1shroud}$	B $\beta_{2shroud}$	C $\Delta\varphi_{shroud}$	D $\varphi_{0shroud}$	E β_{1hub}	F β_{2hub}	G $\Delta\varphi_{hub}$	H φ_{0hub}
7	13	32	145	2.5	19	30	145	−2.5
8	17	30	148	2.5	19	28	139	2.5
9	13	28	148	5	21	32	148	2.5
10	17	32	139	−2.5	17	30	148	−5
11	15	28	143	2.5	17	26	139	−2.5
12	17	28	145	−5	17	30	143	2.5
13	19	26	148	2.5	15	30	143	5
14	13	26	139	−5	15	26	139	−5
15	15	32	148	5	17	26	145	5
16	17	26	143	5	19	28	145	−5
17	19	28	148	−2.5	19	26	143	−5
18	19	30	145	5	17	32	139	−5
19	13	30	145	−2.5	15	26	145	2.5
20	15	30	148	−5	21	30	145	−5
21	17	30	139	2.5	21	26	148	5
22	19	32	143	−5	19	26	148	2.5
23	13	28	139	5	19	30	139	5
24	15	26	143	−2.5	21	30	139	2.5
25	13	30	143	−2.5	17	28	143	5
26	19	26	139	2.5	17	32	145	2.5
27	15	26	145	−2.5	19	32	148	5
28	15	30	139	−5	19	32	143	−2.5
29	19	30	143	5	15	30	148	−2.5
30	17	28	143	−5	15	32	145	5
31	15	28	145	2.5	15	28	148	−5
32	13	32	143	2.5	21	32	143	−5

7.3.3　优化结果极差分析

表 7.5 列出了计算后所有方案三个工况（$0.8Q_d$、$1.0Q_d$、$1.2Q_d$）的目标值。为了解各因素对目标的影响程度，需对其进行进一步统计分析。

表 7.5　数值计算结果

方案	$\eta_{0.8Q_d}$ / %	$\eta_{1.0Q_d}$ / %	$\eta_{1.2Q_d}$ / %	方案	$\eta_{0.8Q_d}$ / %	$\eta_{1.0Q_d}$ / %	$\eta_{1.2Q_d}$ / %
1	84.70	88.03	86.87	17	84.96	88.66	86.28
2	84.14	88.69	87.51	18	83.79	87.51	85.31
3	84.86	89.21	87.60	19	83.99	87.88	85.27
4	83.31	88.16	87.59	20	83.92	87.85	85.66
5	82.25	87.41	86.45	21	84.70	89.40	88.82
6	83.86	87.26	84.61	22	84.44	88.98	86.74
7	83.17	87.20	86.04	23	83.29	87.83	87.37
8	84.58	88.43	87.25	24	83.91	88.52	87.54
9	83.72	87.88	87.43	25	83.85	88.36	86.94
10	83.68	87.83	86.70	26	84.17	88.90	87.88
11	85.07	88.44	85.61	27	84.40	88.93	87.99
12	83.99	88.70	87.80	28	83.77	87.79	85.69
13	84.25	88.62	88.35	29	84.15	87.87	87.72
14	84.87	87.68	85.07	30	83.86	88.43	85.41
15	83.74	88.02	87.40	31	84.89	88.18	87.09
16	85.00	88.77	86.77	32	83.01	87.17	84.72

极差分析方法是一种对统计结果进行直观分析的方法，极差分析就是在考虑 X 因素时，认为其他因素对结果的影响是均衡的，从而认为 X 因素各水平的差异是由 X 因素本身引起的。极差就是各因素每个水平下目标平均值的最大落差，极差越大表明目标受该因素影响越大，根据极差的大小可直观推测各因素对目标影响的主次顺序。在正交试验设计的方案中，每个因素的每个水平出现的次数相同，因此以每个水平下目标的平均值表征该水平下目标的平均效果。以因素 A 为例，将设计工况（$1.0Q_d$）四个水平对应方案的目标值取平均，并将平均值 K 的最大值减去最小值获得因素 A 的极差 R，即

$$K_{1A}=(\eta_1+\eta_7+\eta_9+\eta_{14}+\eta_{19}+\eta_{23}+\eta_{25}+\eta_{32})/8=87.699$$

$$K_{2A}=(\eta_5+\eta_{11}+\eta_{15}+\eta_{20}+\eta_{24}+\eta_{27}+\eta_{28}+\eta_{31})/8=88.088$$

$$K_{3A}=(\eta_3+\eta_6+\eta_8+\eta_{10}+\eta_{12}+\eta_{16}+\eta_{21}+\eta_{30})/8=88.452$$

$$K_{4A}=(\eta_2+\eta_4+\eta_{13}+\eta_{17}+\eta_{18}+\eta_{22}+\eta_{26}+\eta_{29})/8=88.369$$

$$R_A=\max\{K_{1A},K_{2A},K_{3A},K_{4A}\}-\min\{K_{1A},K_{2A},K_{3A},K_{4A}\}=0.753$$

式中，下标数字代表四个不同水平，字母代表因素，参照表 7.4。

以上极差计算方法可以通过软件 SPSS 实现，将所有因素三个工况的极差 R 列于表 7.6 中。为了直观看出不同工况下各因素各水平下对目标的影响规律，同时将

平均目标值与对应水平绘制成折线图（图 7.14）。$0.8Q_d$ 工况下各因素对目标影响的主次顺序为 $\beta_{2shroud} > \beta_{2hub} > \Delta\varphi_{hub} > \varphi_{0shroud} > \beta_{1shroud} > \Delta\varphi_{shroud} > \varphi_{0hub} > \beta_{1hub}$；$1.0Q_d$ 工况下各因素对目标影响的主次顺序为 $\beta_{2shroud} > \beta_{1shroud} > \beta_{2hub} > \varphi_{0hub} > \beta_{1hub} > \Delta\varphi_{hub} > \Delta\varphi_{shroud} > \varphi_{0shroud}$；$1.2Q_d$ 工况下各因素对目标影响的主次顺序为 $\varphi_{0hub} > \Delta\varphi_{hub} > \beta_{2hub} > \beta_{1shroud} > \beta_{2shroud} > \beta_{1hub} > \varphi_{0shroud} > \Delta\varphi_{shroud}$。

表 7.6　极差分析

		A	B	C	D	E	F	G	H
	$0.8Q_d$	0.435	1.031	0.358	0.436	0.198	0.784	0.467	0.334
R/%	$1.0Q_d$	0.753	0.832	0.227	0.227	0.444	0.550	0.409	0.509
	$1.2Q_d$	0.959	0.936	0.547	0.616	0.862	1.018	1.126	1.575

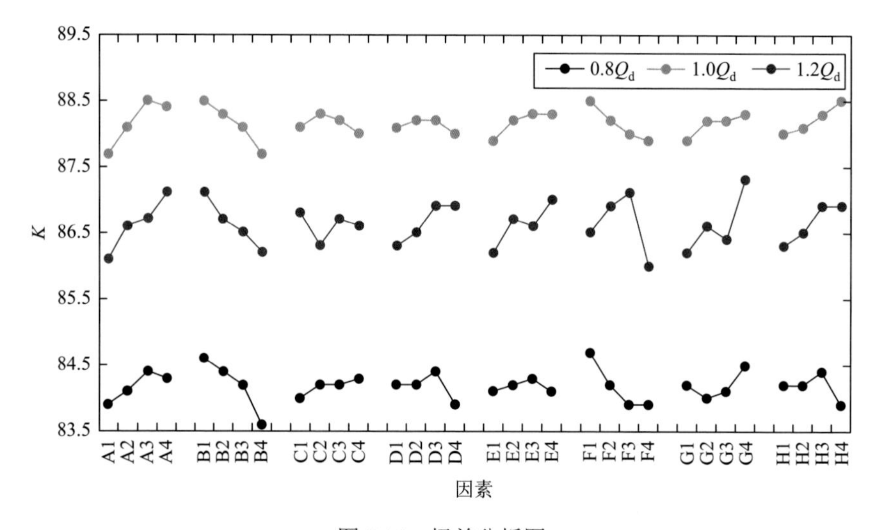

图 7.14　极差分析图

由图 7.14 可以看出，小流量和设计流量工况下，前盖板叶片出口安放角（B）和后盖板叶片出口安放角（F）对效率影响较大；大流量工况下，后盖板叶片进口前缘延伸角（H）和后盖板叶片包角（G）对效率影响较大。从图 7.14 还可以看出，随着前盖板叶片出口安放角（B）的增大，效率急剧下降；后盖板增加到一定程度，效率同样下降迅速，所以对于对称式结构的双吸离心泵，叶片出口安放角不宜过大。在一定范围内，适当增加前盖板叶片进口安放角（A）和叶片进口前缘延伸角（D、H），有利于增强叶轮做功能力，提高效率。

以各因素不同水平下效率最高为原则，获得三个工况下的最佳参数组合，由低工况到高工况分别为 A3B1C4D3E3F1G4H2、A3B1C2D3E4F1G4H4、A4B1C1D3E4

F3G4H4，将这三组模型方案分别标记为模型Ⅰ、模型Ⅱ、模型Ⅲ，将三组方案分别进行三维造型、网格划分和数值模拟，得到其工况下性能。

表 7.7 为上述所得三个优化模型与原始模型三个工况下的性能对比。从表中可以看出，优化后的三个模型在 1.0Q_d 和 1.2Q_d 两个工况下效率提高明显，其中，模型Ⅱ设计工况点效率提高了 1.8%，大流量工况下效率提升了 4.26%，优化效果比其他工况明显，在小流量工况下模型Ⅰ的扬程和效率优于其他两个优化模型。虽然模型Ⅲ在小流量工况和设计流量工况下效率比原始模型有所提升，但扬程下降明显。

表 7.7　优化前后性能对比

工况点	效率/%				扬程/m			
	原始	Ⅰ	Ⅱ	Ⅲ	原始	Ⅰ	Ⅱ	Ⅲ
0.8Q_d	84.92	85.45	85.15	84.75	41.84	41.93	41.70	40.83
1.0Q_d	87.99	89.31	89.79	89.26	40.53	39.85	39.60	38.89
1.2Q_d	85.00	88.81	89.26	88.15	36.51	36.70	35.99	34.60

7.4　基于“效率屋”理论的双吸离心泵多工况优化

根据以上极差分析的优化结果可以看出，优化后的模型效率总体上提升明显，但仅限于三个工况下的优化，无法预知每个工况下效率的提升幅度，即存在优化后高效区依然狭窄的问题。

7.4.1　“效率屋”理论

为了解决上述问题，本小节应用“效率屋”（house of efficiency）理论[11]将多个工况的优化目标转化为单一目标，步骤如下。

第一步，将四个工况点（关闭状态、0.8Q_d、1.0Q_d 和 1.2Q_d）对应的效率作为样本进行多项式拟合，如式（7.1）所示：

$$\eta(\varphi) = a\varphi^3 + b\varphi^2 + c\varphi + d \tag{7.1}$$

式中，η 为效率；a、b、c、d 为三次多项式未知系数；φ 为流量系数，定义为

$$\varphi = \frac{Q}{nd_2^3} \tag{7.2}$$

第二步，所述“效率屋”模型如图 7.15 所示，将式（7.1）积分得到“效率屋”面积 S，即

$$S=\int_0^{\varphi_l}\eta\mathrm{d}\varphi \tag{7.3}$$

“效率屋”面积 S 即评价效率区间是否拓宽的单一指标，图 7.15 为“效率屋”模型示意图，灰色区域面积即 S。

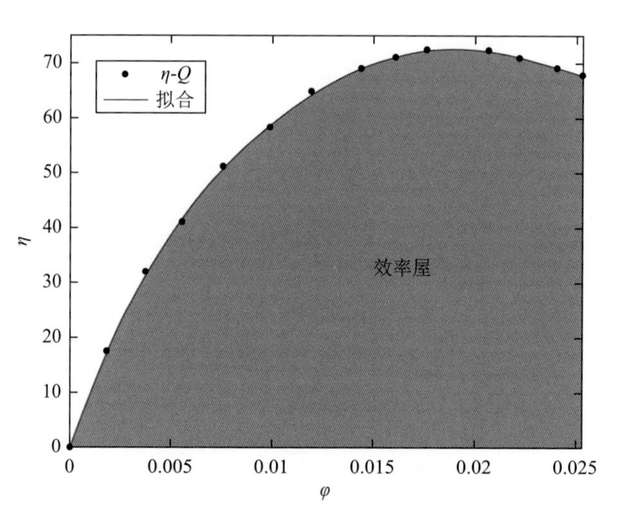

图 7.15 “效率屋”模型示意图

7.4.2 基于“效率屋”优化结果的极差分析

将正交试验 32 组方案和极差分析得到的三个优化模型（模型Ⅰ、模型Ⅱ、模型Ⅲ）按照上述步骤进行操作，得到的结果如表 7.8 所示。从表中可以看出，模型Ⅰ的“效率屋”面积 S 在这 35 组数据中最大。

表 7.8 设计方案“效率屋”面积

模型	S	模型	S	模型	S	模型	S	模型	S
1	9.0108	8	8.9455	15	8.8492	22	8.7892	29	8.9819
2	8.8285	9	8.8705	16	8.9430	23	8.7850	30	8.6676
3	8.8981	10	8.8197	17	8.9189	24	8.8110	31	9.0407
4	8.7494	11	8.9320	18	8.7994	25	8.7835	32	8.6526
5	8.5743	12	8.8157	19	8.7767	26	8.8254	Ⅰ	9.0885
6	8.8071	13	8.9214	20	8.7942	27	8.8760	Ⅱ	8.9772
7	8.7726	14	8.9795	21	8.9178	28	8.7750	Ⅲ	8.9057

对表 7.8 中 35 组数据进行极差分析，得到八个因素对“效率屋”面积 S 影响

的主次顺序。将所有因素的极差 R 列于表 7.9 中，可以看出各因素对 S 影响的主次顺序为 $\beta_{2\mathrm{shroud}} > \Delta\varphi_{\mathrm{hub}} > \beta_{2\mathrm{hub}} > \Delta\varphi_{\mathrm{shroud}} > \varphi_{0\mathrm{hub}} > \varphi_{0\mathrm{shroud}} > \beta_{1\mathrm{shroud}} > \beta_{1\mathrm{hub}}$。显然，叶片出口安放角和包角对 S 的影响较大，排在前四位，其中，前盖板叶片出口安放角 $\beta_{2\mathrm{shroud}}$ 影响最大；而叶片进口安放角和叶片进口前缘延伸角相对来说影响不大，在后续优化中可以作为常量处理。

表 7.9 “效率屋”极差分析

参数	A	B	C	D	E	F	G	H
R/%	0.036	0.158	0.081	0.074	0.02	0.104	0.142	0.075

为直观地看出各因素对 S 的影响规律，将目标值与对应水平绘制成折线图，如图 7.16 所示。可以看出，S 随着前盖板叶片出口安放角 $\beta_{2\mathrm{shroud}}$（B）的增大而减小，而后盖板叶片出口安放角 $\beta_{2\mathrm{hub}}$（F）对 S 的影响规律与 B 相似。S 随着前盖板叶片包角 $\Delta\varphi_{\mathrm{shroud}}$（C）和后盖板叶片包角 $\Delta\varphi_{\mathrm{hub}}$（G）均是先减小后增大，且当包角达到最大 148°时，S 也达到最大。以各因素不同水平下“效率屋”面积 S 最大为原则，获得“效率屋”最优模型参数组合：A4B1C4D3E2F1G4H2，标记为优化模型①。

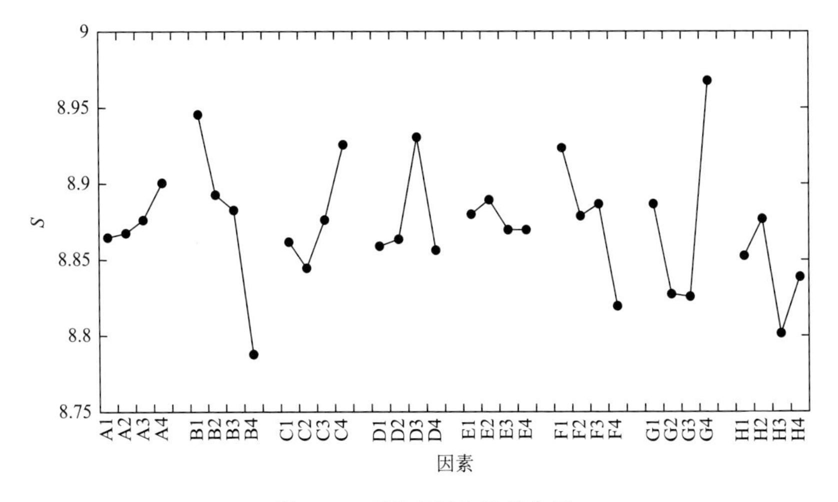

图 7.16　“效率屋”极差分析

将得到的优化模型①进行三维造型、网格划分、数值模拟得到三个工况下的效率和扬程，并计算其“效率屋”面积 S，计算结果如表 7.10 所示。表 7.11 为优化模型①与原型泵的性能对比，可以看出优化后各个工况效率分别提高了 0.8%、1.6%、4.6%，大流量工况下效率提高最为明显，设计流量工况下扬程略微下降。

将原始模型、正交试验得到的三个优化模型（Ⅰ、Ⅱ、Ⅲ）以及优化模型①得到的 S 进行对比，如表 7.12 所示。可以看出，优化模型①的“效率屋”面积 S 高于其他四个模型，且相对于原始模型增加明显，这说明优化模型①的参数方案在四水平的条件下能够最大限度地拓宽双吸离心泵的高效区。

表 7.10　优化模型①的性能参数

工况	效率/%	扬程/m	S
$0.8Q_d$	85.61	41.84	
$1.0Q_d$	89.40	39.78	9.1138
$1.2Q_d$	88.91	36.67	

表 7.11　优化模型①与原型泵的性能对比

工况	原始模型效率/%	优化模型①效率/%	升高幅度/%	原始模型扬程/m	优化模型①扬程/m	升高幅度/%
$0.8Q_d$	84.92	85.61	0.8	41.84	41.84	0
$1.0Q_d$	87.99	89.40	1.6	40.53	39.78	1.85
$1.2Q_d$	85.00	88.91	4.6	36.51	36.67	0.44

表 7.12　优化前后“效率屋”面积对比

模型	“效率屋”面积 S
原始模型	8.9353
模型Ⅰ	9.0885
模型Ⅱ	8.9772
模型Ⅲ	8.9051
优化模型①	9.1138

7.5　基于混合近似模型的双吸离心泵多工况优化

由 7.4 节的优化结果可以看出，经过极差分析优化后，双吸离心泵的效率明显提高，由“效率屋”理论得到的最优方案也拓宽了双吸离心泵的高效区。但正交试验设计只是将各参数在四水平的条件下进行优化，而各参数都是连续型变量，说明上述优化并不是全局最优解，还可以通过更加精确的优化方法得到最佳方案。本节将分别采用 Kriging 模型、人工神经网络模型和基于两者的混合近似模型对双吸离心泵进行多工况优化，并将优化结果进行对比。

7.5.1 优化过程

基于近似模型的双吸离心泵优化流程如图 7.17 所示。以“效率屋”面积 S 为优化目标，双吸离心泵叶片的四个参数为优化变量，并定义设计变量的取值范围，采用拉丁超立方试验设计方法在设计变量取值范围内随机产生双吸离心泵叶轮的设计方案，对所有的设计方案进行三维造型、网格划分及定常数值计算得到泵效率和扬程，并计算“效率屋”面积 S。分别采用人工神经网络模型、Kriging 模型以及基于这两者的混合近似模型建立 S 与四个设计变量间的近似数学模型，并进行预测值与真实值的回归分析。应用群智能算法——粒子群算法对近似数学表达式进行全局寻优，获得最优双吸离心泵叶轮设计参数组合和最优的优化目标。

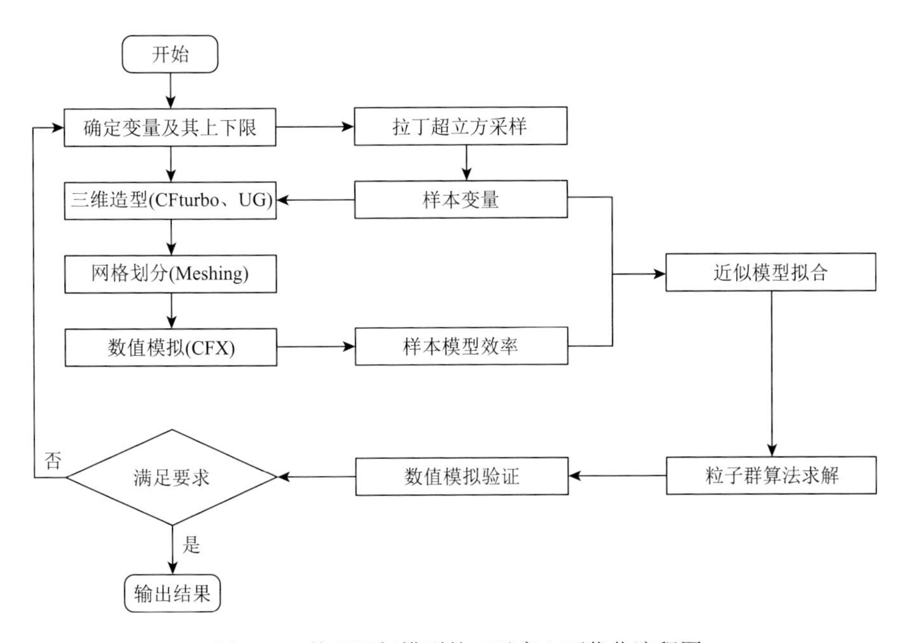

图 7.17 基于近似模型的双吸离心泵优化流程图

7.5.2 优化目标和优化变量

以“效率屋”面积 S 最大为目标，三个工况下的效率均大于原型泵效率且扬程比原型泵下降不超过 5%为约束条件，确定双吸离心泵多工况优化设计的数学模型为

$$\begin{aligned}&\max\ S\\&\text{s.t.}\ \eta_{0.8Q_d}\geqslant 84.9,\quad \eta_{1.0Q_d}\geqslant 88.0,\quad \eta_{1.2Q_d}\geqslant 85.0\\&\quad H_{0.8Q_d}\geqslant 39.7,\quad H_{1.0Q_d}\geqslant 38.5,\quad H_{1.2Q_d}\geqslant 34.6\end{aligned}\tag{7.4}$$

由 7.4 节优化结果可知，双吸离心泵的叶片出口安放角和叶片包角对“效率屋”面积 S 影响最大，而叶片进口安放角和叶片进口前缘延伸角影响较小，所以本节优化变量仅考虑 $\beta_{2\mathrm{hub}}$、$\beta_{2\mathrm{shroud}}$、$\Delta\varphi_{\mathrm{hub}}$、$\Delta\varphi_{\mathrm{shroud}}$ 四个参数，而另外四个参数 $\beta_{1\mathrm{hub}}$、$\beta_{1\mathrm{shroud}}$、$\varphi_{0\mathrm{hub}}$、$\varphi_{0\mathrm{shroud}}$ 作为常量处理。由图 7.16 可知，S 在 $\beta_{2\mathrm{hub}}=\beta_{2\mathrm{shroud}}=26°$ 和 $\Delta\varphi_{\mathrm{hub}}=\Delta\varphi_{\mathrm{shroud}}=148°$ 时取得最大值，所以定义变量上下限如表 7.13 所示。考虑到优化模型①是八因素四水平条件下“效率屋”模型最优方案，按照优化模型①取 $\beta_{1\mathrm{hub}}=17°$，$\beta_{1\mathrm{shroud}}=19°$，$\varphi_{0\mathrm{hub}}=-2.5°$，$\varphi_{0\mathrm{shroud}}=2.5°$。

表 7.13　设计参数上下限　（单位：°）

变量	$\beta_{2\mathrm{hub}}$	$\beta_{2\mathrm{shroud}}$	$\Delta\varphi_{\mathrm{hub}}$	$\Delta\varphi_{\mathrm{shroud}}$
上限	24	24	145	145
下限	30	30	155	155

拉丁超立方抽样（LHS）是一种从多元参数分布中近似随机抽样的方法，属于分层抽样技术。拉丁超立方试验设计方法具有空间填满、次数少等优点，是广泛应用的试验设计方法之一。将设计变量按行、列排成一个随机矩阵，在同一行或列均无重复。在优化过程中，根据近似模型特点和设计变量的个数，采用拉丁超立方试验设计方法产生 40 个设计方案，如表 7.14 所示。

表 7.14　拉丁超立方试验设计方案　（单位：°）

方案	$\beta_{2\mathrm{hub}}$	$\beta_{2\mathrm{shroud}}$	$\Delta\varphi_{\mathrm{hub}}$	$\Delta\varphi_{\mathrm{shroud}}$	方案	$\beta_{2\mathrm{hub}}$	$\beta_{2\mathrm{shroud}}$	$\Delta\varphi_{\mathrm{hub}}$	$\Delta\varphi_{\mathrm{shroud}}$
1	26.8	25.7	146.0	147.1	12	29.2	27.3	154.1	154.0
2	29.3	27.9	149.7	152.3	13	27.8	24.5	145.6	145.2
3	26.4	29.2	148.7	153.4	14	24.8	28.6	154.3	148.2
4	27.5	29.3	148.8	152.2	15	24.7	28.2	146.7	150.6
5	29.6	28.4	146.4	148.9	16	25.7	29.7	153.9	146.1
6	24.4	25.6	152.2	154.5	17	29.0	26.6	153.1	151.1
7	24.5	27.9	147.9	146.8	18	25.0	27.7	154.6	152.9
8	24.2	25.0	147.0	150.4	19	26.0	28.8	146.8	149.6
9	28.4	24.8	145.2	154.7	20	26.1	27.1	150.6	151.3
10	27.7	25.4	148.1	147.3	21	25.1	25.9	149.9	152.5
11	25.2	25.2	151.6	146.6	22	29.5	29.9	147.3	146.3

续表

方案	β_{2hub}	$\beta_{2shroud}$	$\Delta\varphi_{hub}$	$\Delta\varphi_{shroud}$	方案	β_{2hub}	$\beta_{2shroud}$	$\Delta\varphi_{hub}$	$\Delta\varphi_{shroud}$
23	28.5	24.4	151.9	150.9	32	29.7	29.1	148.4	149.8
24	28.7	26.1	152.3	145.7	33	29.9	26.8	153.3	155.0
25	28.0	29.7	147.6	150.1	34	25.6	27.5	149.1	146.0
26	27.3	26.5	151.1	153.2	35	27.0	27.3	145.8	145.5
27	26.7	26.0	154.9	153.9	36	28.2	28.2	150.8	147.9
28	28.3	24.6	150.4	149.3	37	26.5	24.1	149.5	148.7
29	25.4	29.5	152.7	147.5	38	28.9	26.9	152.9	149.1
30	25.8	25.1	150.2	151.5	39	27.4	24.3	151.3	148.4
31	24.1	26.4	145.3	153.5	40	27.0	28.7	153.6	151.9

将表 7.14 中拉丁超立方试验设计得到的 40 组参数方案按照第 3 章中的方法分别进行三维造型（CFturbo、UG NX）、非结构网格划分（ICEM）、定常数值计算（CFX），分别计算出 $0.8Q_d$、$1.0Q_d$、$1.2Q_d$ 三个工况下的效率值，列于表 7.15 中。再将这 40 组效率值根据“效率屋”原理计算出各自“效率屋”面积 S，如表 7.16 所示。可以明显看出，这 40 组设计方案的 S 值绝大部分高于优化模型①的 S 值，说明设计参数的上下限取值合理，能够在该范围内寻找出更优方案。

表 7.15　设计方案三个工况下的效率

方案	$\eta_{0.8Q_d}$ / %	$\eta_{1.0Q_d}$ / %	$\eta_{1.2Q_d}$ / %	方案	$\eta_{0.8Q_d}$ / %	$\eta_{1.0Q_d}$ / %	$\eta_{1.2Q_d}$ / %
1	85.67	89.28	88.61	18	86.03	89.15	86.35
2	85.30	88.80	88.83	19	85.72	89.34	88.97
3	85.61	89.17	88.53	20	85.87	89.29	88.79
4	85.22	89.04	88.68	21	86.21	89.80	89.16
5	84.92	88.54	88.25	22	84.60	88.23	88.10
6	86.04	89.72	88.85	23	85.65	89.34	88.99
7	85.79	89.31	88.81	24	84.98	89.21	88.77
8	86.07	89.88	89.97	25	85.18	88.88	88.52
9	85.73	89.31	88.37	26	85.94	89.40	88.90
10	85.81	89.27	88.73	27	85.91	89.31	86.95
11	85.31	88.92	88.39	28	85.64	89.42	88.91
12	85.55	88.83	87.31	29	85.25	88.95	88.52
13	85.60	89.22	88.49	30	86.14	89.69	89.15
14	84.12	88.22	87.70	31	86.16	89.78	88.65
15	85.73	89.42	88.69	32	84.87	88.58	88.37
16	84.89	89.00	88.46	33	85.60	88.95	87.47
17	85.55	88.88	88.65	34	84.30	88.31	88.04

续表

方案	$\eta_{0.8Q_d}$ / %	$\eta_{1.0Q_d}$ / %	$\eta_{1.2Q_d}$ / %	方案	$\eta_{0.8Q_d}$ / %	$\eta_{1.0Q_d}$ / %	$\eta_{1.2Q_d}$ / %
35	85.45	89.04	88.53	38	85.05	88.89	88.57
36	84.82	88.88	88.40	39	84.38	88.45	88.11
37	86.26	89.65	89.17	40	85.61	88.88	88.49

表 7.16　设计方案“效率屋”面积

方案	S	方案	S	方案	S	方案	S	方案	S
1	9.1254	9	9.1163	17	9.1699	25	9.0837	33	9.0867
2	9.1436	10	9.1646	18	9.0651	26	9.1818	34	8.962
3	9.1257	11	9.0951	19	9.1509	27	9.0551	35	9.114
4	9.0765	12	9.0851	20	9.1779	28	9.1167	36	9.0004
5	9.0675	13	9.1125	21	9.1895	29	9.0867	37	9.2256
6	9.1459	14	8.9159	22	9.0421	30	9.1925	38	9.0585
7	9.1593	15	9.1201	23	9.1377	31	9.147	39	8.9602
8	9.2032	16	8.9991	24	9.0044	32	9.0587	40	9.1713

7.5.3　近似模型拟合

为了对比近似模型的精确度，将上述拉丁超立方抽样产生的 40 组数据分为两组：70%的样本（28 组）用于训练人工神经网络（ANN）模型和 Kriging 模型，30%的样本（12 组）用于验证拟合的准确性。近似模型建立成功后，采用 R-square 误差分析法（即 R^2）对近似模型的准确性进行评估，结果如图 7.18 所示。可以看

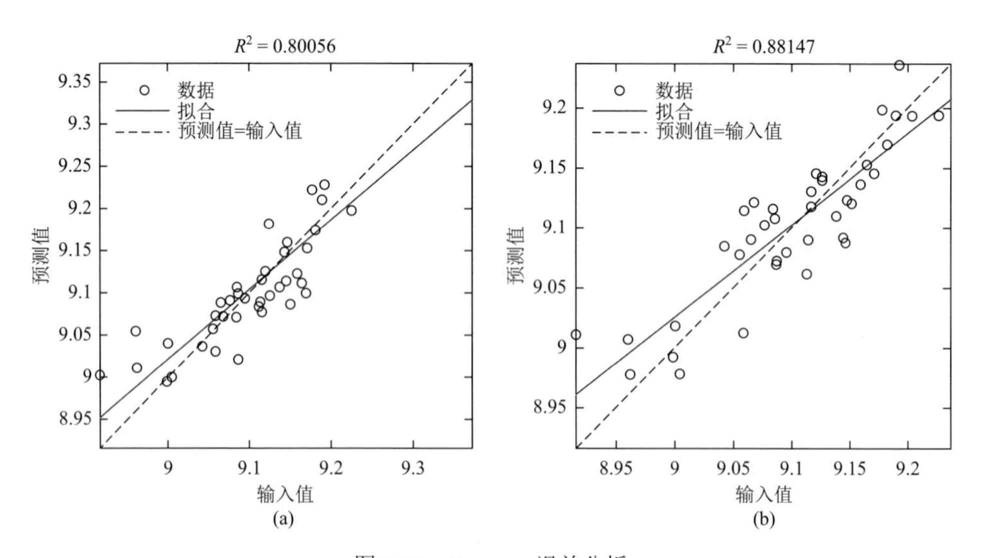

图 7.18　R-square 误差分析

出，人工神经网络模型拟合的 R^2 值为 0.8 左右，Kriging 模型拟合精度高于人工神经网络模型，R^2 值为 0.88 左右。但两者的 R^2 均小于 0.9，达不到拟合精度优秀的要求。

将人工神经网络模型和 Kriging 模型组成混合近似模型对样本进行拟合，设置目标精度 R^2 大于 0.93，混合近似模型的拟合过程如图 7.19 所示。该拟合过程均在 MATLAB 软件中编程实现，经过 100 步迭代得到了拟合精度最高的近似模型组合，其表达式为

$$y_{\mathrm{en}}(X)=0.3009y_1(X)+0.6991y_2(X) \tag{7.5}$$

式中，$y_1(X)$ 为人工神经网络模型；$y_2(X)$ 为 Kriging 模型。该混合近似模型拟合精度达到了 0.95167，如图 7.20 所示，证明由人工神经网络模型和 Kriging 模型组合而成的混合近似模型的拟合精度高于各单一模型。

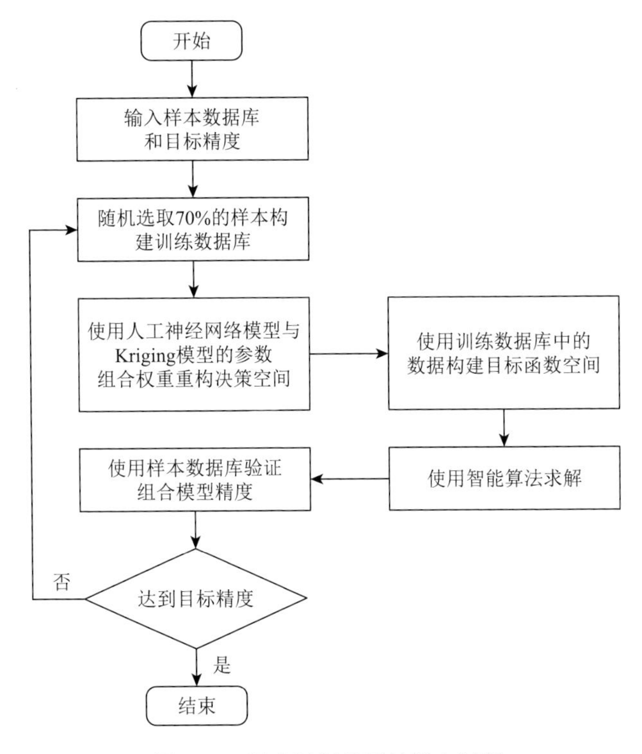

图 7.19　混合近似模型的拟合过程

7.5.4　优化结果

在 MATLAB 软件中选用具有较好全局求解能力且计算效率高的粒子群算法，对 7.5.3 节中建立的人工神经网络模型、Kriging 模型以及混合近似模型进行寻优

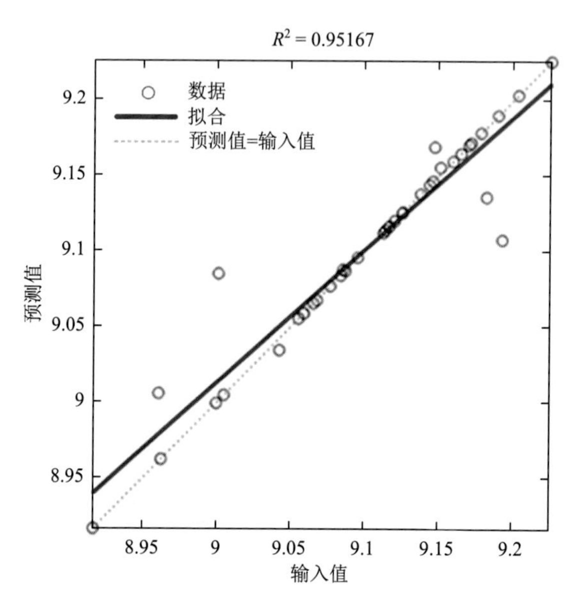

图 7.20　混合近似模型的拟合精度

计算，收敛后的最优设计参数组合以及最优 S 结果如表 7.17 所示。从表中可以看出，三种近似模型优化后的“效率屋”面积 S 均高于 40 组样本中的最大值。为了验证优化结果的准确性，将得到的三组设计参数进行三维造型、网格划分和数值模拟，并计算各组方案的真实 S 值，与预测值进行对比，对比结果如表 7.18 所示。

表 7.17　各近似模型优化结果

模型名称	β_{2hub} /(°)	$\beta_{2shroud}$ /(°)	$\Delta\varphi_{hub}$ /(°)	$\Delta\varphi_{shroud}$ /(°)	S
人工神经网络模型	25.0235	28.8943	150.5623	152.8956	9.2268
Kriging 模型	24.8156	29.2201	149.7032	154.2331	9.2257
混合近似模型	24.8707	29.2325	148.8955	154.0112	9.2263

表 7.18　优化结果误差分析

模型名称	预测 S 值	真实 S 值	误差/%
人工神经网络模型	9.2268	9.0243	2.24
Kriging 模型	9.2257	9.1296	1.05
混合近似模型	9.2263	9.2260	0.003

从表 7.18 可以看出，虽然人工神经网络模型得到的优化结果最理想，但预测值和真实值的误差较大，说明人工神经网络模型拟合精度不高，结果不可信。而混合近似模型的预测值和真实值的误差仅为 0.003%，证明了 7.5.3 节中混合近似模型拟合精度高于单一近似模型的结论，优化结果可以用来进一步分析。

7.5.5 优化结果对比

将 7.5.4 节基于混合近似模型优化得到的最优双吸离心泵模型记为优化模型②，其各工况下扬程和效率值如表 7.19 所示，优化模型②各工况效率对比正交试验优化得到的优化模型①都有了明显提升。将优化模型②与原型泵的性能参数进行对比，结果如表 7.20 所示。可以看出，各工况下优化后效率分别提高了 1.63%、1.95%和 4.94%，大流量工况下效率提升最为明显。各工况下扬程虽然略有下降，但下降幅度均在控制范围之内。

表 7.19　优化模型②的数值模拟结果

项目	$0.8Q_d$	$1.0Q_d$	$1.2Q_d$
效率/%	86.3	89.71	89.2
扬程/m	41.65	39.32	36.18

表 7.20　优化模型②与原型泵的性能对比

工况	原始模型效率/%	优化模型②效率/%	升高幅度/%	原始模型扬程/m	优化模型②扬程/m	下降幅度/%
$0.8Q_d$	84.92	86.3	1.63	41.84	41.65	0.45
$1.0Q_d$	87.99	89.71	1.95	40.53	39.32	2.99
$1.2Q_d$	85.00	89.2	4.94	36.51	36.18	0.90

为了研究不同部件内部的流动损失情况，对原始模型和优化后的两个模型进行扬程分布分析，优化前后不同流道内的扬程分布如表 7.21 所示。在各工况下，优化模型②和优化模型①的叶轮做功能力减弱，但输入功率明显下降，从而使得三个优化模型在各工况下的效率得以提升。此外，虽然优化后叶轮做功能力减弱，但吸水室和蜗壳内部的水力损失得到不同程度的减小，所以总的扬程仍然满足设计要求，从而使得优化后的模型在各流量下的性能均优于原始模型。

表 7.21　优化前后不同流道内的扬程分布

流量	模型	吸水室/m	叶轮/m	蜗壳/m	输入功率/kW
$0.8Q_d$	原始模型	−1.307	48.620	−4.342	53.291
	优化模型①	−0.306	46.065	−3.646	53.000
	优化模型②	−0.258	45.920	−3.725	52.957
$1.0Q_d$	原始模型	−0.167	44.196	−3.141	62.735
	优化模型①	−0.153	42.915	−2.748	60.605
	优化模型②	−0.150	42.372	−2.673	59.877
$1.2Q_d$	原始模型	−0.200	41.243	−4.187	70.206
	优化模型①	−0.211	39.730	−2.612	67.406
	优化模型②	−0.210	39.196	−2.582	66.554

为了更加直观地看出优化前后高效区的变化并比较前后两次优化程度，将原始模型和优化模型①的“效率屋”模型进行对比，如图 7.21 所示。将原始模型和优化模型②的“效率屋”模型进行对比，如图 7.22 所示。从图中可以看出，优化模型②和优化模型①都拓宽了双吸离心泵的高效区，尤其是大流量工况下，效率提升幅度最大，解决了原型泵大流量工况下效率陡降的问题。对比图 7.21 和图 7.22 可以发现，优化模型②比优化模型①的优化效果更好，说明基于混合近似模型的多工况优化比基于极差分析的优化更加精确，可以找到全局最优点。

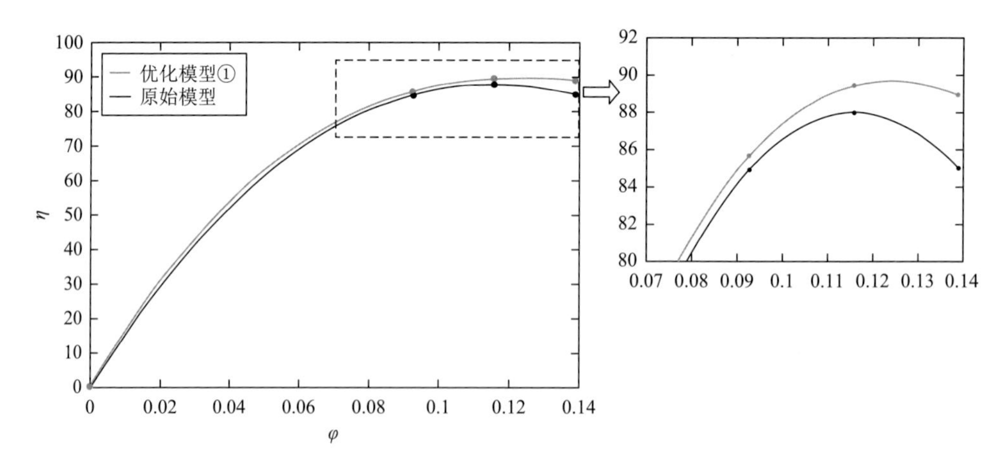

图 7.21　优化模型①与原始模型的“效率屋”对比

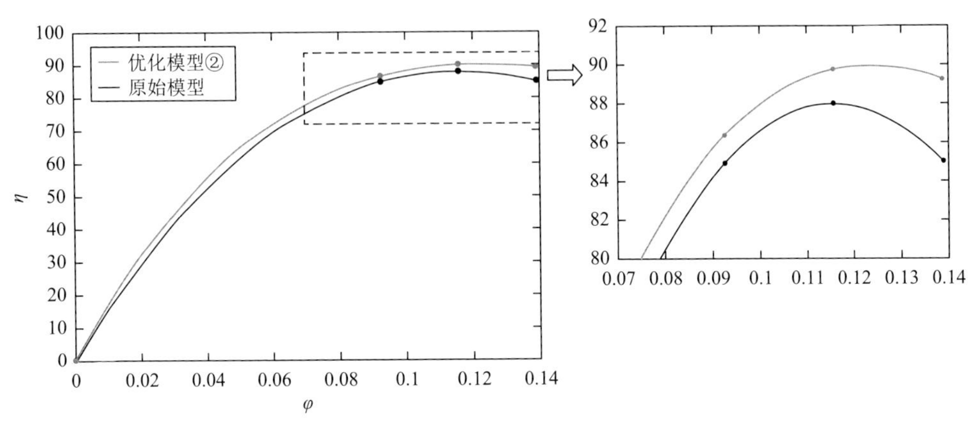

图 7.22　优化模型②与原始模型的“效率屋”对比

7.6　NPSHr 预测方法

图 7.23 为两种 NPSHr 预测方法：传统方法和新方法。其中，传统方法已得到了大量应用，这种方法将进口边界条件设置为总压，出口边界条件设置为质量流量。第一步，将进口总压设置为 1atm 计算泵未空化时的扬程。第二步，有计划地降低进口压力并计算不同进口压力下的 NPSH 值，当扬程下降 3%时停止降低进口压力，此时得到临界空化点的 NPSH 值。由于空化发生时的进口压力未知，所选的进口压力值只能通过推测得到，因此通过数值模拟准确找到临界空化点需要反复多次尝试计算，计算量大。

NPSHr 预测新方法由 Ding 等在 2012 年的流体工程会议上提出[12]。该方法中，在给定的流量下计算 NPSHr 只需要三个关键步骤及两个可选步骤（前处理和后处理）。

步骤 0　该步骤为可选步骤，需要使用传统的边界条件进行快速的数值模拟，给当前流量下的扬程一个参考，若扬程已知，则该步骤可跳过。传统方法的边界条件如下：

进口为总压，即

$$P_{T_{IN}}(0) = P_{T_{IN}} \tag{7.6}$$

出口为体积流量，即

$$Q_{OUT}(0) = Q \tag{7.7}$$

步骤 1　采用新的边界条件设置重新计算扬程，得到扬程降低 3%的明确参考点。进口边界条件设置为流量；出口设置为静压，通过式（7.8）估算：

$$P_{S_{OUT}}(1) = H(0) + P_{T_{IN}}(0) - P_D(0) = P_{S_{OUT}}(0) \tag{7.8}$$

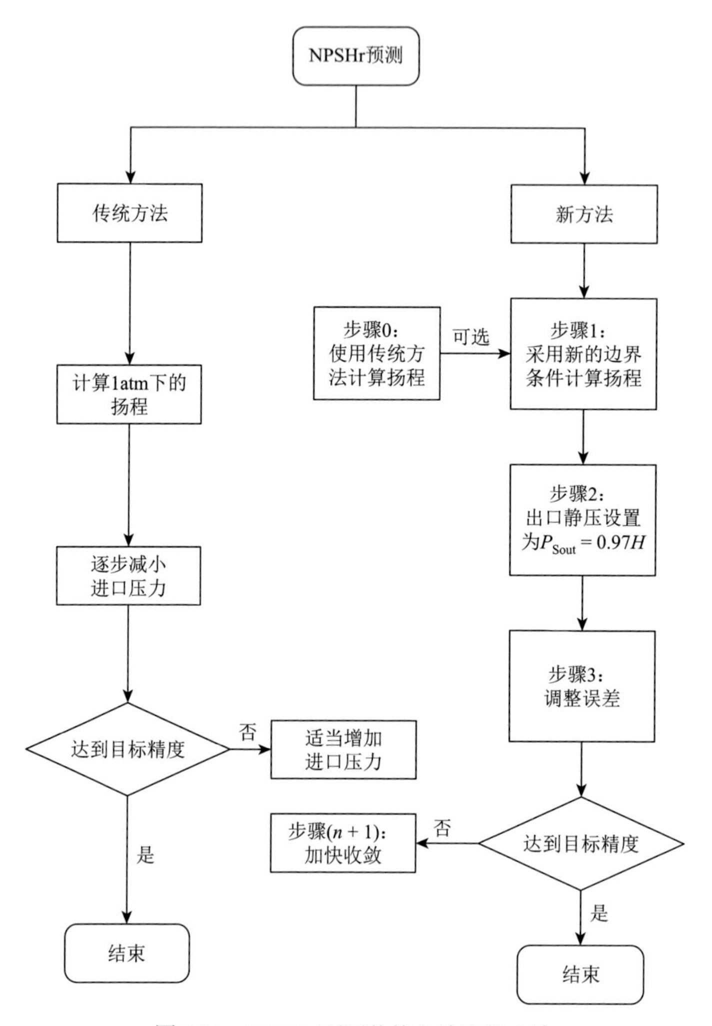

图 7.23　NPSHr 预测传统方法和新方法

步骤 2　该步骤的目的是在避免严重空化时获得一个良好的接近真实 NPSHr 的估算值。将出口静压设置为步骤 1 计算得到泵扬程的 97%时的值。虽然此时扬程下降可能低于 3%，但能获得与实际 NPSHr 十分接近的值。由于 NPSHa 接近临界空化点，这一步可防止数值模拟时泵内部严重空化。静压估算公式为

$$P_{S_{OUT}}(2)=0.97H_{100}-P_D(1) \tag{7.9}$$

式中，$P_{S_{OUT}}(2)$ 为步骤 2 中出口静压；H_{100} 为步骤 1 中未下降的扬程值；P_D 为步骤 1 计算得到的动压。

步骤 3　该步骤用来修正前述步骤中由调整边界条件导致的误差。预测结果预期接近扬程下降 3%时的 NPSHr 值。若结果满足精度要求，则该步骤可以结束。这一步出口静压按式（7.10）计算：

$$P_{S_{OUT}}(3)=0.97H_{100}+P_{T_{IN}}(2)-P_D(2) \tag{7.10}$$

若未达到预期精度，则采用如下二次式加快收敛速率，即

$$an_0^2+bn_0+c=0 \tag{7.11}$$

式中，

$$a=f-1 \tag{7.12}$$

$$b=2n_1-2fn_2 \tag{7.13}$$

$$c=fn_2^2-n_1^2 \tag{7.14}$$

$$f=\frac{h_0-h_1}{h_0-h_2} \tag{7.15}$$

二次方程最大值解为

$$m=\frac{h_0-h_2}{(n_0-n_2)^2} \tag{7.16}$$

$$n_0=\frac{-b+\sqrt{b^2-4ac}}{2a} \tag{7.17}$$

变量 n 和 h 分别为 NPSHa 和泵扬程。其中，步骤 1 的结果为 h_0，步骤 2 的结果为 h_1，步骤 3 的结果为 h_3。由于上述三个值需在判断是否收敛之前得到，因此这一过程只能在步骤 3 之后进行。步骤 4 的 NPSHa 由 n_3 表示，即

$$n_3=n_0-\sqrt{\frac{0.03h_0}{m}} \tag{7.18}$$

步骤 $n+1$　该步骤是提高向临界空化点收敛速率的方法。当前述结果偏离预期范围时，可以选择使用这一步骤令 NPSHa 接近预测值：

$$P_{S_{OUT}}(n+1)=0.97H_{100}+n_3-P_D(n) \tag{7.19}$$

图 7.24 为本章研究双吸离心泵模型采用传统方法和新方法预测空化性能结果的对比图。从图中可以看出，相比于传统方法，新方法仅需三步数值计算即可获得较准确的 NPSHr 预测结果，大大缩短了计算时间，这为降低空化性能数值、优化计算成本、提高优化效率奠定了良好的基础。

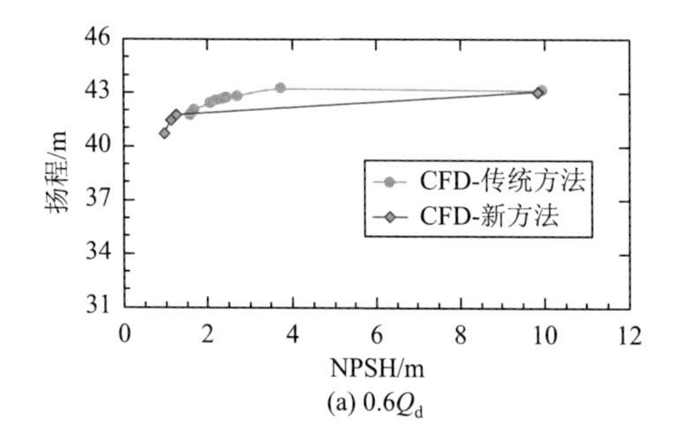

(a) $0.6Q_d$

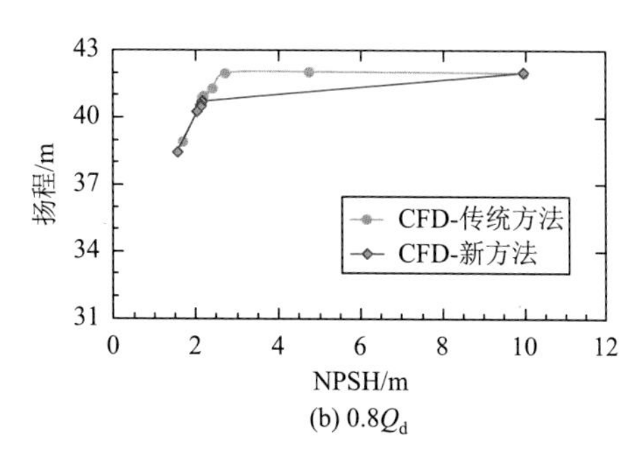

(b) $0.8Q_d$

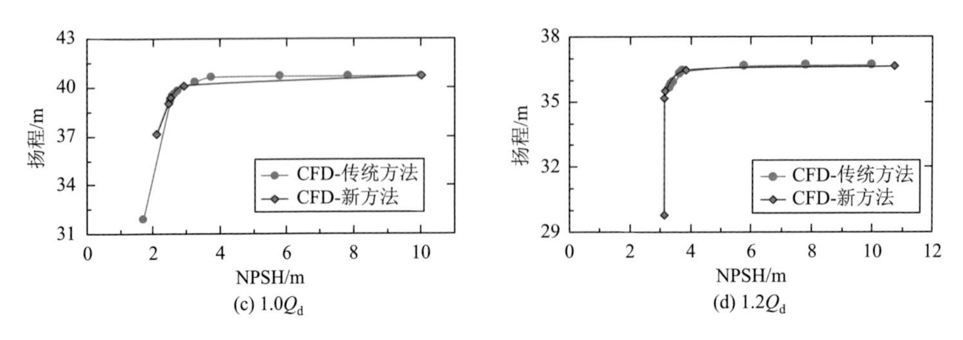

(c) $1.0Q_d$　　(d) $1.2Q_d$

图 7.24　NPSHr 预测传统方法与新方法的结果对比

7.7　双吸离心泵多目标（效率-空化性能）优化

7.7.1　优化过程

本小节流程结合正交试验设计、近似模型及遗传算法，对前述双吸离心泵叶轮进行多参数、多目标（效率和空化性能）优化。优化步骤流程如图 7.25 所示，主要包括五部分：取样、数值模拟、训练人工神经网络、遗传算法及结果验证。变量的取值及数值模型的建立方法与前面相同，在数值模拟中计算的水力效率和 NPSHr 值用于训练人工神经网络模型。第四部分采用多目标遗传算法得到二维 Pareto 前沿。最终优化结果通过数值模拟进行验证。采用定常方式以及 ZGB 空化

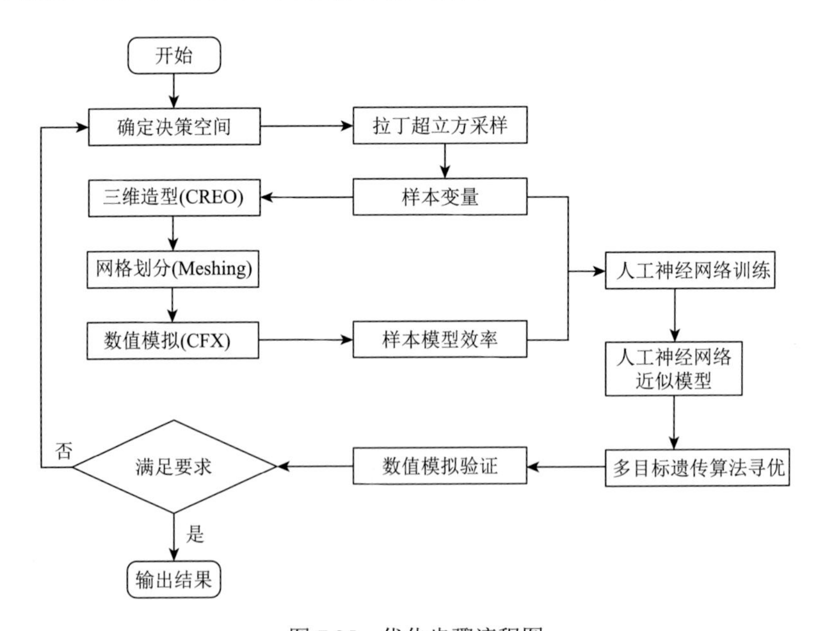

图 7.25　优化步骤流程图

模型进行空化数值模拟，NPSHr 采用 7.6 节阐述的新方法进行快速预测，NPSH 值计算如式（7.20）所示：

$$\mathrm{NPSH}=\frac{p_{\mathrm{in}}-p_{\mathrm{v}}}{\rho g}+\frac{u_{\mathrm{s}}^{2}}{2g} \tag{7.20}$$

式中，p_{in} 为进口总压；u_{s} 为进口速度；p_{v} 为汽化压力。

本节采用双层（Sigmoid 隐藏层和线性输出层）前馈型人工神经网络对效率和 NPSHr 进行训练，如图 7.26 和图 7.27 所示。训练效率目标的人工神经网络结构中隐藏层含有三个神经元，训练 NPSHr 目标的人工神经网络结构中隐藏层含有四个神经元，输出层均为三个神经元。

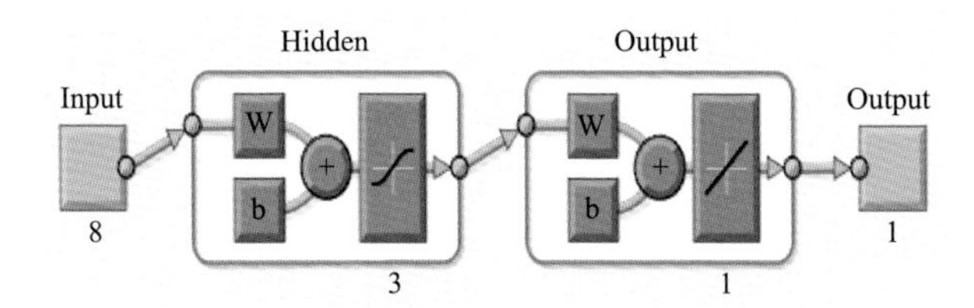

图 7.26　训练效率目标的人工神经网络结构

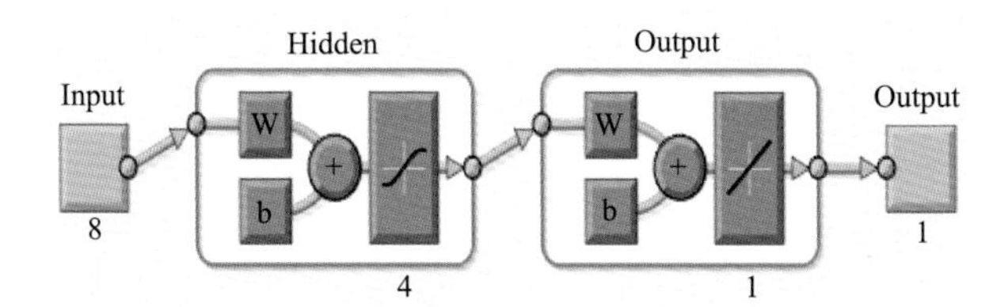

图 7.27　训练 NPSHr 目标的人工神经网络结构

7.7.2　优化变量

优化变量的取值方法与 7.2 节所述相同，最终确定变量的范围如表 7.22 所示。由正交表 $L_{32}(4^8)$ 得到 32 组设计方案（表 7.23）。

表 7.22　变量取值范围　（单位：°）

序号	A	B	C	D	E	F	G	H
	$\beta_{1\mathrm{hub}}$	$\beta_{2\mathrm{hub}}$	$\varphi_{1\mathrm{hub}}$	$\Delta\varphi_{0\mathrm{hub}}$	$\beta_{3\mathrm{shroud}}$	$\beta_{4\mathrm{shroud}}$	$\varphi_{2\mathrm{shroud}}$	$\Delta\varphi_{0\mathrm{shroud}}$
原始	17	29.43	143	0	15	29.43	143	0
1	15	26	139	–5	13	26	139	–5

续表

序号	A β_{1hub}	B β_{2hub}	C φ_{1hub}	D $\Delta\varphi_{0hub}$	E $\beta_{3shroud}$	F $\beta_{4shroud}$	G $\varphi_{2shroud}$	H $\Delta\varphi_{0shroud}$
2	17	28	143	−2.5	15	28	143	−2.5
3	19	30	145	2.5	17	30	145	2.55
4	21	32	148	5	19	32	148	5

表 7.23　正交表　（单位：°）

序号	A β_{1hub}	B β_{2hub}	C φ_{1hub}	D $\Delta\varphi_{0hub}$	E $\beta_{3shroud}$	F $\beta_{4shroud}$	G $\varphi_{2shroud}$	H $\Delta\varphi_{0shroud}$
1	17	28	148	−2.5	13	26	148	−5
2	21	28	145	−2.5	19	28	139	−2.5
3	21	26	143	−2.5	17	26	145	5
4	21	28	139	5	19	32	145	−5
5	15	28	143	2.5	15	32	139	5
6	15	32	139	−2.5	17	32	148	−2.5
7	19	30	145	−2.5	13	32	145	2.5
8	19	28	139	2.5	17	30	148	2.5
9	21	32	148	2.5	13	28	148	5
10	17	30	148	−5	17	32	139	−2.5
11	17	26	139	−2.5	15	28	143	2.5
12	17	30	143	2.5	17	28	145	−5
13	15	30	143	5	19	26	148	2.5
14	15	26	139	−5	13	26	139	−5
15	17	26	145	5	15	32	148	5
16	19	28	145	−5	17	26	143	5
17	19	26	143	−5	19	28	148	−2.5
18	17	32	139	−5	19	30	145	5
19	15	26	145	2.5	13	30	145	−2.5
20	21	30	145	−5	15	30	148	−5
21	21	26	148	5	17	30	139	2.5
22	19	26	148	2.5	19	32	143	−5
23	19	30	139	5	13	28	139	5
24	21	30	139	2.5	15	26	143	−2.5
25	17	28	143	5	13	30	143	−2.5
26	17	32	145	2.5	19	26	139	2.5
27	19	32	148	5	15	26	145	−2.5
28	19	32	143	−2.5	15	30	139	−5

续表

序号	A β_{1hub}	B β_{2hub}	C φ_{1hub}	D $\Delta\varphi_{0hub}$	E $\beta_{3shroud}$	F $\beta_{4shroud}$	G $\varphi_{2shroud}$	H $\Delta\varphi_{0shroud}$
29	15	30	148	−2.5	19	30	143	5
30	15	32	145	5	17	28	143	−5
31	15	28	148	−5	15	28	145	2.5
32	21	32	143	−5	13	32	143	2.5

7.7.3　多目标优化设计

在不止一个目标函数的情况下，多目标优化用来使目标函数取最大值或最小值。对于一个 N 维 M 个目标函数的问题，其函数关系为

$$\begin{cases} \dfrac{\max}{\min}(\sigma_1(\boldsymbol{X}),\sigma_2(\boldsymbol{X}),\cdots,\sigma_M(\boldsymbol{X})) \\ \text{s.t.} \\ \delta_i(\boldsymbol{X})\leqslant 0, \quad i=1,2,\cdots,M \end{cases} \tag{7.21}$$

式中，$\boldsymbol{X}=(x_1,x_2,\cdots,x_N)$ 为 N 维向量；$\sigma_j=(\boldsymbol{X})(j=1,2,\cdots,M)$ 为目标函数；$\delta_i(\boldsymbol{X})\leqslant 0$ 为变量的约束条件。

通常情况下任一目标参数的提升会导致其他目标参数下降，因此采用 Pareto 前沿来决定问题的最优组合。本小节采用多目标遗传算法获取两个目标函数的全局 Pareto 前沿。通过 MATLAB 编程调用多目标遗传算法，采用人工神经网络模型对数据进行拟合并更新 Pareto 前沿。各变量的函数关系如式（7.22）所示：

$$\begin{cases} \text{find}\begin{cases} \text{maximize } \eta = f_1(\text{A,B,C,D,E,F,G,H}) \\ \text{minimize NPSHr} = f_2(\text{A,B,C,D,E,F,G,H}) \end{cases} \\ \text{s.t.} \\ \qquad 15^\circ \leqslant \text{A} \leqslant 21^\circ \\ \qquad 26^\circ \leqslant \text{B} \leqslant 32^\circ \\ \qquad 139^\circ \leqslant \text{C} \leqslant 148^\circ \\ \qquad -5^\circ \leqslant \text{D} \leqslant 5^\circ \\ \qquad 13^\circ \leqslant \text{E} \leqslant 80^\circ \\ \qquad 26^\circ \leqslant \text{F} \leqslant 80^\circ \\ \qquad 139^\circ \leqslant \text{G} \leqslant 148^\circ \\ \qquad -5^\circ \leqslant \text{H} \leqslant 5^\circ \end{cases} \tag{7.22}$$

7.7.4 优化结果

1. 正交试验结果与近似模型

表 7.23 所示的 32 组叶轮设计方案通过数值模拟得到设计工况下相应的效率和 NPSHr，其结果如表 7.24 所示。通过直观分析可以发现，大多数方案可以满足单一目标，但是难以通过正交试验的结果得到多目标最优方案，因此需要进行极差分析以研究各设计变量对优化目标的影响程度，其方法如 7.2 节所述，效率和 NPSHr 的极差分析结果分别如表 7.25 和表 7.26 所示。

表 7.24 正交试验结果

序号	A/(°)	B/(°)	C/(°)	D/(°)	E/(°)	F/(°)	G/(°)	H/(°)	η/%	NPSHr/m
1	17	28	148	−2.5	13	26	148	−5	88.03	2.420
2	21	28	145	−2.5	19	28	139	−2.5	88.69	2.338
3	21	26	143	−2.5	17	26	145	5	89.21	2.364
4	21	28	139	5	19	32	145	−5	88.16	2.374
5	15	28	143	2.5	15	32	139	5	87.41	2.647
6	15	32	139	−2.5	17	32	148	−2.5	87.26	2.464
7	19	30	145	−2.5	13	32	145	2.5	87.20	2.575
8	19	28	139	2.5	17	30	148	2.5	88.43	2.408
9	21	32	148	2.5	13	28	148	5	87.88	2.556
10	17	30	148	−5	17	32	139	−2.5	87.83	2.422
11	17	26	139	−2.5	15	28	143	2.5	88.44	2.359
12	17	30	143	2.5	17	28	145	−5	88.70	2.421
13	15	30	143	5	19	26	148	2.5	88.62	2.470
14	15	26	139	−5	13	26	139	−5	87.68	2.662
15	17	26	145	5	15	32	148	5	88.02	2.536
16	19	28	145	−5	17	26	143	5	88.76	2.378
17	19	26	143	−5	19	28	148	−2.5	88.66	2.296
18	17	32	139	−5	19	30	145	5	87.51	2.314
19	15	26	145	2.5	13	30	145	−2.5	87.88	2.751
20	21	30	145	−5	15	30	148	−5	87.85	2.527
21	21	26	148	5	17	30	139	2.5	89.40	2.374
22	19	26	148	2.5	19	32	143	−5	88.98	2.386
23	19	30	139	5	13	28	139	5	87.83	2.616
24	21	30	139	2.5	15	26	143	−2.5	88.52	2.487

续表

序号	A/(°)	B/(°)	C/(°)	D/(°)	E/(°)	F/(°)	G/(°)	H/(°)	η/%	NPSHr/m
25	17	28	143	5	13	30	143	−2.5	88.36	2.506
26	17	32	145	2.5	19	26	139	2.5	88.90	2.357
27	19	32	148	5	15	26	145	−2.5	88.93	2.488
28	19	32	143	−2.5	15	30	139	−5	87.79	2.450
29	15	30	148	−2.5	19	30	143	5	87.87	2.442
30	15	32	145	5	17	28	143	−5	88.43	2.517
31	15	28	148	−5	15	28	145	2.5	88.18	2.513
32	21	32	143	−5	13	32	143	2.5	87.17	2.521

表 7.25 和图 7.28 为各设计参数对泵效率的影响程度。各参数的影响程度由大到小排序为 $\beta_{4\text{shroud}} > \beta_{3\text{shroud}} > \beta_{2\text{hub}} > \Delta\varphi_{0\text{hub}} > \beta_{1\text{hub}} > \varphi_{1\text{hub}} > \Delta\varphi_{0\text{shroud}} > \varphi_{2\text{shroud}}$，说明在单目标的情况下 $\beta_{4\text{shroud}}$ 对泵效率的影响最大，而 $\Delta\varphi_{0\text{shroud}}$ 和 $\varphi_{2\text{shroud}}$ 的影响最小。表 7.26 和图 7.29 为各设计参数对 NPSHr 的影响程度，其影响程度由大到小为 $\beta_{1\text{hub}} > \beta_{3\text{shroud}} > \Delta\varphi_{0\text{hub}} > \beta_{2\text{hub}} > \varphi_{1\text{hub}} > \beta_{4\text{shroud}} > \Delta\varphi_{0\text{shroud}} > \varphi_{2\text{shroud}}$。可以看出，对效率和 NPSHr 两者而言，$\Delta\varphi_{0\text{shroud}}$ 和 $\varphi_{2\text{shroud}}$ 的影响最小。通过极差分析得到最高效率组合为 A4B1C4D4E3F1G2H3，最低 NPSHr 的组合为 A2B2C4D2E4F2G2H3。显然，这两个组合并不是最优方案，因此为同时获得最高效率和最低 NPSHr 需要进行多目标优化。

表 7.25　效率极差分析

序号	A/%	B/%	C/%	D/%	E/%	F/%	G/%	H/%
1	87.916	88.534	87.979	87.955	87.754	88.581	88.191	88.203
2	88.224	88.253	88.240	88.061	88.143	88.351	88.316	88.266
3	88.323	88.053	88.216	88.338	88.503	88.136	88.221	88.293
4	88.360	87.984	88.388	88.469	88.424	87.754	88.094	88.061
$\Delta_{\max-\min}$/%	0.444	0.55	0.409	0.514	0.749	0.828	0.223	0.231
影响等级	5	3	6	4	2	1	8	7

表 7.26　NPSHr 极差分析

序号	A/m	B/m	C/m	D/m	E/m	F/m	G/m	H/m
1	2.558	2.466	2.461	2.454	2.576	2.453	2.483	2.47
2	2.417	2.448	2.459	2.427	2.501	2.452	2.45	2.469
3	2.45	2.495	2.497	2.502	2.419	2.472	2.475	2.447

续表

序号	A/m	B/m	C/m	D/m	E/m	F/m	G/m	H/m
4	2.443	2.458	2.45	2.485	2.372	2.491	2.46	2.482
$\Delta_{max-min}$/m	0.141	0.047	0.047	0.075	0.204	0.039	0.033	0.035
影响等级	1	4	4	3	2	6	8	7

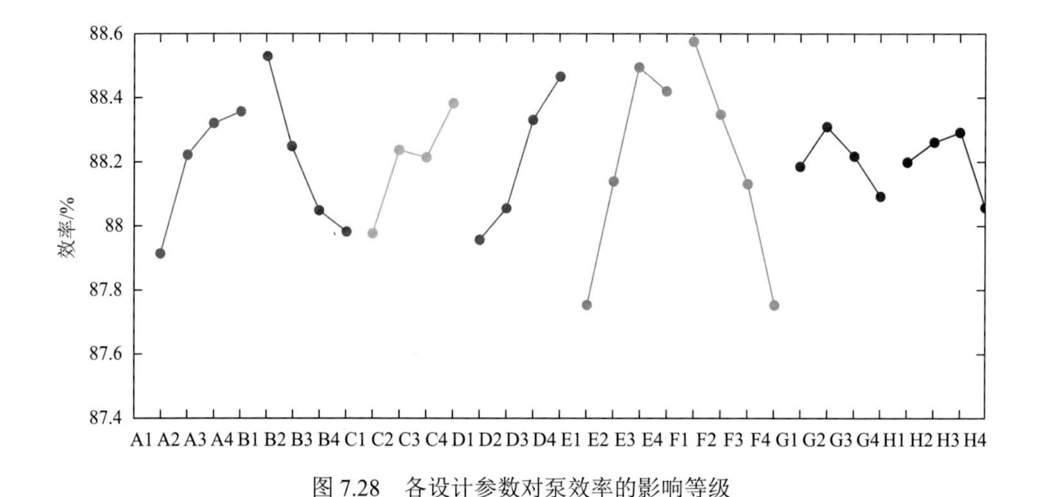

图 7.28 各设计参数对泵效率的影响等级

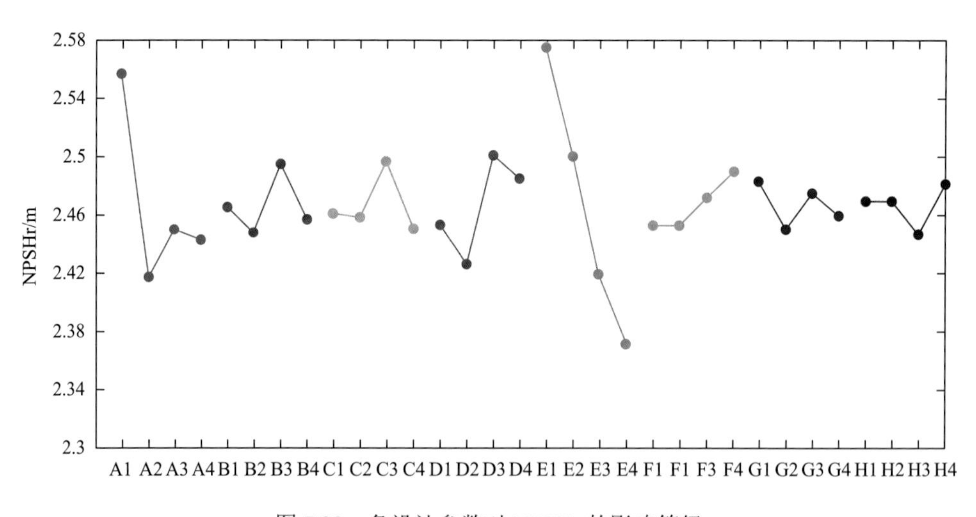

图 7.29 各设计参数对 NPSHr 的影响等级

采用人工神经网络建立八个设计参数与两个目标函数之间的关系，各变量取值范围如表 7.27 所示。采用 *R*-square 误差分析法对人工神经网络模型的准确性进行评估，其结果如图 7.30 所示。效率和 NPSHr 的 *R*-square 值分别为 0.96758 和

0.96083，证明人工神经网络模型的精度足以应用在多目标优化中。人工神经网络（ANN）预测值与表 7.24 中 CFD 结果的对比如图 7.31 和图 7.32 所示。

表 7.27　人工神经网络变量取值范围　（单位：°）

变量	A	B	C	D	E	F	G	H
上限	21	32	148	5	19	32	148	5
下限	15	26	139	−5	13	26	139	−5

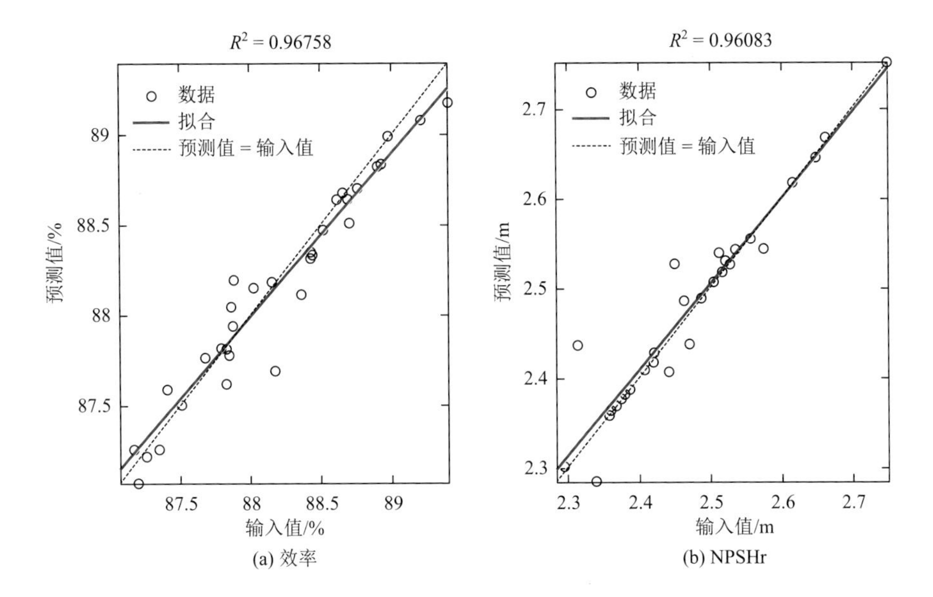

图 7.30　效率和 NPSHr 的回归分析

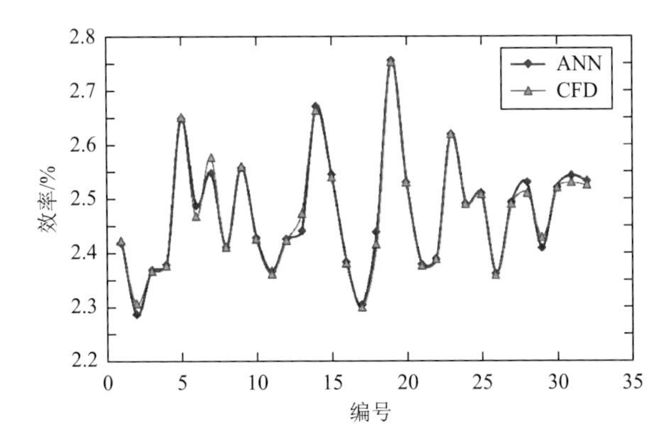

图 7.31　人工神经网络预测 NPSHr 与数值模拟结果对比

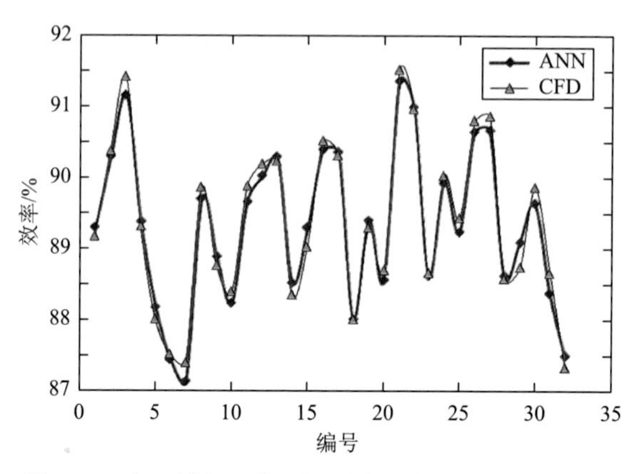

图 7.32　人工神经网络预测效率与数值模拟结果对比

2. 多目标遗传算法结果

本小节采用 MATLAB 建立多目标遗传算法模型，由人工神经网络得到的两个目标函数的二维 Pareto 前沿如图 7.33 所示。Pareto 最优解集拥有 100 组满足两个目标函数的最优方案。在实际应用中，通常情况下选择最大效率的方案（点 1）以达到经济效益最大化，但是在吸入性能过低时泵空化的可能性增加，所以有时也会选择 NPSHr 最小值的方案（点 3），因同时拥有较高的效率及较低的 NPSHr，折中方案（点 2）也是备选方案之一。

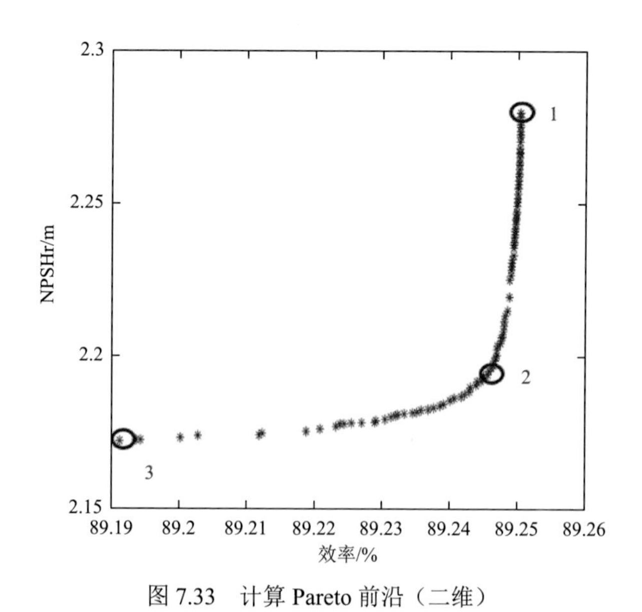

图 7.33　计算 Pareto 前沿（二维）

表 7.28 为前述三个点的优化方案各参数取值及各方案数值模拟结果。表 7.29

为原始方案与三个优化方案外特性和空化性能的比较，虽然扬程并未作为优化目标，但是扬程值不应当偏离设计值过多。方案 1 虽然效率相对提高了 2.6%，但是扬程低于设计值 3.375%，而方案 2 和方案 3 的扬程偏离设计值很小，所以舍弃方案 1。方案 2 效率相对提高了 1.53%而方案 3 效率仅提高了 0.08%；同时，在空化性能方面，方案 2 的 NPSHr 降低了 7.26%而方案 3 降低了 8.21%。即使方案 3 的空化性能略优于方案 2，但是方案 2 因其效率提高较多，更加符合多目标优化的初衷。

表 7.28　优化方案各参数取值及数值模拟结果

方案	β_{1hub}/(°)	β_{2hub}/(°)	φ_{1hub}/(°)	$\Delta\varphi_{0hub}$/(°)	$\beta_{3shroud}$/(°)	$\beta_{4shroud}$/(°)	$\varphi_{2shroud}$/(°)	$\Delta\varphi_{0shroud}$/(°)	η/%	NPSHr/m
1	21.000	26.00	148.00	5.000	19.000	26.00	139.93	5.00	89.25	2.280
2	20.994	26.006	145.69	4.999	18.999	26.01	143.34	3.16	89.247	2.205
3	19.931	26.00	139.00	4.999	18.999	26.001	146.95	−5.00	89.191	2.173

表 7.29　原始方案与优化方案对比

方案	η/%	NPSHr/m	扬程/m
原始方案	88.28017	2.532	40.721
方案 1	90.64207	2.392	38.650
方案 2	89.65017	2.348	40.019
方案 3	88.35048	2.324	40.070

图 7.34 为前述方案 2 叶轮在不同工况下 NPSHr 与原始模型的对比。从图中可以看出，相对于原始叶轮，优化后的叶轮全面提高了泵的空化性能，在 $1.2Q_d$ 工况下提高了 3.9%，在小流量 $0.6Q_d$ 和 $0.8Q_d$ 工况下分别提高了 3.8%和 4.5%。图 7.35

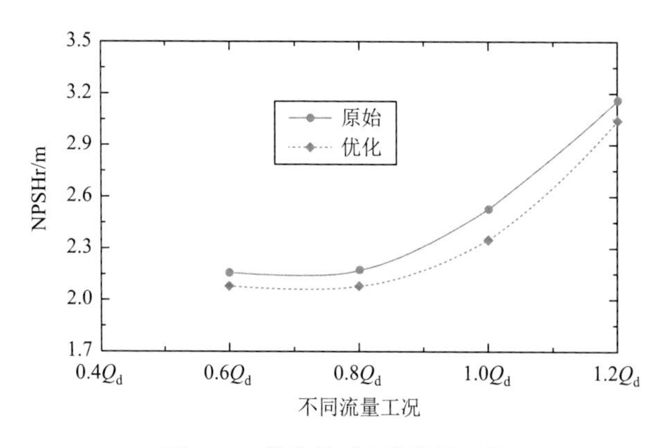

图 7.34　优化前后空化性能对比

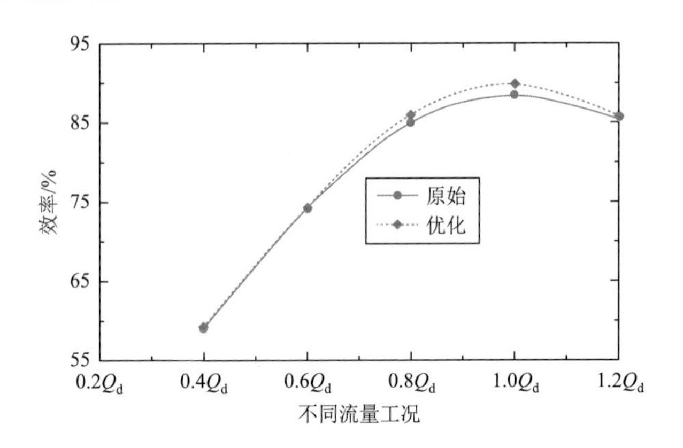

图 7.35　优化前后效率的对比

为不同流量下优化方案与原始模型的效率对比。从图中可以看出，在设计工况下提高最多，在 0.8Q_d 工况下提高了 1.1%，在大流量和过低流量的情况下效率的提升很小，在 0.4Q_d 工况下仅提升了 0.2%。图 7.36 为优化前后扬程曲线的对比。从图中可以看出，在设计工况下扬程略有下降但是更加接近设计值，在偏离设计工况的情况下扬程的变化较小，扬程曲线变化更加平缓。

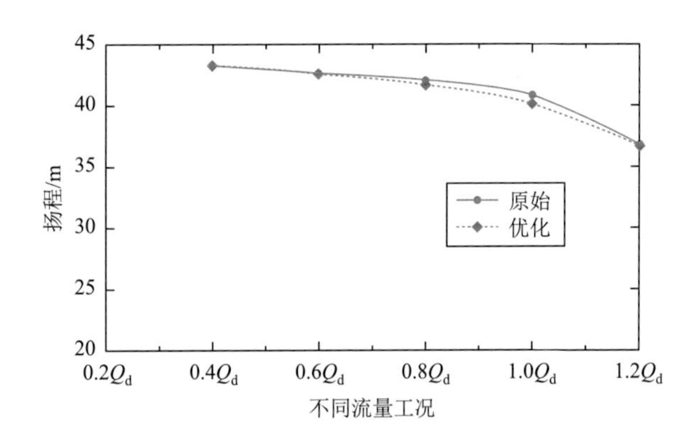

图 7.36　优化前后扬程曲线的对比

3. 设计工况内流对比

优化前后叶片吸力面和压力面的静压分布如图 7.37 所示。从图中可以看出，相对于原始方案，优化后的叶轮吸力面和压力面的静压变化更均匀。优化后的叶轮吸力面靠近进口边处的低压区明显小于优化前，叶片压力面的情况类似，且优化后压力面的压力明显高于优化前。因此，优化后的叶轮显著改善了叶片表面的压力分布。

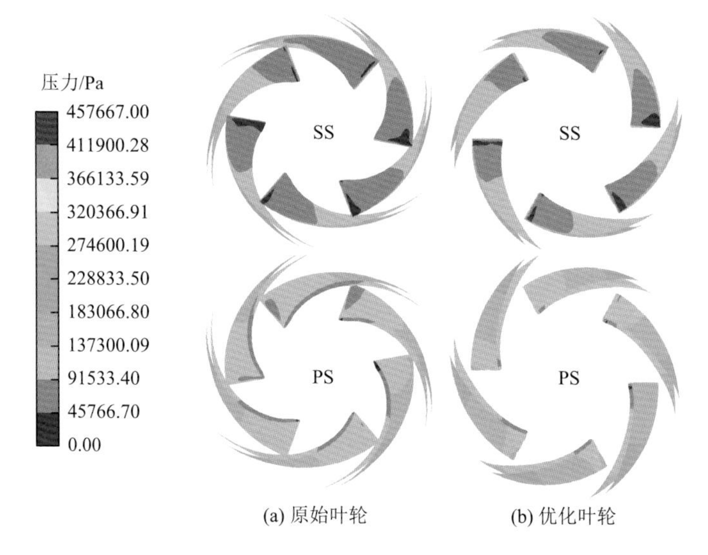

图 7.37　叶片吸力面和压力面的静压分布

图 7.38 为优化前后非空化条件下叶片表面的流线分布。从图中可以看出，在原始叶轮中，部分叶片的进口边存在流动畸变，优化后这一现象消失，优化后的叶轮内流更加均匀，叶片对流体的约束增强。

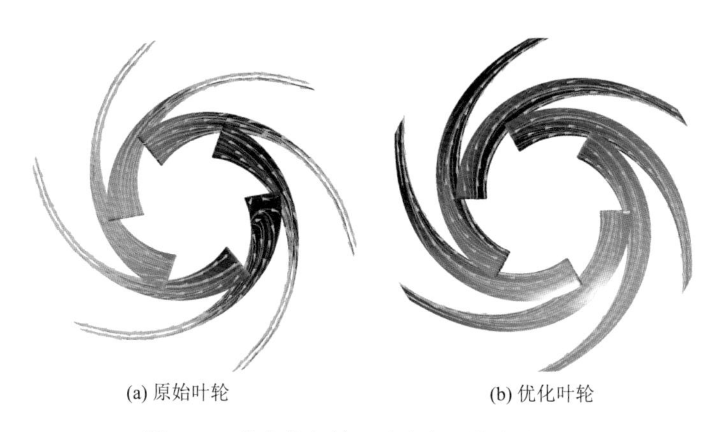

图 7.38　非空化条件下叶片表面的流线分布

如图 7.39 所示，在严重空化的情况下，优化前后叶轮内均出现流动畸变和回流，在吸力面进口边流线分布相对比较均匀。在原始叶轮中，部分叶片前半段出现严重的畸变，但是在后半段流动变得均匀，且静压升高空泡溃灭。在优化后的叶轮中，畸变区域的面积明显减小，证明优化后的叶轮改善了空化条件下的流动。叶片吸力面的流动畸变在优化前后变化不大。

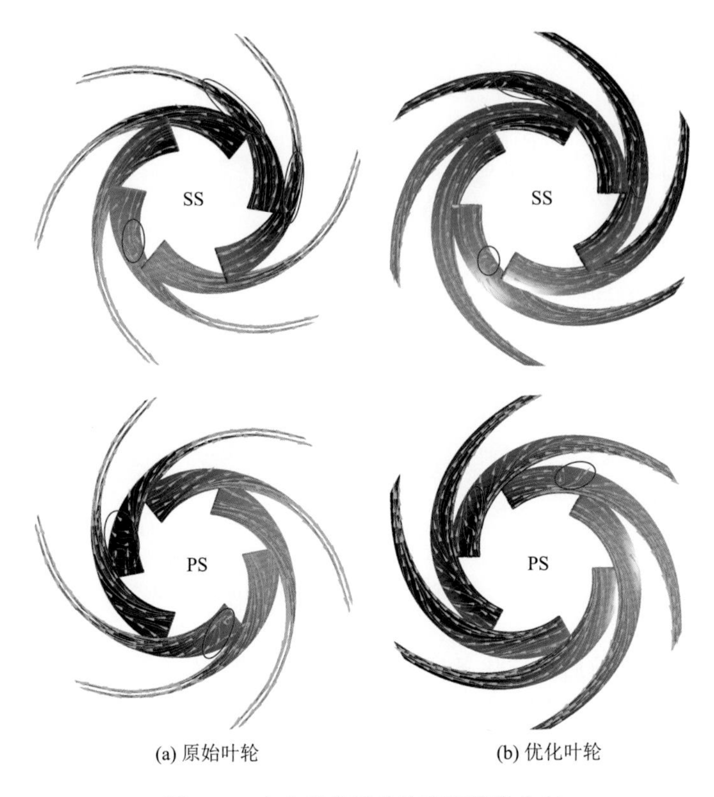

(a) 原始叶轮　(b) 优化叶轮

图 7.39　空化条件下叶片表面流线分布

如图 7.40 所示，在叶片吸力面靠近进口边处存在低压区，此处易发生空化。可以看到优化前在所有叶片吸力面靠近前盖板处出现体积分数大于 5%的空泡，在优化后仅在两个叶片上出现，说明优化后的叶轮在一定程度上提高了空化性能。

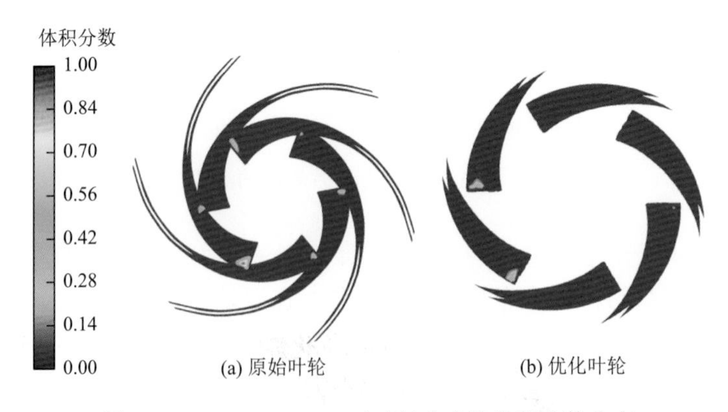

(a) 原始叶轮　(b) 优化叶轮

图 7.40　NPSH = 8.77m 时叶轮内空泡体积分数分布

严重空化时体积分数 10%以上的空泡分布如图 7.41 所示。由图可以发现，优化后的叶轮空泡体积明显小于优化前，且在原始叶轮中，多数叶片表面空泡在溃灭之前扩散到叶轮中部，在优化后的叶轮中空泡的分布面积明显减小。

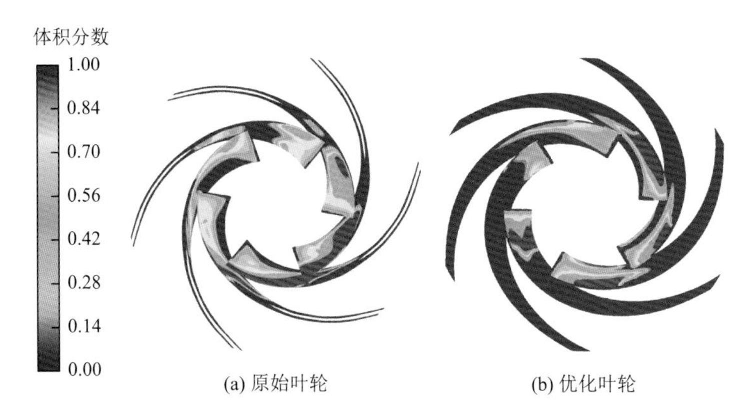

图 7.41　严重空化时叶轮内空泡体积分数分布

严重空化时吸水室中空泡分布如图 7.42 所示。由图可知，空泡主要集中在吸水室出口至叶轮进口之间的间隙处。在原始模型中，空泡集中在靠近吸水室隔舌的位置，优化后空泡的体积和分布面积明显减小，证明优化后的叶轮同时提高了吸水室的空化性能。

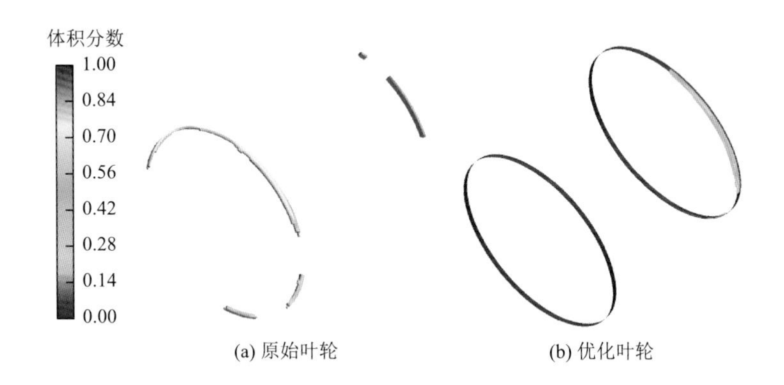

图 7.42　严重空化时吸水室中空泡分布

7.8　双吸离心泵多工况空化性能优化

为提升泵在多工况下的空化性能，本节采用正交试验设计、近似模型及遗传算法对 $0.8Q_d$、$1.0Q_d$ 及 $1.2Q_d$ 多个工况下双吸叶轮的空化性能进行优化。

7.8.1　优化过程

优化步骤与前述章节相同。首先进行正交试验设计，根据 7.6.3 节所述，叶轮前后盖板叶片进口安放角 β_{1hub} 和 $\beta_{3shroud}$ 对空化性能 NPSHr 的影响最大，选择后盖板叶片进口安放角 β_{1hub}、进口边中点安放角 $\beta_{2middle}$ 和前盖板叶片安放角 $\beta_{3shroud}$ 为优化变量，其他几何参数不变，优化参数的范围如表 7.30 所示，L_{25}（3^5）正交表如表 7.31 所示；训练 NPSHr 的人工神经网络模型如图 7.43 所示。三个目标函数的关系如式（7.23）所示：

$$
\begin{cases}
\text{find}\begin{cases}\text{minimize} & \text{NPSHr } 0.8Q_d = f_1 \\ & \text{NPSHr } 1.0Q_d = f_2 \\ & \text{NPSHr } 1.2Q_d = f_3\end{cases} \\
\text{s.t.} \\
\qquad 17^\circ \leqslant A \leqslant 25^\circ \\
\qquad 13^\circ \leqslant B \leqslant 23^\circ \\
\qquad 11^\circ \leqslant C \leqslant 21^\circ
\end{cases}
\tag{7.23}
$$

表 7.30　变量取值范围

序号	A β_{1hub}/(°)	B $\beta_{2middle}$/(°)	C $\beta_{3shroud}$/(°)
1	17	13	11
2	19	16	14
3	21	18	17
4	23	21	19
5	25	23	21

表 7.31　正交表

序号	A β_{1hub}/(°)	B $\beta_{2middle}$/(°)	C $\beta_{3shroud}$/(°)	序号	A β_{1hub}/(°)	B $\beta_{2middle}$/(°)	C $\beta_{3shroud}$/(°)
1	17	18	17	7	21	21	17
2	17	16	14	8	23	18	19
3	19	13	17	9	25	13	19
4	21	16	11	10	19	16	19
5	23	16	17	11	21	23	19
6	21	13	21	12	23	23	11

续表

序号	A	B	C	序号	A	B	C
	β_{1hub}/(°)	$\beta_{2middle}$/(°)	$\beta_{3shroud}$/(°)		β_{1hub}/(°)	$\beta_{2middle}$/(°)	$\beta_{3shroud}$/(°)
13	25	21	14	20	23	21	21
14	25	23	17	21	25	18	11
15	19	18	21	22	19	23	14
16	25	16	21	23	21	18	14
17	17	21	19	24	23	13	14
18	17	23	21	25	19	21	11
19	17	13	11				

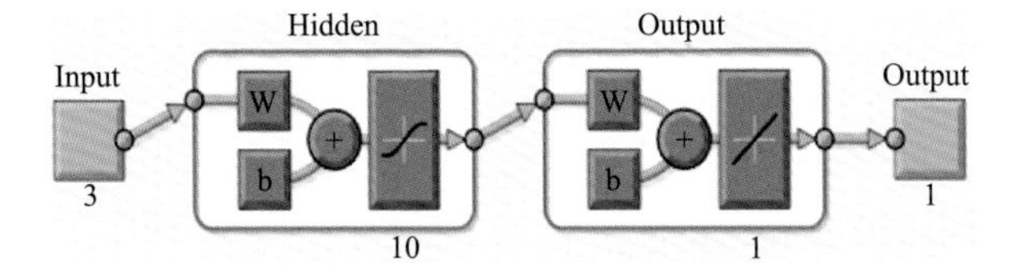

图 7.43　人工神经网络模型

7.8.2　优化结果

正交试验结果如表 7.32 所示。

表 7.32　正交试验结果

序号	β_1/(°)			NPSHr/m		
	轮毂流线	中流线	轮缘流线	$0.8Q_d$	$1.0Q_d$	$1.2Q_d$
1	17	18	17	2.20493	2.47272	3.34366
2	17	16	14	2.242	2.4631	3.5327
3	19	13	17	2.239	2.60439	3.41053
4	21	16	11	2.13633	2.5389	3.49375
5	23	16	17	2.19513	2.49717	3.34304
6	21	13	21	2.32698	2.55007	3.25851
7	21	21	17	2.15205	2.37423	3.20435
9	25	13	19	2.11472	2.44115	3.34089
10	19	16	19	2.15242	2.48385	3.36682
11	21	23	19	2.1968	2.34822	3.12789
12	23	23	11	2.11707	2.46779	3.29704
13	25	21	14	2.19055	2.40843	3.20562
14	25	23	17	2.22882	2.49238	3.19525

续表

序号	β_1/(°)			NPSHr/m		
	轮毂流线	中流线	轮缘流线	$0.8Q_d$	$1.0Q_d$	$1.2Q_d$
15	19	18	21	2.27685	2.37688	3.32605
16	25	16	21	2.16954	2.46852	3.31924
17	17	21	19	2.19175	2.41485	3.21403
18	17	23	21	2.13016	2.49771	3.11064
19	17	13	11	2.11841	2.55672	3.32263
21	25	18	11	2.15538	2.52129	3.41646
22	19	23	14	2.21103	2.41971	3.2512
23	21	18	14	2.18358	2.47889	3.42864
25	19	21	11	2.19366	2.50587	3.49847

使用人工神经网络建立三个目标函数之间的关系，各变量的范围如表 7.33 所示。与 7.6 节相同，采用 R-square 分析人工神经网络的准确性，其结果如图 7.44 所示。由图可知，$0.8Q_d$、$1.0Q_d$ 和 $1.2Q_d$ 时 R-square 值分别为 0.98771、0.98054 和 0.97592。人工神经网络模型预测结果与 CFD 结果对比如图 7.45～图 7.47 所示。由图可以看出，人工神经网络预测结果较为准确，其精度满足要求。

表 7.33　人工神经网络变量范围　　（单位：°）

变量	A	B	C
上限	17	13	11
下限	25	23	21

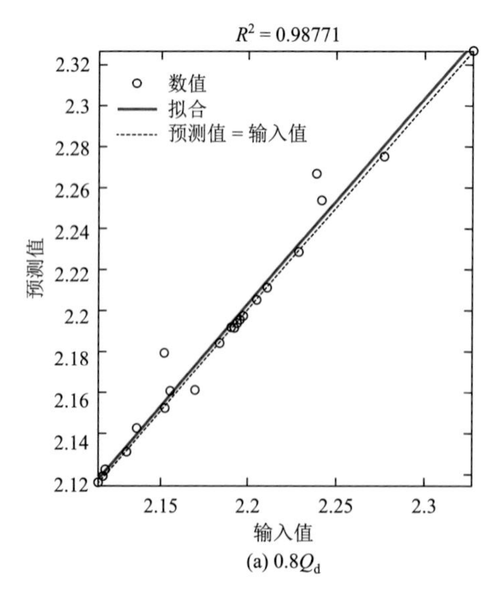

(a) $0.8Q_d$

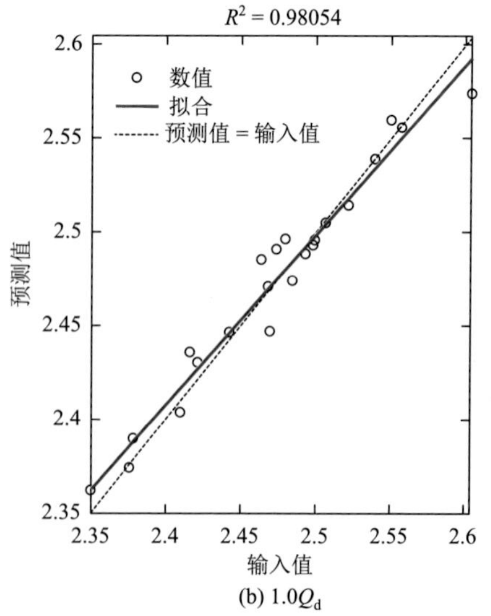

(b) $1.0Q_d$

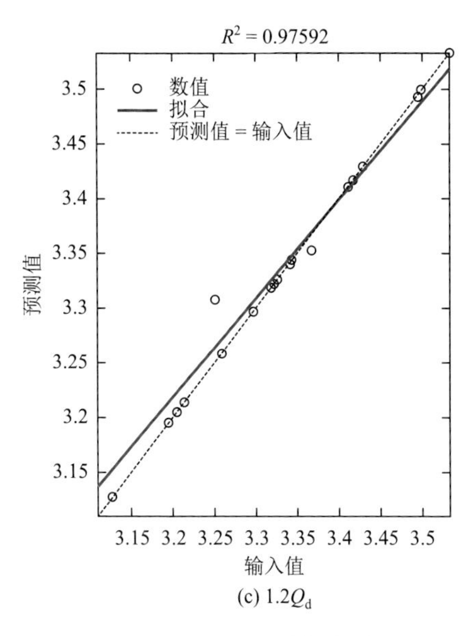

(c) $1.2Q_d$

图 7.44　人工神经网络模型回归分析

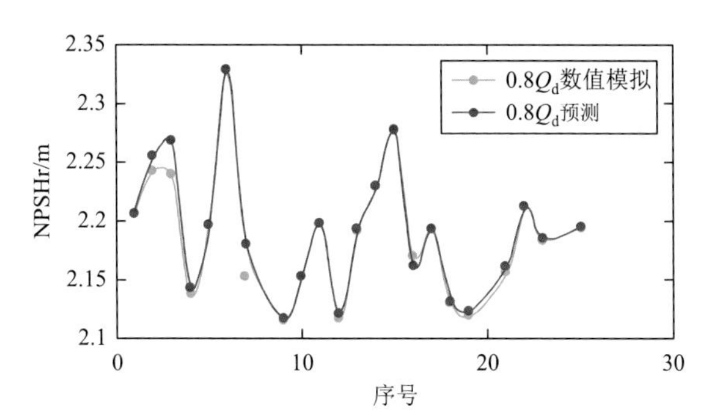

图 7.45　$0.8Q_d$时 NPSHr 人工神经网络预测值与 CFD 对比

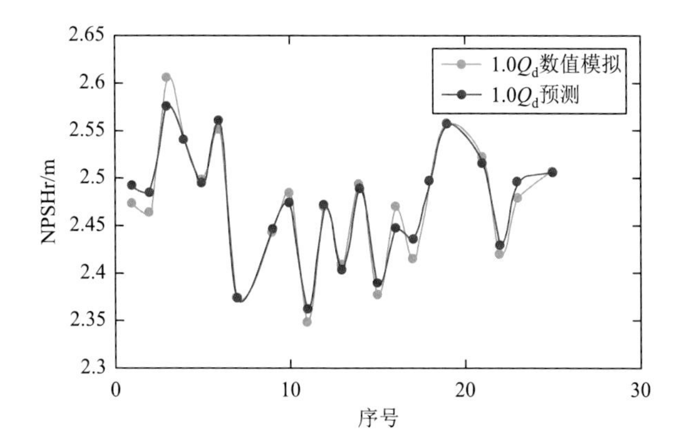

图 7.46　$1.0Q_d$时 NPSHr 人工神经网络预测值与 CFD 对比

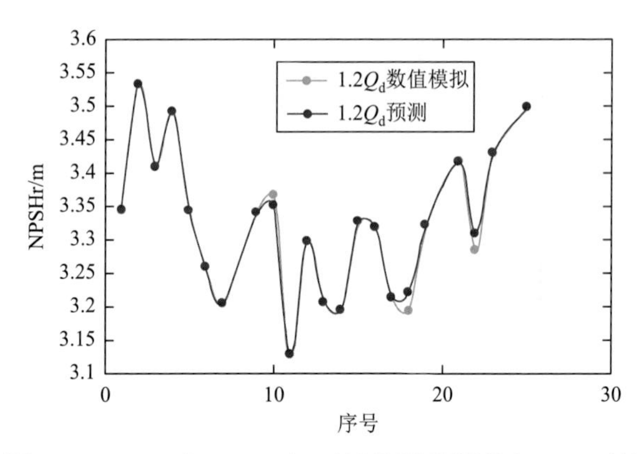

图 7.47　$1.2Q_d$时 NPSHr 人工神经网络预测值与 CFD 对比

与 7.7 节相同，采用多目标遗传算法，其三维 Pareto 前沿如图 7.48 所示，共有 200 组优化方案组合，三组最优解方案如表 7.34 所示。

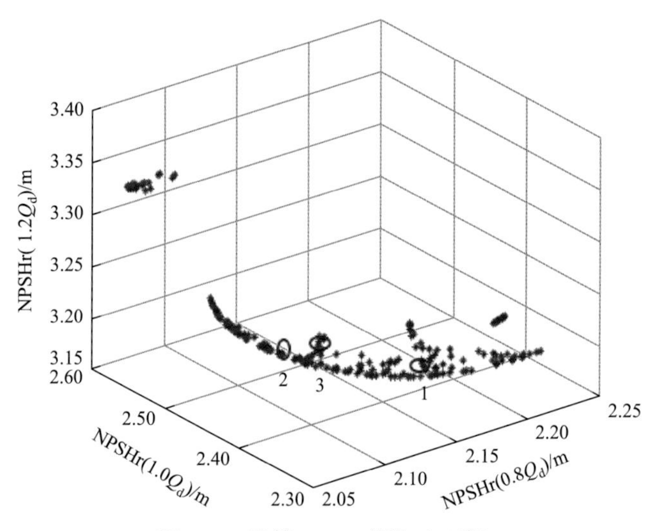

图 7.48　计算 Pareto 前沿（三维）

表 7.34　优化方案

序号	A	B	C	NPSHr/m		
	$\beta_{1hub}/(°)$	$\beta_{2middle}/(°)$	$\beta_{3shroud}/(°)$	$0.8Q_d$	$1.0Q_d$	$1.2Q_d$
1	19.4863	21	16.767	2.108	2.353	3.215
2	19.3992	21	17.262	2.124	2.340	3.210
3	19.3079	21	17.566	2.134	2.334	3.208

表 7.35 为优化方案与原始方案 CFD 结果的对比，其结果与近似模型预测值非常接近，证明了近似模型预测的准确性。在所列的三个优化方案中，方案 3 的

空化性能最差，所以舍弃方案 3，且方案 3 的扬程下降较多，仅为 38.73m，如表 7.36 所示，而方案 1 和方案 2 的扬程偏离设计值很少。在小流量和设计工况下，方案 1 的 NPSHr 值低于其他方案，在大流量工况下方案 2 最优，综合考虑三个工况下的空化性能，方案 1 为最优方案。

表 7.35　优化方案与原始方案对比　（单位：m）

名称	NPSHr(0.8Q_d)	NPSHr(1.0Q_d)	NPSHr(1.2Q_d)
原始方案	2.176	2.532	3.39
方案 1	2.089	2.358	3.271
方案 2	2.132	2.419	3.254
方案 3	2.132	2.44	3.288

表 7.36　设计工况下扬程对比

名称	扬程/m
原始方案	40.52
方案 1	40.05
方案 2	39.98
方案 3	38.73

图 7.49 为三个优化方案吸入性能的对比。由图可以看出，三个优化方案中方案 1 在各个工况下 NPSHr 值均为最低，所以选择方案 1 作为最终优化方案。图 7.50 为最终优化方案与原始模型的对比。由图可以看出，将后盖板叶片进口安放角由 17°减小至 16.77°同时将前盖板叶片进口安放角由 15°增大至 19.49°时设计工况下 NPSHr 值降低 6.9%。在非设计工况时，在大流量工况下降低 3.5%，在 0.8Q_d 工况下降低 4%，在 0.6Q_d 工况下降低 5%，与原始模型试验值相比，成功提升了非设计工况下的空化性能。

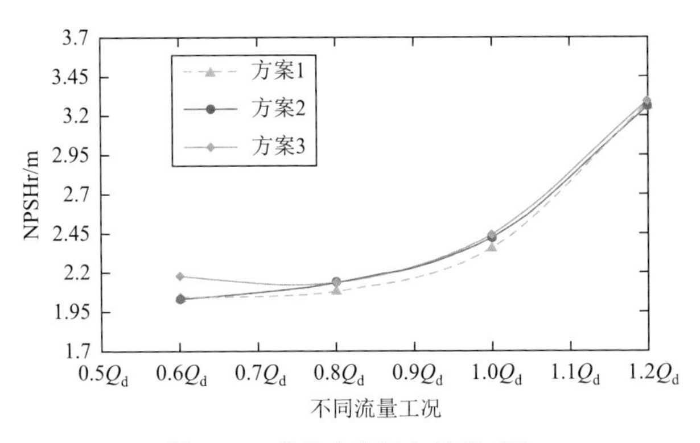

图 7.49　优化方案吸入性能对比

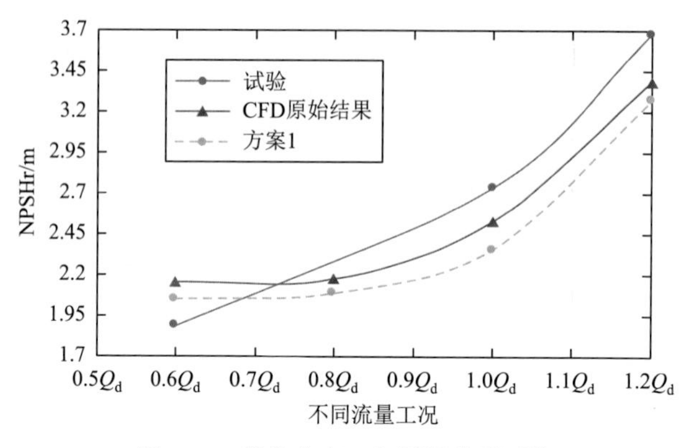

图 7.50　优化方案 1 与原始模型对比

对优化前后的叶轮内流进行对比以揭示优化对叶轮内流的影响。图 7.51 为三个流量工况下优化前后叶片表面的压力分布。从图中可以看出，0.8Q_d 工况下优化

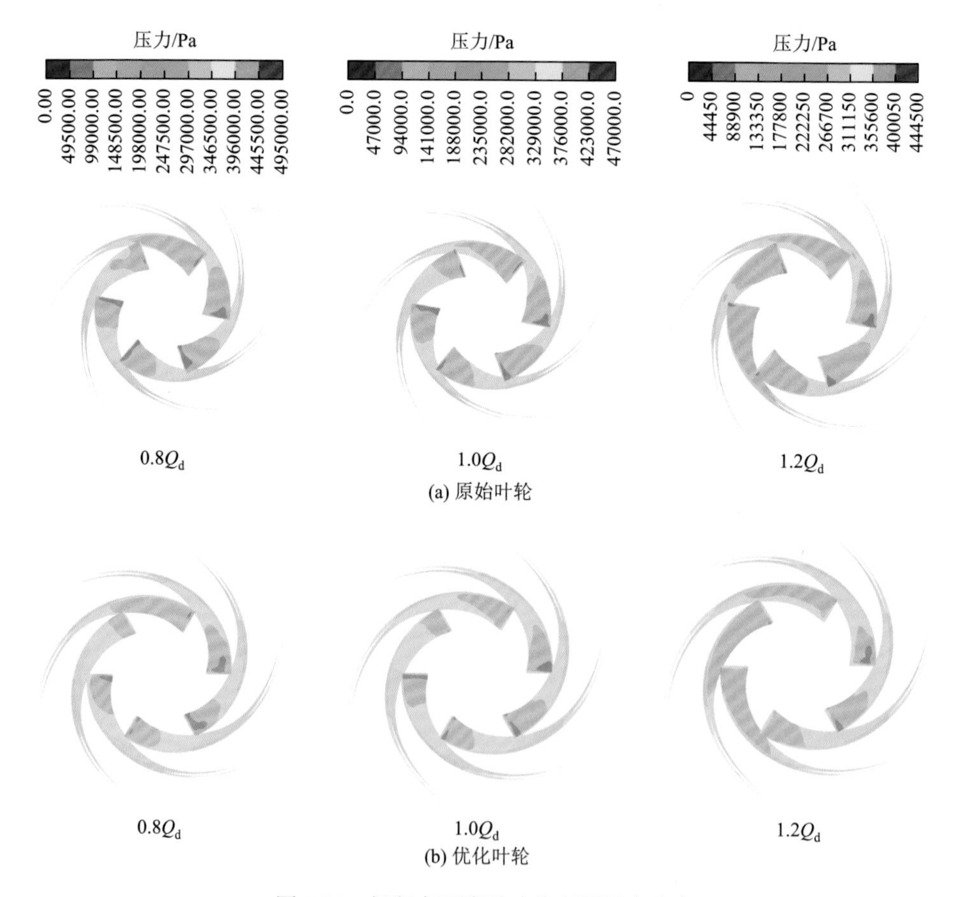

图 7.51　扬程未下降时叶片表面压力分布

前后叶片压力分布都比较均匀，其变化趋势大致相同，这可能导致在 $0.8Q_d$ 工况下优化前后 NPSHr 差距较小。在设计工况下，优化后进口边附近的低压区减小，说明设计工况下的空化性能得到了提升。在大流量工况下，优化后的叶轮中这些低压区同样减小了。在小流量和大流量工况下优化前后的区别最为明显，进口边附近的低压区明显减小，证明叶轮的空化性能得到了明显的提升。

扬程下降 3%时叶片表面的压力分布对比如图 7.52 所示，在 $0.8Q_d$、$1.0Q_d$ 和 $1.2Q_d$ 工况下 NPSH 值分别为 2.16m、2.35m、3.16m。从图中可以看出，在三个工况下，原始叶片表面压力最低，说明优化后三个工况下叶轮的吸入性能得到明显提升。

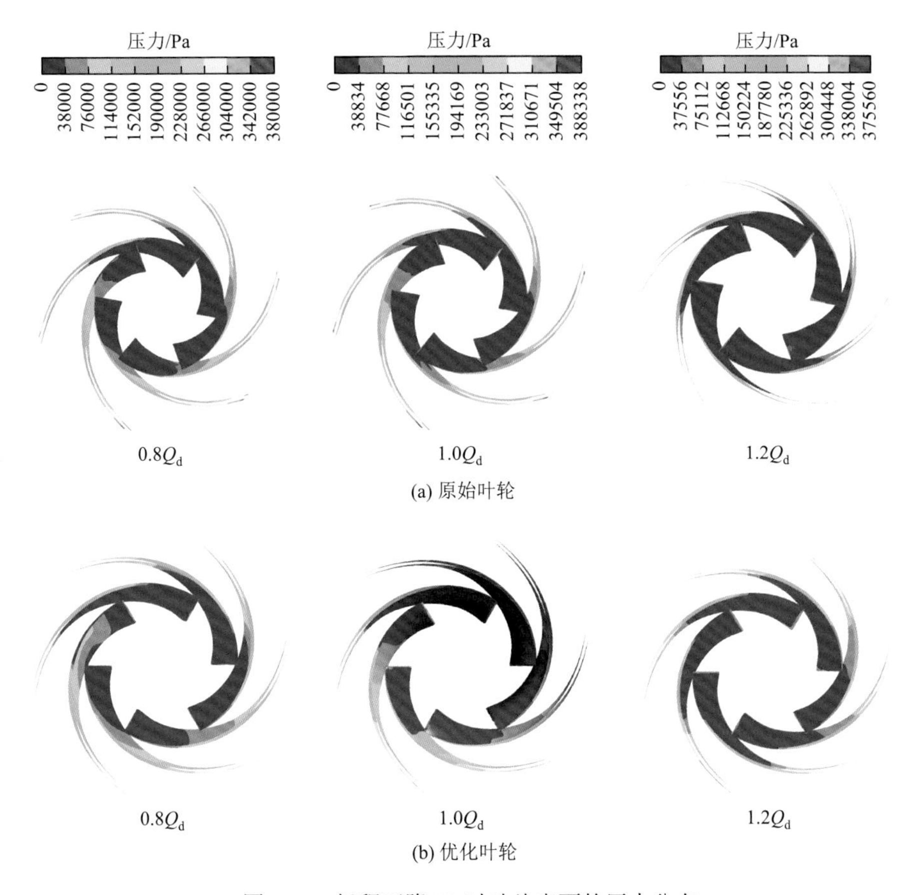

(a) 原始叶轮

(b) 优化叶轮

图 7.52　扬程下降 3%时叶片表面的压力分布

未空化时不同工况下叶轮流道内的流线分布如图 7.53 所示。在小流量工况下，原始模型有两个流道中存在流动畸变，在进口边和流道中间段出现旋涡，在叶轮出口处出现流动分离和回流，优化后叶轮内的流动得到改善且旋涡和流动分离消失。在设计工况和大流量工况下，优化前后两个叶轮中的流动都比较均匀，没有太大的差异。

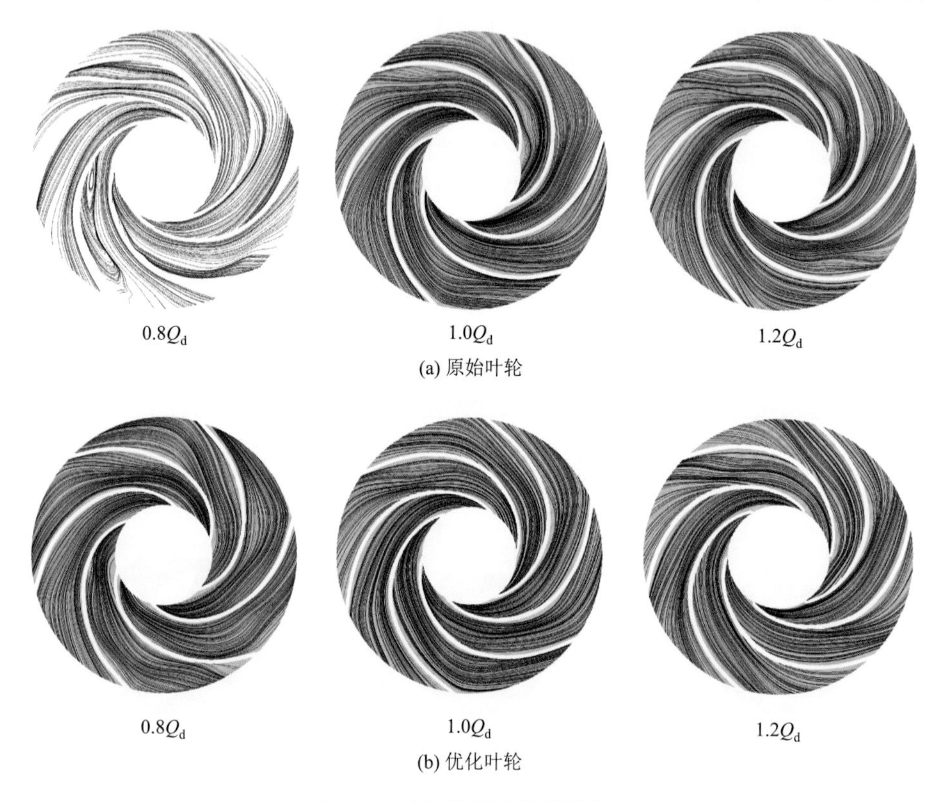

图 7.53 叶轮流道内的流线分布

图 7.54 为严重空化时叶轮中的空泡分布。在小流量工况下，NPSH = 2.176m 时优化后的叶轮空泡略有减小。在设计工况可以看到明显的区别，在原始叶轮中空泡覆盖了整个进口边，在优化后的叶轮中进口边的空泡明显减少，部分叶片进口边的空泡消失，其他位置的空泡同样也明显减小。大流量工况下的情况与设计工况类似。

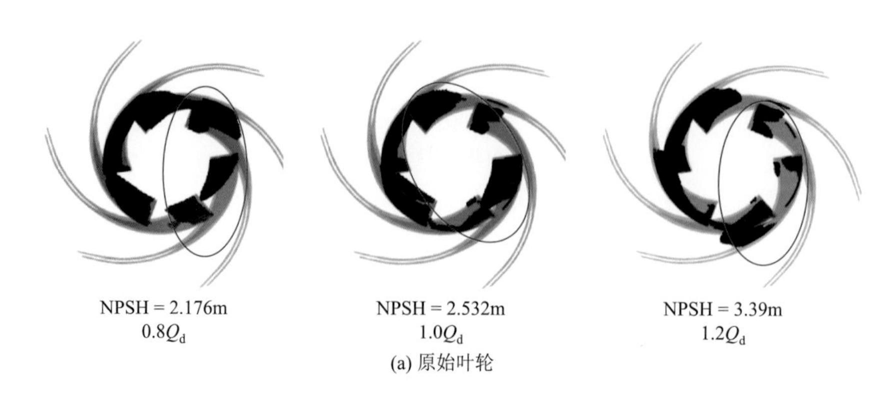

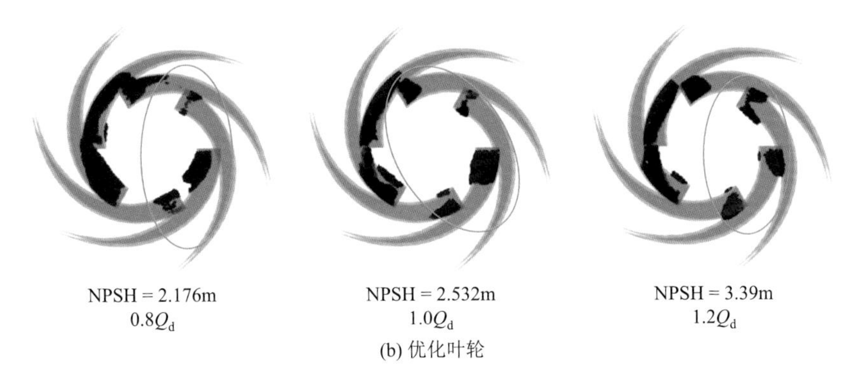

(b) 优化叶轮

图 7.54　叶轮中的空泡分布

严重空化时吸水室中的空泡分布如图 7.55 所示，空泡主要集中在吸水室出口和叶轮进口之间的间隙处。在小流量工况下，空泡分布均不对称，空泡只出现在双吸叶轮一侧进口处，优化后这一区域的空泡明显减少。设计工况下的情况与小流量

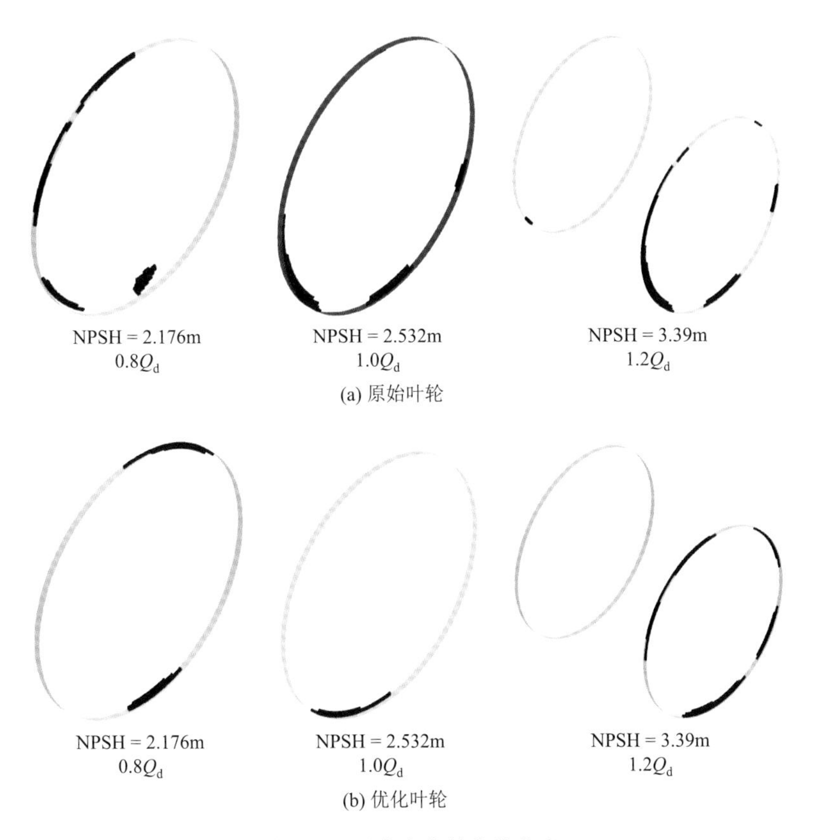

(a) 原始叶轮

(b) 优化叶轮

图 7.55　吸水室中的空泡分布

类似。大流量工况下空泡出现在双吸叶轮两侧进口处，优化后其中一侧空泡消失。总体上，在所研究的三个工况下优化后吸水室内空泡数量均减少，说明空化性能得到提升，达到了优化目的。

参 考 文 献

[1] 原雯. 双吸离心泵内部流场性能研究及优化设计[D]. 大庆：东北石油大学，2015.

[2] 曹健. 双吸泵非定常流动及多工况性能优化研究[D]. 镇江：江苏大学，2018.

[3] Pei J，Osman M K，Wang W，et al. Unsteady flow characteristics and cavitation prediction in the double-suction centrifugal pump using a novel approach[J]. Proceedings of the Institution of Mechanical Engineers，Part A：Journal of Power and Energy，2019：957650919863636.

[4] Pei J，Osman M K，Wang W，et al. A practical method for speeding up the cavitation prediction in an industrial double-suction centrifugal pump[J]. Energies，2019，12（11）：2088.

[5] Wang W，Osman M K，Pei J，et al. Artificial neural networks approach for a multi-objective cavitation optimization design in a double-suction centrifugal pump[J]. Processes，2019，7（5）：246.

[6] Pei J，Yin T，Yuan S，et al. Cavitation optimization for a centrifugal pump impeller by using orthogonal design of experiment[J]. Chinese Journal of Mechanical Engineering，2017，30（1）：103-109.

[7] Pei J，Wang W，Osman M K，et al. Multiparameter optimization for the nonlinear performance improvement of centrifugal pumps using a multilayer neural network[J]. Journal of Mechanical Science and Technology，2011，33（6）：2681-2691.

[8] 谢蓉，郝苜婷，金伟楠，等. 基于近似模型核主泵模型泵水力模型优化设计[J]. 工程热物理学报，2016，37（7）：1427-1431.

[9] Pei J，Wang W，Yuan S，et al. Optimization on the impeller of a low-specific-speed centrifugal pump for hydraulic performance improvement[J]. Chinese Journal of Mechanical Engineering，2016，29（5）：992-1002.

[10] Kim J，Kim K. Analysis and optimization of a vaned diffuser in a mixed flow pump to improve hydrodynamic performance[J]. Journal of Fluids Engineering，2012，134（7）：71104.

[11] Chikh M A A，Belaidi I，Khelladi S，et al. Efficiency of bio-and socio-inspired optimization algorithms for axial turbomachinery design[J]. Applied Soft Computing，2018，64：282-306.

[12] Ding H，Visser F C，Jiang Y. A practical approach to speed up NPSHR prediction of centrifugal pumps using CFD cavitation model[C]//ASME 2012 Fluids Engineering Division Summer Meeting collocated with the ASME 2012 Heat Transfer Summer Conference and the ASME 2012 10th International Conference on Nanochannels，Microchannels，and Minichannels，2012：505-514.

第 8 章　带导叶离心泵优化技术

本章以带导叶离心泵为研究对象，采用近似模型和粒子群算法相结合的优化方法对叶轮轴面投影图几何参数进行研究，同时采用粒子群算法对叶轮的叶片安放角等几何参数进行自动优化研究。

8.1　研 究 背 景

在核电站、抽水蓄能电站等配套设施中，其中带导叶离心泵往往用于核心场合。抽水蓄能电站中的水泵水轮机，正反运转实现蓄能发电功能，其结构是一种带导叶离心泵。在核电站中，充当“心脏”作用的核一级主泵，是一种带导叶结构的混流泵。起到保护核电站安全运行作用的核二级余热排出泵，是一种带导叶结构的离心泵[1-4]。目前起关键作用的带导叶离心泵在国产化的道路上处于刚起步阶段。带导叶离心泵比蜗壳离心泵多一个导叶水力部件，其内部流动更加复杂，高效可靠运行成为带导叶离心泵的重要研究目标[5-12]。

8.2　带导叶离心泵模型

带导叶离心泵是一种单级单吸结构，由三维扭曲叶轮、径向导叶和环形蜗壳组成，其三维模型如图 8.1 所示。表 8.1 列出了泵设计性能参数和主要几何参数。

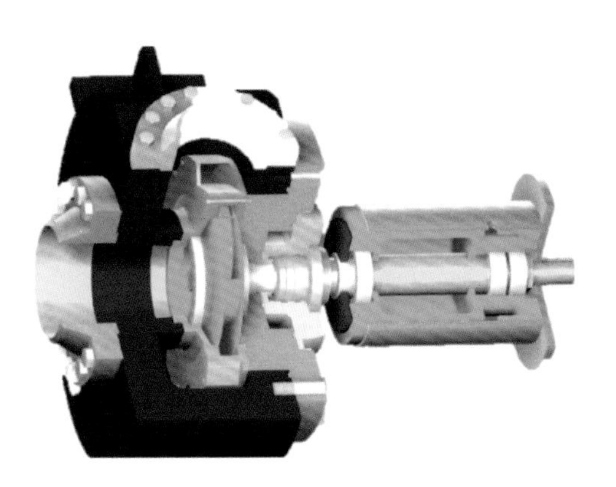

图 8.1　带导叶离心泵的三维模型

表 8.1　带导叶离心泵的参数

参数	数值	参数	数值
叶轮进口直径 D_j/mm	270	导叶进口直径 D_3/mm	521
叶轮出口直径 D_2/mm	511	导叶出口直径 D_4/mm	718
叶片出口宽度 b_2/mm	49	导叶轴向进口宽度 b_3/mm	55
叶轮叶片数 Z_{im}	5	导叶轴向出口宽度 b_4/mm	84
叶轮叶片出口角 β_2/(°)	21	导叶叶片数 Z_{di}	7
叶轮叶片包角 φ/(°)	120	导叶叶片进口安放角 α_3/(°)	9.4
蜗壳进口直径 D_5/mm	840	设计流量 Q_d/(m^3/h)	910
蜗壳进口宽度 b_5/mm	250	设计扬程 H_d/m	77
蜗壳出口直径 D_6/mm	250	转速 n/(r/min)	1490
		比转数 n_s	104.5

8.3　网格划分及数值计算

基于 WorkBench 平台实现叶轮从三维造型到定常数值模拟自动计算过程（图 8.2）。采用 BladeGen 对叶轮进行三维造型（图 8.3），采用 TurboGrid 对叶轮进行自动结构网格划分，首先对叶轮单一流道进行网格划分，然后在 ANSYS CFX 中对网格进行复制旋转得到整个叶轮网格，如图 8.4 所示。根据以前的网格无关性研究，当网格数达到 350 万以上时，所计算的扬程基本保持不变。通过对比全流道和非全流场的外特性数据，发现口环间隙和前后泵腔对外特性曲线的影响可以忽略不计。因此，整个计算域包括进口段、叶轮、导叶和蜗壳四个水力部件（图 8.5），网格数为 350 万左右。在定常计算中，选取 SST k-ω 湍流模型封闭 N-S 方程进行求解，采用无滑移壁面边界条件。进口采用总压边界条件，压力为 latm，出口设置为质量流量边界条件。旋转域和静止域的交界面设置为“Frozen Rotor”，而静止域之间设置为“None”，计算域之间网格采用 GGI 连接方式。计算精度为高阶精度，残差设置为 10^{-5}，计算迭代数为 500。设定数值模拟的最后 50 步扬程和效率的平均值分别为泵最终的扬程和效率。

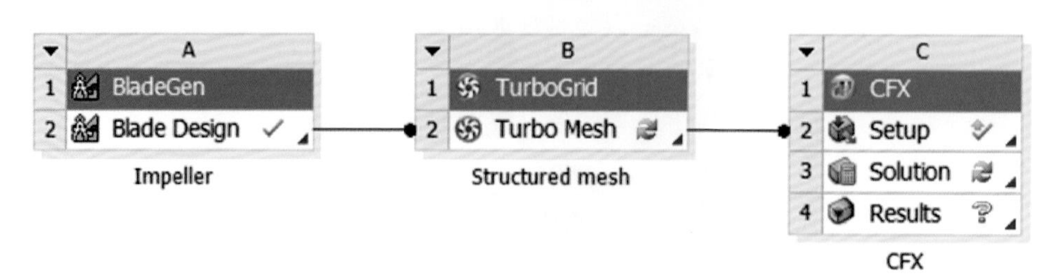

图 8.2　WorkBench 平台数值计算流程图

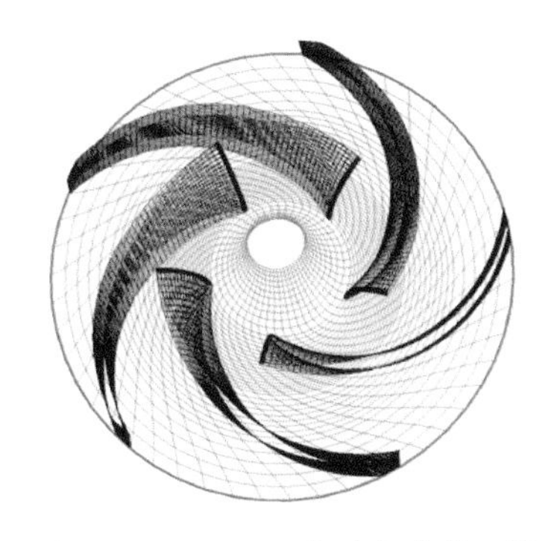

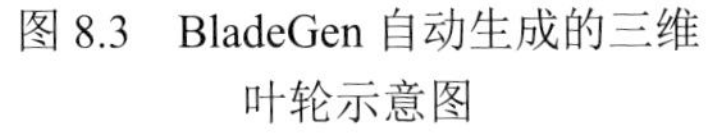

图 8.3 BladeGen 自动生成的三维叶轮示意图

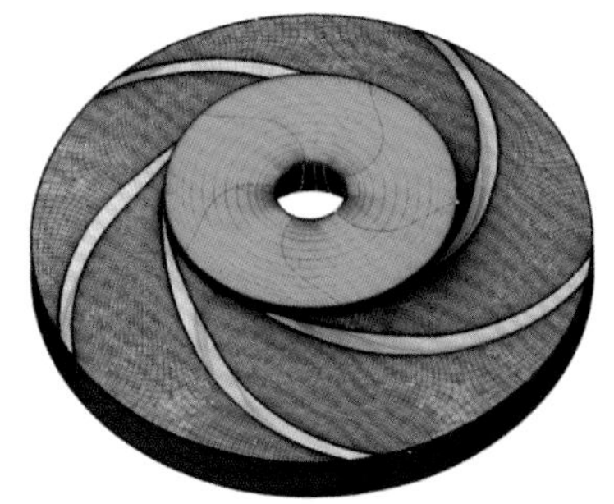

图 8.4 TurboGrid 生成叶轮的结构化网格

图 8.5 带导叶离心泵计算域

8.4 外特性试验验证

为了验证带导叶离心泵外特性数值模拟的准确性，对原始叶轮和导叶采用不锈钢材料进行加工制造（图 8.6）。图 8.7 为国家水泵及系统工程技术研究中心实验室的外特性测量试验开式试验台，开式试验台满足国家Ⅱ级测试精度。采用的相关测试仪器如下：泵进出口压力的测量采用上海威尔泰仪器仪表有限公司生产的 WT200 智能压力变送器，进口压力变送器的量程为–0.1～0.1MPa，出口压力变送器的量程为 0～1.6MPa，两者的测量精度均为 0.1 级；泵流量的测量采用的是开封仪表有限公司生产的 MF/E2511621100ER11 型电磁流量计，测量精度为 0.5 级。由于带导叶离心泵的额定功率较大，为 355kW，因此采用降转速进行测试，测试转速为 980r/min。泵进口管路直径为 350mm，出口管路直径为 250mm。获得带导叶离心泵的外特性曲线后再通过泵相似换算定律得到其在设计转速下的外特性曲线。

对比带导叶离心泵的外特性试验曲线（图 8.8）可以看出，两者的性能曲线变化趋势一致，在设计工况下，带导叶离心泵的模拟扬程为 75.2m，效率为 76.4%，试验扬程和效率分别为 77.1m 和 78.5%，扬程和效率的计算误差分别为 2.5%和 2.7%。因此，数值模拟在设计工况得到的性能值是可信的。

图 8.6　带导叶离心泵样机

图 8.7　带导叶离心泵开式测试台

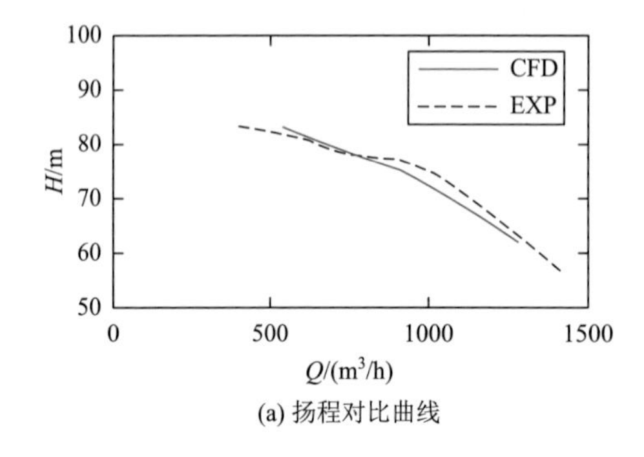

(a) 扬程对比曲线

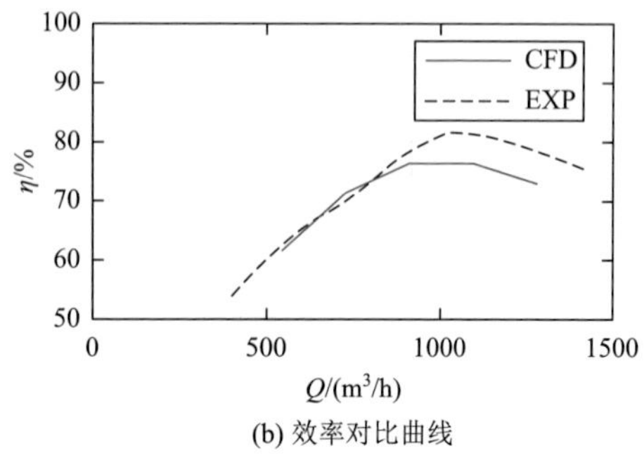

(b) 效率对比曲线

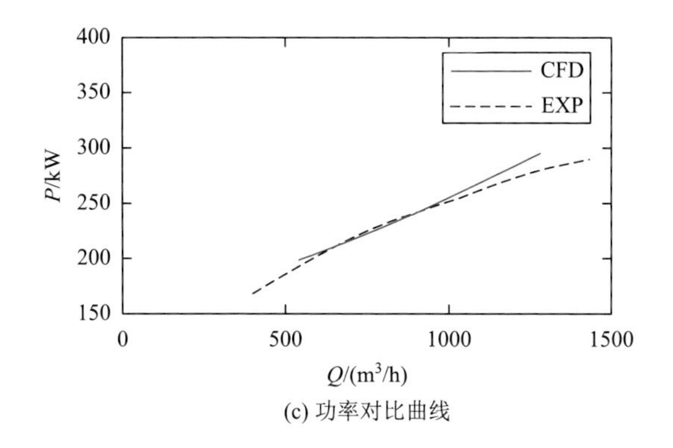

(c) 功率对比曲线

图 8.8　数值模拟与试验外特性对比

8.5　叶轮轴面投影图优化

为了提高余热排出泵的效率，本节采用定常数值模拟、拉丁超立方试验设计、径向基神经网络和遗传算法对叶轮轴面投影图上的前盖板圆弧半径 r_s、后盖板圆弧半径 r_h、前盖板倾角 α_s 和后盖板倾角 α_h 四个几何变量进行优化设计。

余热排出泵叶轮的原始轴面投影图采用单圆弧法进行绘制，即前后盖板流线均由一段直线和圆弧组成，如图 8.9 所示。

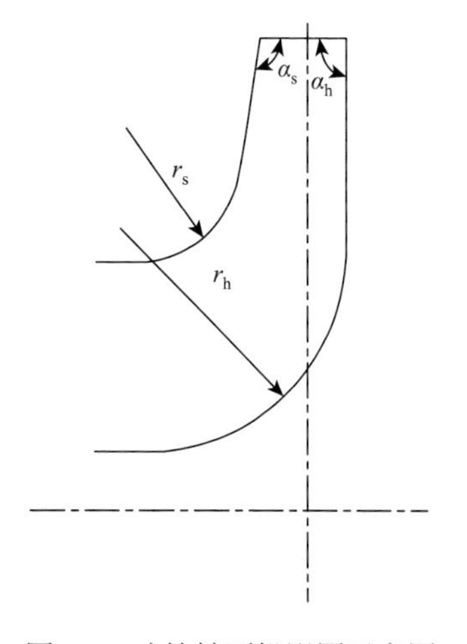

图 8.9　叶轮轴面投影图示意图

8.5.1　优化设计过程

在优化设计过程中，对设计变量进行多方案设计，多个方案的数值模拟必然会消耗大量的计算资源和时间，从而找到最优方案。本章结合近似模型和现代优化算法，将数学方法应用到优化设计过程中，可缩短优化设计周期，减少计算资源。采用拉丁超立方试验设计方法对叶轮轴面投影图进行多方案设计，对每个方案进行数值模拟计算，得到设计工况下的效率，采用径向基神经网络建立效率与轴面投影图上几何参数之间的近似函数模型，采用遗传算法对近似函数模型进行寻优，最终得到优化的几何参数。优化设计流程如图 8.10 所示。

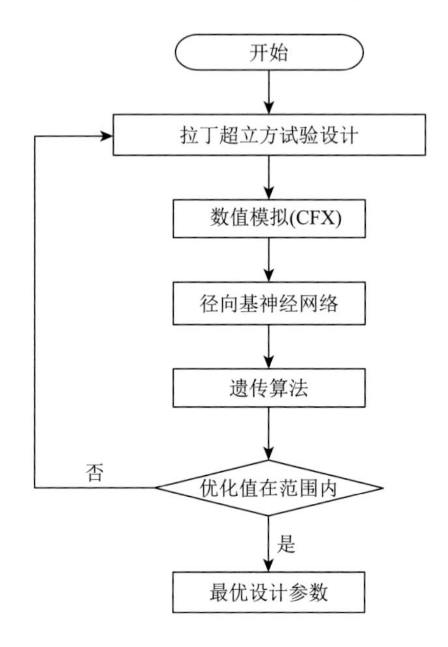

图 8.10　优化设计流程图

本章优化设计的目标是提高余热排出泵的效率 η。由径向基神经网络近似模型建立效率与叶轮轴面投影图上的四个几何参数之间的函数关系，即

$$\eta = f(r_h, r_s, \alpha_h, \alpha_s) \tag{8.1}$$

约束条件：45mm≤r_s≤60mm；105mm≤r_h≤125mm；95°≤α_s≤99°；90°≤α_h≤94°。

其中，效率 η 是由定常数值计算得到的，即

$$\eta = \frac{\rho g H Q_d}{P} \tag{8.2}$$

式中，ρ 为液体密度（kg/m^3）；g 为重力加速度（m/s^2）；P 为不考虑机械损失的数值模拟功率（W）；H 为设计工况下计算得到的扬程（m）。

8.5.2　试验设计

拉丁超立方试验设计方法能设计出在空间上均匀分布的设计方案。叶轮轴面投影图的四个设计变量范围如表 8.2 所示。表 8.3 是由拉丁超立方试验设计方法得到的 35 组叶轮设计方案及由数值模拟得到的在计算工况下对应的效率值。

表 8.2　设计变量范围

设计变量	下限值	上限值	原始值
r_s/mm	45	60	58
r_h/mm	105	125	103
α_s/(°)	95	99	99
α_h/(°)	90	94	90

表 8.3　试验设计方案及效率

方案	α_s/(°)	α_h/(°)	r_s/mm	r_h/mm	η/%
1	95.00	91.29	56.91	105.59	76.21
2	95.12	90.00	52.50	110.29	76.45
3	95.24	92.24	60.00	120.88	76.17
4	95.35	93.18	50.29	107.35	76.20
5	95.47	92.47	58.68	114.41	75.91
6	95.59	90.12	54.71	118.53	76.31
7	95.71	90.59	52.06	117.94	76.07
8	95.82	93.41	45.88	112.06	75.72
9	95.94	90.71	48.97	115.00	76.07
10	96.06	93.53	56.03	122.06	76.13
11	96.18	92.59	58.24	120.29	76.01
12	96.29	92.94	55.15	119.71	76.16
13	96.41	91.65	59.12	115.59	76.07
14	96.53	93.88	48.53	117.35	76.00
15	96.65	93.76	57.79	125.00	75.39
16	96.76	91.53	49.85	116.18	73.99
17	96.88	90.94	45.00	112.65	76.47
18	97.00	91.18	48.09	116.76	76.09
19	97.12	91.88	57.35	108.53	76.14
20	97.24	92.82	54.26	123.82	75.49
21	97.35	90.82	55.59	107.94	76.38
22	97.47	91.76	51.62	106.76	76.42
23	97.59	93.65	51.18	110.88	75.98
24	97.71	90.47	46.32	105.00	76.37
25	97.82	92.00	53.38	111.47	75.86
26	97.94	91.06	50.74	121.47	75.97
27	98.06	92.71	47.65	122.65	75.50
28	98.18	94.00	47.21	124.41	75.05

续表

方案	α_s/(°)	α_h/(°)	r_s/mm	r_h/mm	η/%
29	98.29	93.06	59.56	113.24	75.92
30	98.41	92.12	46.76	123.24	75.40
31	98.53	90.24	49.41	106.18	76.30
32	98.65	93.29	52.94	109.12	75.62
33	98.76	92.35	56.47	113.82	76.04
34	98.88	91.41	45.44	119.12	75.54
35	99.00	90.35	53.82	109.71	75.74

8.5.3 近似模型

径向基神经网络属于前向神经网络类型，是一种三层前向网络，第一层为输入层；第二层为隐藏层，径向基函数为中心点径向对称且衰减的非负非线性函数；第三层为输出层，输出输入值对应的响应值。径向基神经网络具有结构简单、学习收敛速度快等优点，而且能够逼近任意非线性函数，其结构形式如图 8.11 所示。

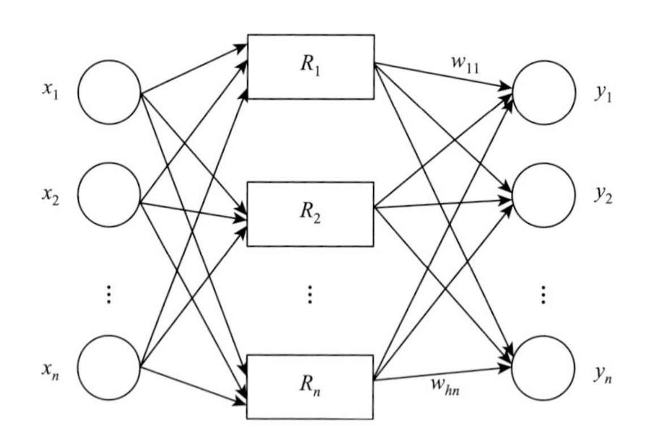

图 8.11 径向基神经网络结构示意图

8.5.4 优化算法

遗传算法是 Holland 在 20 世纪 60 年代提出的，主要借助生物进化过程中“适者生存”的规律，模仿生物进化过程中的遗传繁殖机制对数学问题进行优化。多岛遗传算法在传统遗传算法上进行了改进，具有更优良的全局求解能力和计算效率，其原理如图 8.12 所示。其优点在于将每个种群分为几个子群，即“岛”，这个可以抑制传统遗传算法中的早熟现象。在 Isight 中对多岛遗传算法的部分参数进行选取，如表 8.4 所示。

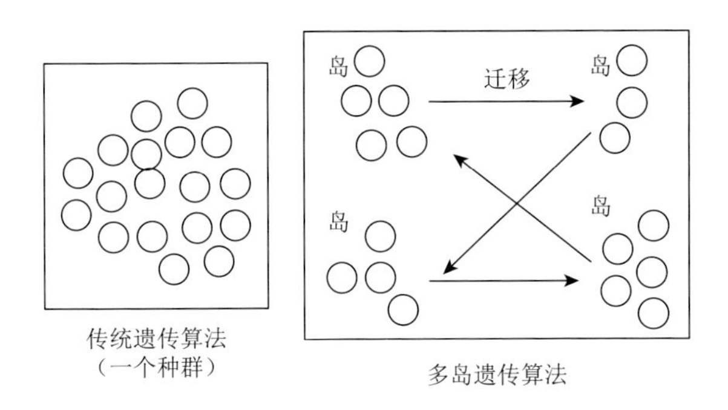

图 8.12　多岛遗传算法岛生成原理

表 8.4　多岛遗传算法的部分参数

参数	数值
子群规模数	20
岛的个数	10
迭代数	50
交叉概率	0.9
变异概率	0.01
岛间迁移率	0.01

根据表 8.3 的数据建立了效率与四个设计参数之间的径向基神经网络近似模型，并采用多岛遗传算法对近似模型进行寻优，经过 10000 步迭代计算，优化前后的几何参数和效率对比如表 8.5 所示，通过数学方法优化的效率提高了 6.18%。

表 8.5　几何参数和效率对比

	α_s/(°)	α_h/(°)	r_s/mm	r_h/mm	η/%
原始	99	90	58	103	70.57
优化（预测）	96.52	90	45	114.6	76.73
优化（CFD）	96.52	90	45	114.6	76.75

8.5.5 优化结果分析

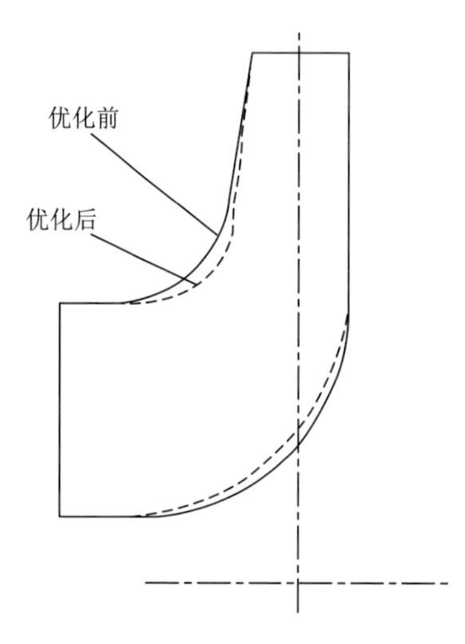

图 8.13 优化前后轴面投影图对比

从图 8.13 可以看出，优化后前盖板圆弧半径变小、后盖板圆弧半径变大、前盖板倾角变小而后盖板倾角不变，根据优化得到的叶轮轴面投影图几何参数，对叶轮重新造型并进行数值模拟，得到的泵在设计工况下的效率为 76.75%，与径向基神经网络预测的相差 0.02%，说明径向基神经网络能准确地预测出泵在设计工况下的效率。

图 8.14 为优化前后叶轮速度分布对比。由图可以看出，前盖板的速度分布明显不同，而叶轮后盖板上的速度分布则没有太大变化。由图 8.14（a）可知，原始叶轮在前盖板存在低速区域，有明显的回流，产生较大的水力损失，且进口区域速度梯度变化大。由图 8.14（b）可以看出，在盖板回流区域消失，且速度分布均匀，说明优化的轴面有效地使轴面形状更符合流体流动特性，优化后的轴面提高了叶轮的水力效率。

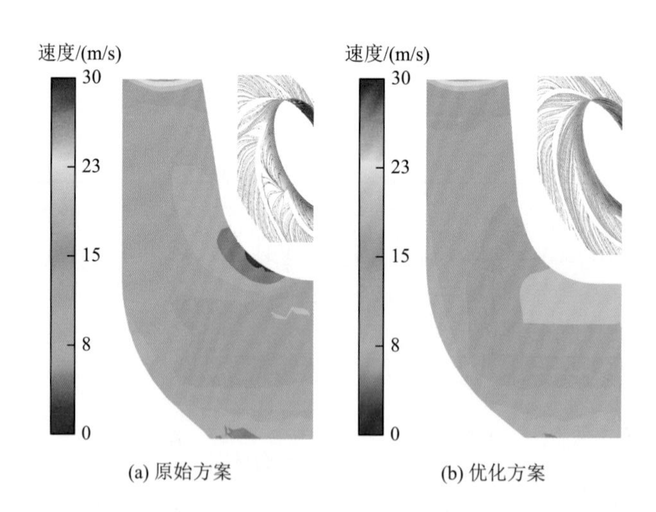

图 8.14 优化前后叶轮速度分布对比

优化前后叶轮内的湍动能（TKE）分布如图 8.15 所示，湍动能反映了流体在流道内产生的脉动损失程度。优化前，叶轮内的湍动能分布不均匀，在叶轮出口处湍动能最大；优化后，叶轮明显降低了叶轮内的湍动能，因而内部流动更稳定。

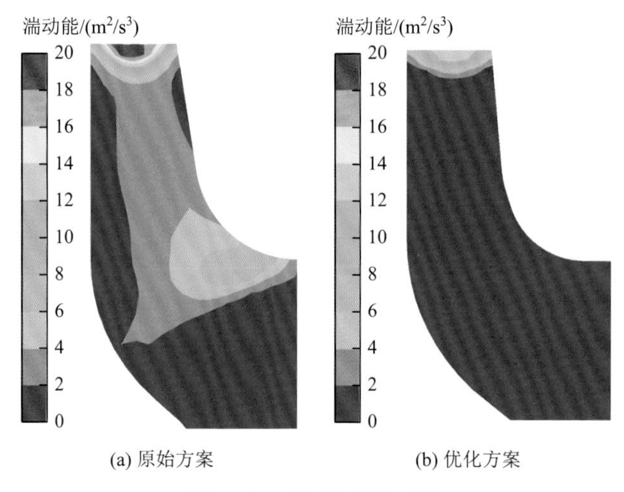

(a) 原始方案　　(b) 优化方案

图 8.15　湍动能分布对比

8.6　基于改进粒子群算法的叶轮性能自动优化

基于第 4 章提出的实时自适应粒子群算法，本节提出了带导叶离心泵性能多参数自动优化方法，优化设计流程如图 8.16 所示。第一步，确定泵设计工况的效率为优化目标，以扬程为约束条件；选取叶轮叶片安放角、叶片进口边位置和叶片厚度为优化输入值，并确定各变量的上限和下限，形成可行区域。第二步，设定粒子群算法的种群数，采用拉丁超立方试验设计方法初始化粒子在可行区域的分布，每个粒子代表每个叶轮设计方案。第三步，在求解过程中，粒子群算法调用数值模拟计算每个粒子的适应值（效率），数值模拟过程包括采用 BladeGen 根据设计变量值生成三维叶轮，采用 TurboGrid 对叶轮计算域进行结构网格划分，最后采用 ANSYS CFX 16.2 对带导叶离心泵进行定常计算，得到每个叶轮方案的效率。当迭代数达到设定值时，迭代计算中止。需要注意的是，如果优化结束后，最优值落在可行区域边界上，则应调整变量的上限和下限，重新进行优化计算。

8.6.1　优化目标

离心泵在设计过程中，效率是一个非常重要的设计目标，高能效对泵本身节能具有重要意义，同时也能对泵所在运行系统节能起到重要作用。选取带导叶离心泵在设计工况的效率为优化目标，通过数值模拟计算得到泵效率，计算公式如式（8.3）所示：

$$\eta = Q_{\mathrm{d}} / 3600 \times \frac{p_{2\mathrm{tot}} - p_{1\mathrm{tot}}}{T\omega} \tag{8.3}$$

式中，Q_{d} 为设计工况下的流量（$\mathrm{m^3/h}$）；$p_{1\mathrm{tot}}$ 和 $p_{2\mathrm{tot}}$ 分别为泵进出口总压（Pa）；T 为叶轮扭矩（N·m）；ω 为叶轮旋转角速度（rad/s）。

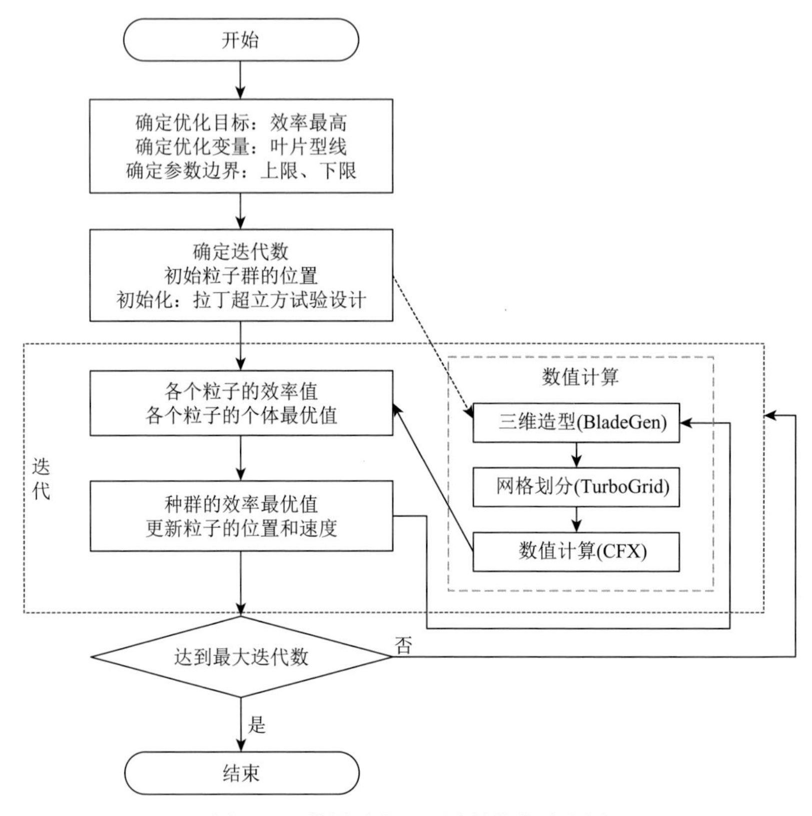

图 8.16　带导叶离心泵叶轮优化流程图

同时考虑到扬程也是离心泵重要的一个性能评价指标，在带导叶离心泵优化过程中，扬程的设计要求范围为[71, 77]，在优化过程中，对扬程范围进行缩小，扬程在效率优化过程中的约束条件表达式为

$$72.5 \leqslant \frac{p_{2\text{tot}} - p_{1\text{tot}}}{\rho g} \leqslant 77 \tag{8.4}$$

在 MATLAB 编写程序中，优化目标函数取效率的相反数，即可转换成求最小值问题。当粒子群算法中粒子（叶轮）在生成三维计算域或者划分网格失败，无法得到数值模拟值时，人为地将该方案的效率值设置为 100，即视为无效值。如果粒子的约束条件扬程超出给定的约束范围，则人为地将优化目标设置为数值模拟得到的效率（正值），即为无效值。

8.6.2　优化变量

由于泵结构尺寸的限制，叶轮进口直径 D_j、叶轮出口直径 D_2、叶片出口宽度 b_2 和前后盖板形状保持不变，仅对叶片型线进行优化设计。在叶轮叶片型线优化过程中，叶片安放角、叶片进口边位置和叶片厚度分别由五阶、四阶和三阶 Bézier 曲线进行调节。由于 Bézier 曲线上控制点在水平方向的坐标值是有序的，因此设定 Bézier 曲线控制点固定在水平方向并均匀分布。控制点可以在竖直方向上自由移动，固定叶片进口边位置在前后盖板片的位置，同时叶片进口边和出口边的厚度固定。最终选取 10 个设计变量（表 8.6），其中叶片进口边位置 2 个控制变量（x_1 和 x_2）、叶片安放角 6 个控制变量（x_1、x_2、x_3、x_4、x_5 和 x_6）和叶片厚度 2 个控制变量（x_9 和 x_{10}）。在 BladeGen 软件中，叶片型线如图 8.17～图 8.20 所示。

表 8.6　设计变量边界

设计变量	上限	下限
x_1	70	90
x_2	85	115
x_3	50	70
x_4	30	80
x_5	30	80
x_6	30	80
x_7	30	80
x_8	60	75
x_9	12	21
x_{10}	12	21

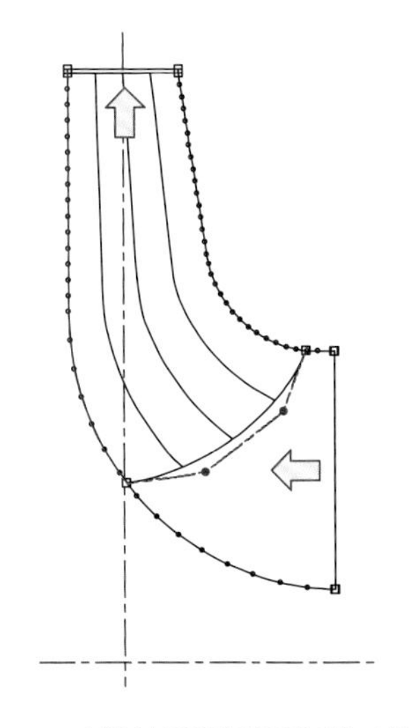

图 8.17　叶轮轴面投影图和进口边位置

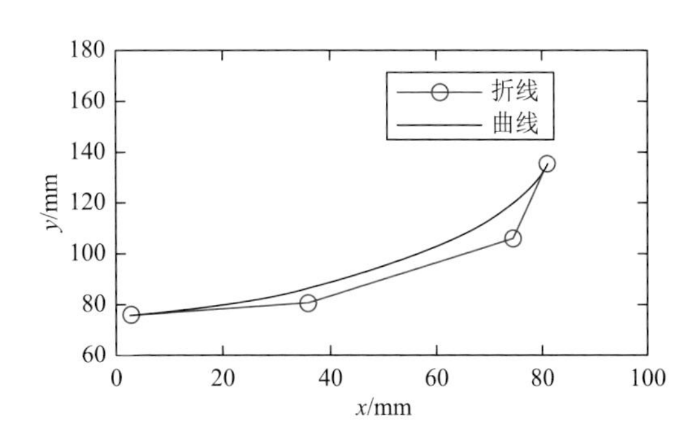

图 8.18　叶轮叶片进口边位置的 Bézier 曲线

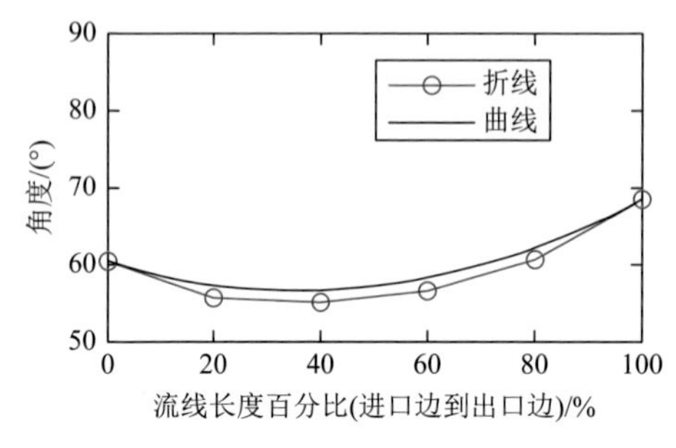

图 8.19 叶片安放角变化的 Bézier 曲线

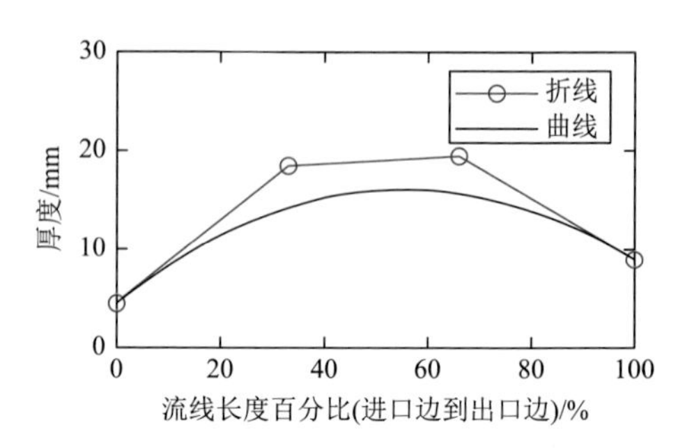

图 8.20 叶片厚度变化的 Bézier 曲线

8.6.3 粒子群算法参数设置

在带导叶离心泵优化过程中，根据文献对种群数的研究，选取种群数为优化变量的 2 倍，即 20 个粒子数，采用拉丁超立方试验设计方法对 20 个粒子进行空间分布初始化。在工程实际中，泵效率取 4 位有效数字，选取收敛残差为 10^{-5}，设定迭代数为 50 次，粒子群算法中的惯性权重和学习因子参数设置均与第 4 章中的保持不变。

8.6.4 带导叶离心泵优化过程分析

图 8.21 为粒子群算法在迭代计算中不断对泵效率寻找最优值的过程曲线。在叶轮的自动优化计算过程中，采用的改进的粒子群算法收敛速度快，自动优化计算经过 50 次迭代，收敛残差已达到 10^{-5}。在粒子群算法搜索的初期泵效率为 74.91%，经过 6 次迭代后，泵效率达到 77.97%，扬程为 74.2m，全局寻优速度快，在粒子群算法搜索的后期泵效率增加到 78.50%，扬程为 72.5m。表 8.7 给出了在

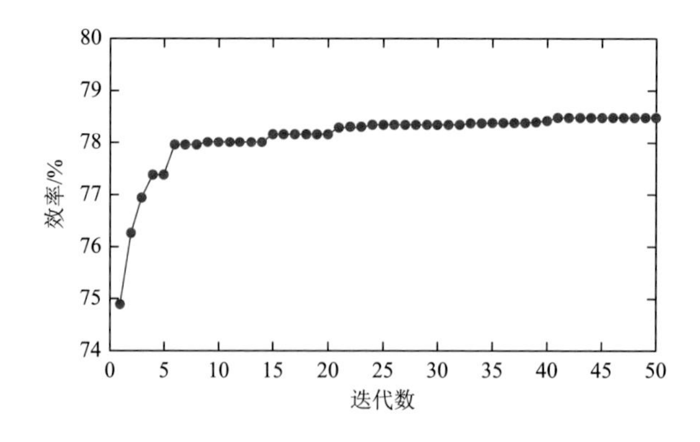

图 8.21 泵效率在粒子群算法寻优过程中的变化趋势

迭代过程粒子群算法获得目前最优值时叶轮的 10 个参数值，搜索初期粒子在可行区域内运动的范围大，搜索后期粒子逐渐在最优值（表中第 41 次迭代值）附近区域运动，趋于稳定。因此，经过优化后，泵效率可提高 2.1%，扬程仍然满足设计要求。

表 8.7　叶轮 10 个设计变量优化值

迭代数	x_1	x_2	x_3	x_4	x_5	x_6	x_7	x_8	x_9	x_{10}
1	72.05	93.27	67.28	79.92	40.91	56.14	66.60	66.35	19.68	20.34
2	79.13	90.90	67.60	77.49	35.05	49.83	74.21	66.40	20.64	15.96
3	75.78	90.43	66.21	79.17	40.91	49.48	77.26	67.25	18.42	15.58
4	74.25	89.96	66.60	79.98	41.08	53.98	74.20	69.13	18.40	14.10
6	75.83	90.18	68.68	79.60	44.70	51.09	77.21	70.17	18.39	15.43
9	75.76	85.65	68.42	79.96	45.00	48.00	78.30	70.34	18.48	15.14
15	75.97	85.77	68.40	79.96	44.30	48.17	78.07	70.55	18.45	15.21
21	75.96	89.10	68.37	79.96	43.78	50.60	78.05	70.57	18.34	15.24
22	85.03	85.54	67.72	79.95	43.06	54.56	77.64	70.67	18.22	15.12
24	89.43	85.62	68.35	79.95	43.19	55.68	77.40	70.70	18.13	15.30
28	89.60	85.70	67.98	79.95	43.05	56.11	77.50	70.78	17.95	15.09
33	89.66	85.67	67.95	79.94	43.12	56.64	77.44	70.62	17.96	15.13
39	89.65	85.67	67.99	79.94	42.74	57.03	77.40	70.53	19.79	15.28
40	89.65	85.66	68.00	79.94	42.74	56.99	77.39	70.50	20.86	16.15
41	89.65	85.65	67.97	79.94	42.82	57.02	77.38	70.51	20.92	16.86

8.6.5　带导叶离心泵叶轮优化内流场分析

为了分析泵效率提高的机理，本小节对比分析了原始叶轮、第 1 次迭代、第 4 次迭代和第 41 次迭代的最优叶轮不同方案下泵叶轮和导叶内部速度流线图，如图 8.22 所示。在原始叶轮内部，流体在叶片工作面出现了回流，流动不符合在进口区域的叶片型线。在导叶内部速度分布不均匀，在一个流道内出现了较大的回流区，阻塞流道。靠蜗壳出口处，在导叶叶片工作面产生了流动分离。在第 1 次迭代最优方案中，叶轮流道内速度分布并未得到改善，在叶轮的一个流道叶片工作面产生了较大的旋涡区域，产生水力损失，叶片背面的流动得到改善。导叶部分流道内流动分离产生的回流区域消失，但靠近蜗壳出口流道内回流区域变大。其中一部分原因是在优化过程中没有考虑叶轮与导叶的相对位置，叶轮位置也可能改变了导叶内的流场结构。在第 4 次迭代最优方案中，相对第 1 次迭代中的叶轮，叶片包角增加，叶轮叶片工作面上的流动得到改善，流动分离引起的回流区域减小或者消失，叶片背面流动符合叶片型线。导叶部分流道内流动得到改善，而部分流道回流区域增大。在第 41 次迭代最优方案中，叶片包角继续增加，在叶轮叶片工作面回流区域消失，但存在低速区，流动得到大幅度改善。导叶流道内的速度分布并未得到明显改善，仍存在流动分离产生的回流区域。

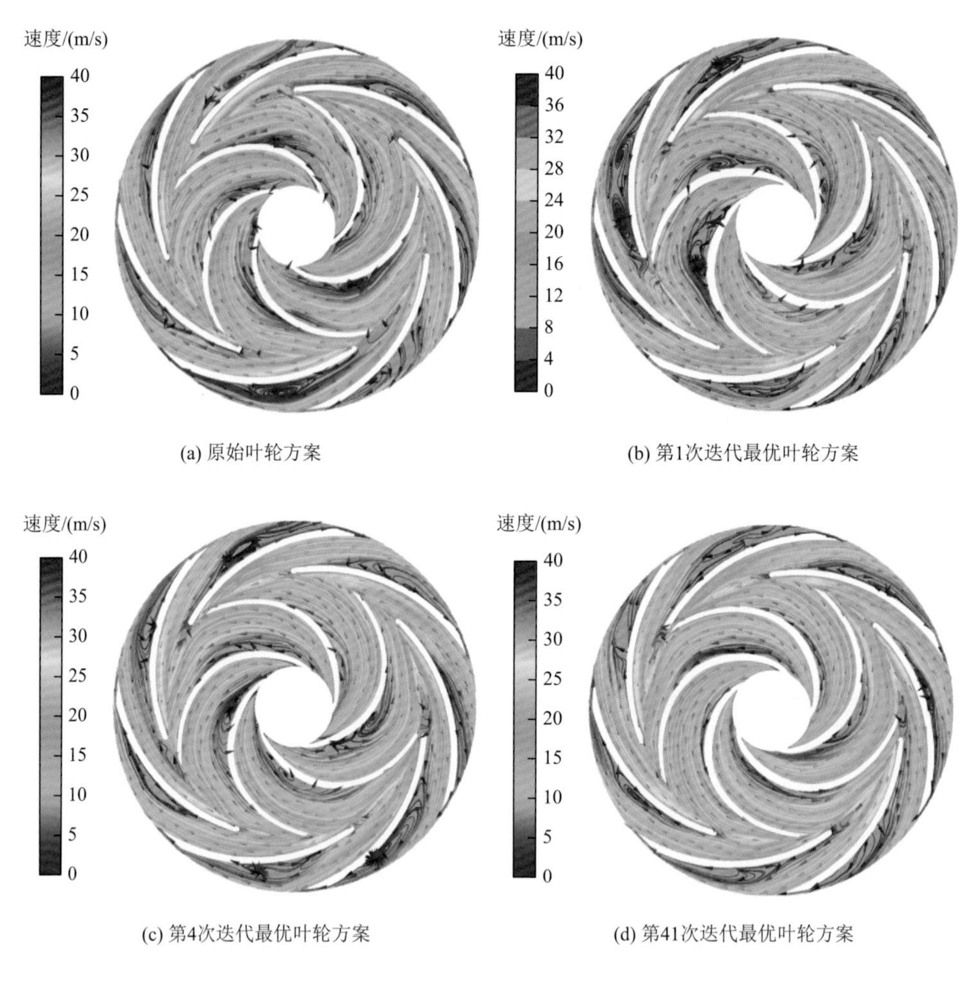

(a) 原始叶轮方案　(b) 第1次迭代最优叶轮方案

(c) 第4次迭代最优叶轮方案　(d) 第41次迭代最优叶轮方案

图 8.22　不同叶轮方案的泵内部流线分布

图 8.23 为从叶轮进口到出口的欧拉扬程（uc_u/g）分布特性。由图可以看出，优化后的叶轮扬程在流线 streamline = 0.2 处开始上升，而原始叶轮扬程在流线 streamline = 0.3 处开始上升，这是因为优化的叶轮进口边位置比原始叶轮进口边

更靠近叶轮进口，欧拉扬程快速增加，但变化梯度要比原始叶轮内欧拉扬程梯度小，有利于能量的转换。但优化后的叶轮在叶片出口边处的欧拉扬程比原始叶轮的欧拉扬程小，但仍达到设计要求。因此，由于粒子群算法可以对多参数的优化目标进行快速高精度的寻优，在今后的优化设计过程中，采用粒子群算法对叶轮和导叶的几何参数同时进行优化是必要的。

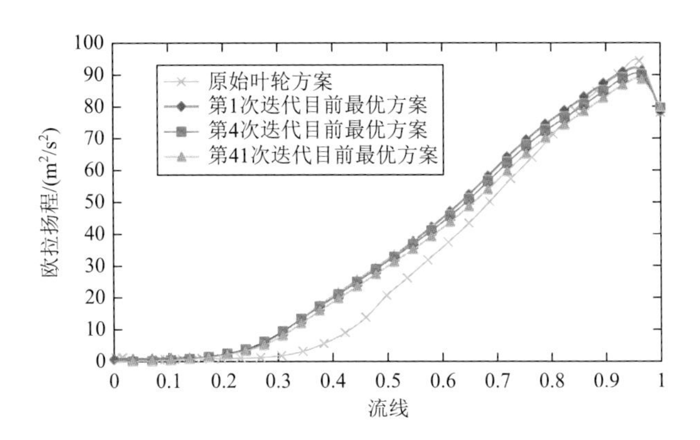

图 8.23　从叶轮进口到出口的欧拉扬程分布

参 考 文 献

[1] Gu Y，Pei J，Yuan S，et al. Clocking effect of vaned diffuser on hydraulic performance of high-power pump by using the numerical flow loss visualization method[J]. Energy，2019，170：986-997.

[2] Gu Y，Pei J，Yuan S，et al. Effects of blade thickness on hydraulic performance and structural dynamic characteristics of high-power coolant pump at overload condition[J]. Proceedings of the Institution of Mechanical Engineers，Part A：Journal of Power and Energy，2018，232（8）：992-1003.

[3] Pei J，Wang W，Pavesi G，et al. Experimental investigation of the nonlinear pressure fluctuations in a residual heat removal pump[J]. Annals of Nuclear Energy，2019，131：63-79.

[4] Wang W，Pei J，Yuan S，et al. Experimental investigation on clocking effect of vaned diffuser on performance characteristics and pressure pulsations in a centrifugal pump[J]. Experimental Thermal and Fluid Science，2018，90：286-298.

[5] 王文杰. 基于改进 PSO 算法的带导叶离心泵性能优化及非定常流动研究[D]. 镇江：江苏大学，2017.

[6] Wang W，Yuan S，Pei J，et al. Optimization of the diffuser in a centrifugal pump by combining response surface method with multi-island genetic algorithm[J]. Proceedings of the Institution of Mechanical Engineers，Part E：Journal of Process Mechanical Engineering，2017，231（2）：191-201.

[7] Pei J，Wang W，Yuan S. Multi-point optimization on meridional shape of a centrifugal pump impeller for performance improvement[J]. Journal of Mechanical Science and Technology，2016，30（11）：4949-4960.

[8] Wang W，Pei J，Yuan S，et al. Application of different surrogate models on the optimization of centrifugal pump[J]. Journal of Mechanical Science and Technology，2016，30（2）：567-574.

[9] 袁寿其，王文杰，裴吉，等. 低比转数离心泵的多目标优化设计[J]. 农业工程学报，2015，31（5）：46-52.

[10] 王文杰，袁寿其，裴吉，等. 基于 Kriging 模型和遗传算法的泵叶轮两工况水力优化设计[J]. 机械工程学报，2015，51（15）：33-38.

[11] 王文杰，裴吉，袁寿其，等. 基于径向基神经网络的叶轮轴面投影图优化[J]. 农业机械学报，2015，46（6）：78-83.

[12] Wang W，Yuan S，Pei J，et al. Optimum hydraulic design for a radial diffuser pump using orthogonal experimental method based on CFD[C]//ASME 2014 4th Joint US-European Fluids Engineering Division Summer Meeting，2014：V01AT02A002.

第 9 章　轴流泵近似模型优化技术

本章采用拉丁超立方试验设计、Kriging 近似模型与多岛遗传算法（multi-island GA）对轴流泵叶轮四个参数进行优化设计，采用 Kriging 近似模型获得优化目标和叶轮参数间的近似数学模型，通过多岛遗传算法获得最优优化目标和叶轮参数组合。

9.1　研 究 背 景

轴流泵是一种低扬程泵，比转数范围为 500～2000。它在农田灌溉、调水工程等方面发挥了重要作用。我国现运行的泵站长期处于非设计工况运行，造成能源浪费严重和使用寿命缩短的问题[1-4]。近几十年来，轴流泵主要依靠优秀水力模型和经验进行设计，需要反复进行修正，设计周期长，成本高。随着工农业的加速发展，我国中大型泵站的数量逐渐增多，因此有必要对现在轴流泵水力模型进行一定的优化设计，提高轴流泵的运行效率[5-7]。

9.2　轴流泵模型

本案例中采用的轴流泵为一台高比转数单向轴流泵，由叶轮、导叶、进水流道与出水流道组成，三维模型如图 9.1 所示。其中叶轮叶片数与导叶叶片数分别为 3、5，叶轮直径为 300mm，轴流泵转速为 1450r/min，设计流量为 0.3m^3/s。

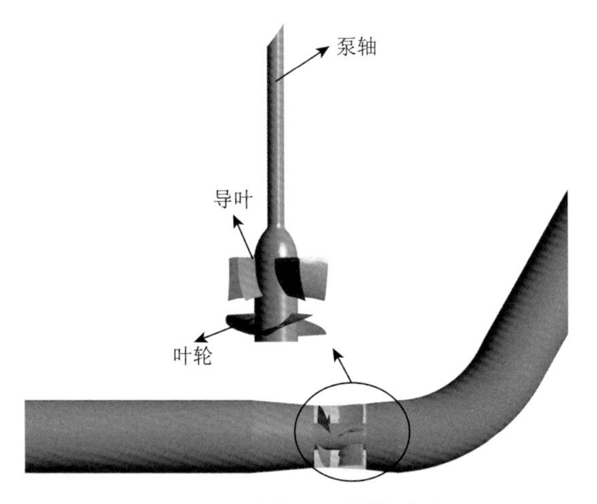

图 9.1　轴流泵三维模型图

9.3　轴流泵叶轮性能优化技术

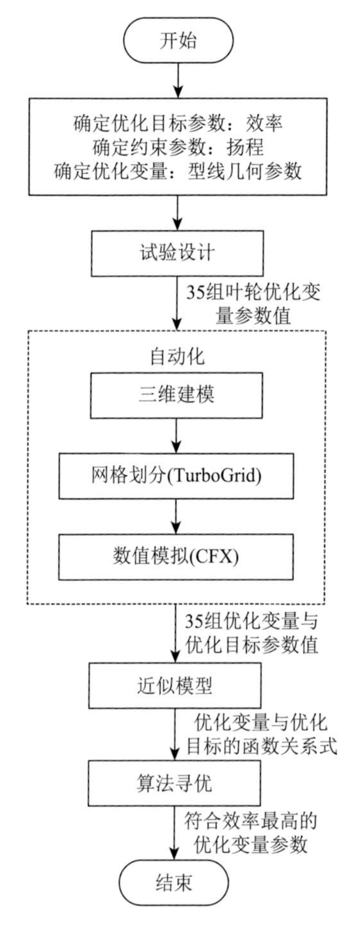

图 9.2　轴流泵叶轮优化设计流程图

轴流泵叶轮优化设计流程图如图 9.2 所示。第一步，确定轴流泵的优化目标、约束条件和优化变量；第二步，进行试验设计，生成多组设计方案；第三步，基于每组设计方案下的优化变量，进行自动化三维建模、网格划分与数值模拟，从而得到该方案对应下的优化目标值；第四步，采用近似模型与优化算法相结合的方法得到符合优化目标值最大化与满足约束条件的优化变量。

9.3.1　优化目标与约束条件

效率是轴流泵的重要指标，本案例中采用的轴流泵效率计算公式为

$$\eta = Q\frac{P_o - P_i}{T\omega} \tag{9.1}$$

式中，Q 为轴流泵流量（m^3/s）；P_i 和 P_o 分别为轴流泵进、出口处的总压（Pa）；T 为轴流泵叶轮扭矩（N·m）；ω 为叶轮旋转角速度（rad/s）。

扬程同样是轴流泵的重要指标，它不仅决定轴流泵的适用领域，也决定了轴流泵比转数的具体数值。因此，将轴流泵扬程作为约束变量，保证叶轮经过优化后，轴流泵的比转数不会发生明显的变化。本案例中轴流泵比转数 n_s =1100，在优化过程中需要保证比转数没有太大变化。因此，根据公式换算得到扬程的变化范围为

$$3.25 < H < 3.95 \tag{9.2}$$

式中，H 为轴流泵在设计流量下的扬程（m）。

9.3.2　叶轮优化设计变量

如图 9.3（a）所示，轴流泵叶轮由 6 个翼型截面构成，其中靠近轮毂的翼型

截面为轮毂截面，靠近叶片外侧的截面为轮缘截面。每个翼型截面的形状都是由翼型中弧线的入口角、出口角及包角确定的。入口角与出口角是指中弧线起点与终点处中弧线的切线与水平线的夹角，包角如图 9.3（b）所示。本节中，轮缘入口角、轮缘出口角、轮毂入口角和轮毂出口角作为叶轮的优化设计变量，并确定其上、下限，如表 9.1 所示。

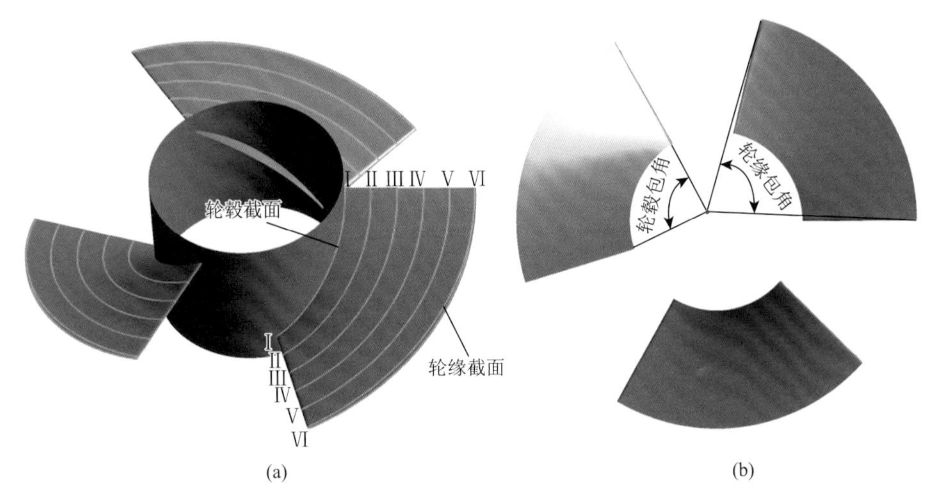

图 9.3　叶轮主要几何参数示意图

表 9.1 设计变量的上、下限　（单位：°）

变量	轮缘入口角	轮缘出口角	轮毂入口角	轮毂出口角
上限	15	18	33	50
下限	9	11	23	40

9.3.3　基于 WorkBench 平台的网格划分与定常计算

本节基于 WorkBench 平台实现了由轴流泵叶轮结构化网格划分到定常数值模拟计算的自动化，如图 9.4 所示。

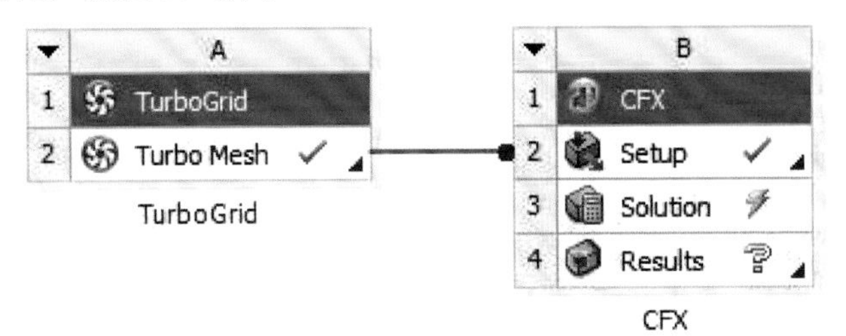

图 9.4　WorkBench 平台数值计算示意图

采用 TurboGrid 模块对轴流泵叶轮进行自动结构化网格划分，得到单一叶轮流道的结构化网格，并在 ANSYS CFX 中对叶轮网格进行旋转复制，从而得到整个流道的结构化网格，如图 9.5 所示。

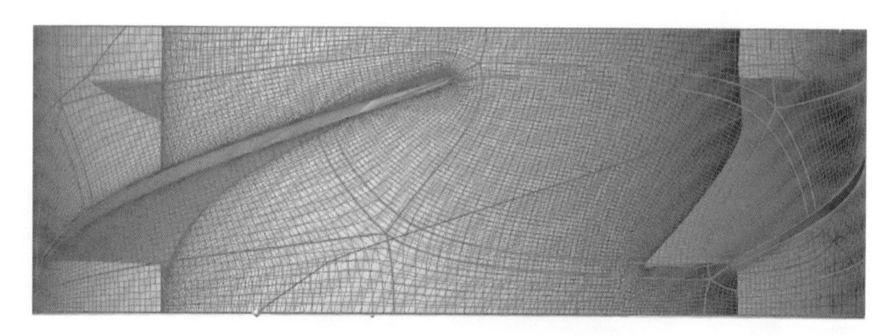

图 9.5　TurboGrid 生成的叶轮结构网格示意图

导入划分好的导叶、进水流道与出水流道的网格文件（采用 ANSYS ICEM 进行划分），如图 9.6 所示。对定常计算中的边界条件进行设置，选取 SST k-ω 湍流模型封闭纳维-斯托克斯方程进行求解，采用无滑移壁面边界条件。进口边界条件为质量流量，出口边界条件为总压，压力设为一个标准大气压，即 1atm。

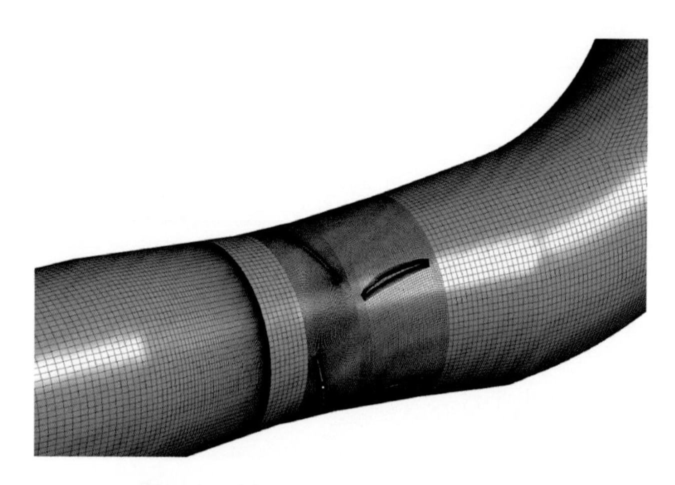

图 9.6　轴流泵装置整体网格划分示意图

9.3.4　试验设计与算法寻优

本次优化采用拉丁超立方试验设计、Kriging 近似模型与多岛遗传算法相结合的方法对轴流泵叶轮进行全局寻优，优化设计步骤主要分为以下三步。

第一步，设定 4 个优化设计变量的上、下限，并采用拉丁超立方试验设计方法，生成 35 组样本点，并通过全自动三维建模、网格划分（TurboGrid）与定常计算（CFX），得到 35 组设计方案对应下的优化目标参数值（效率与扬程），如表 9.2 所示。

表 9.2　试验设计方案

轮缘入口角/(°)	轮缘出口角/(°)	轮毂入口角/(°)	轮毂出口角/(°)	扬程/m	效率/%
9.00	18.00	29.47	47.06	4.32	80.57
9.18	14.09	25.65	46.47	3.94	80.82
9.35	15.74	30.06	42.65	3.79	81.32
9.53	16.35	30.35	44.41	3.98	80.82
9.71	15.12	28.88	47.65	4.11	80.70
9.88	17.38	32.12	41.47	3.85	81.30
10.06	12.85	24.76	46.18	3.79	80.65
10.24	14.50	27.12	41.76	3.54	80.15
10.41	15.53	28.29	41.18	3.64	80.98
10.59	15.32	24.47	49.12	4.24	80.64
10.76	11.82	23.59	50.00	3.91	80.30
10.94	13.06	29.18	45.00	3.68	80.54
11.12	16.97	26.53	49.41	4.40	80.55
11.29	16.56	32.41	42.06	3.79	81.22
11.47	11.21	32.71	43.24	3.25	79.11
11.65	11.00	24.18	40.88	3.04	78.47
11.82	14.71	28.00	46.76	4.01	80.67
12.00	12.65	27.41	45.59	3.69	80.50
12.18	16.15	23.00	45.29	4.02	80.83
12.35	12.24	25.35	48.24	3.82	80.27
12.53	13.88	31.24	42.94	3.53	79.99
12.71	13.47	30.94	42.35	3.45	79.84
12.88	11.62	30.65	48.53	3.75	80.05
13.06	14.91	29.76	45.88	3.94	80.86
13.24	12.44	25.94	40.29	3.14	78.88
13.41	17.79	33.00	47.94	4.36	80.51
13.59	13.68	23.88	43.82	3.62	80.31
13.76	13.26	26.24	44.71	3.66	80.42
13.94	17.18	31.82	43.53	3.98	81.35
14.12	14.29	31.53	40.00	3.35	80.04
14.29	17.59	26.82	40.59	3.78	81.01
14.47	11.41	25.06	47.35	3.64	79.92
14.65	15.94	28.59	48.82	4.26	80.64
14.82	12.03	23.29	49.71	3.89	80.20
15.00	16.76	27.71	44.12	3.95	80.56

第二步，将表 9.2 中的数据分为两部分，其中 28 组作为样本数据，7 组作为测试数据。采用 Kriging 近似模型，得到优化变量与优化目标之间的函数关系。然后以 R-squared 作为评判标准，将数值模拟结果与近似模型预测的目标值进行对比（表 9.3）。R-squared 计算公式如式（9.3）所示，经计算后，近似模型对效率与扬程的拟合精度约为 0.962 和 0.975，均满足精度要求。

$$R\text{-squared}=1-\frac{\sum_{i=1}^{7}(y_i-\hat{y}_i)^2}{\sum_{i=1}^{7}(y_i-\overline{y})^2} \tag{9.3}$$

式中，y_i 为数值模拟计算的优化目标值；$\overline{y}$ 为 7 组模拟计算的优化目标值的均值；$\hat{y}_i$ 为近似模型预测的优化目标值。

表 9.3　近似模型预测与计算结果对比

轮缘入口角/(°)	轮缘出口角/(°)	轮毂入口角/(°)	轮毂出口角/(°)	模拟效率/%	模拟扬程/m	近似模型预测效率/%	近似模型预测扬程 /m
9.00	18.00	29.47	47.06	80.57	4.32	80.64	4.20
9.88	17.38	32.12	41.47	81.30	3.85	81.30	3.81
10.76	11.82	23.59	50.00	80.30	3.91	80.10	3.90
11.65	11.00	24.18	40.88	78.47	3.04	78.75	3.12
12.53	13.88	31.24	42.94	79.99	3.53	80.13	3.52
13.41	17.79	33.00	47.94	80.51	4.36	80.61	4.29
14.29	17.59	26.82	40.59	81.01	3.78	81.21	3.72

第三步，采用多岛遗传算法对 Kriging 近似模型拟合的非线性函数进行全局寻优求解，得到符合优化目标最大化与满足约束条件下对应的优化变量参数值，从而完成优化设计。

9.4　轴流泵优化结果

9.4.1　设计参数与外特性对比

表 9.4 为优化前后优化变量与优化目标参数值的对比。经过优化后，轮缘入口角、出口角与轮毂入口角均有所上升，轮毂出口角有所下降。

表 9.4　原始方案与优化方案对比

方案	轮缘入口角/(°)	轮缘出口角/(°)	轮毂入口角/(°)	轮毂出口角/(°)	扬程/m	效率/%
原始方案	12	15	28	47	3.58	79.9
优化方案	13.6	17.5	36.3	42.6	3.91	81.3

图 9.7 为优化前后轴流泵扬程与效率的对比。由图可知，轴流泵优化后扬程在各个流量工况下都有所上升；在小流量工况下，轴流泵效率略有下降，但在大流量工况下，效率显著提高。

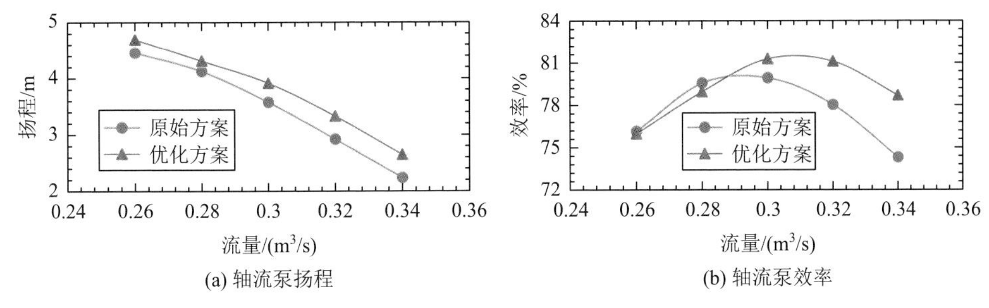

(a) 轴流泵扬程　(b) 轴流泵效率

图 9.7　优化前后轴流泵扬程与效率的对比

9.4.2　内流场特性对比

图 9.8 为优化前后圆周速度在叶轮吸力面上的分布。由图可知，圆周速度的低速区主要在叶轮进口边附近，而高速区则分布在叶轮轮缘附近。此外，叶轮进口边与叶轮轮毂交界处的低速区经过优化后被消除。优化后叶轮表面的圆周速度分布更均匀，速度流场更稳定。

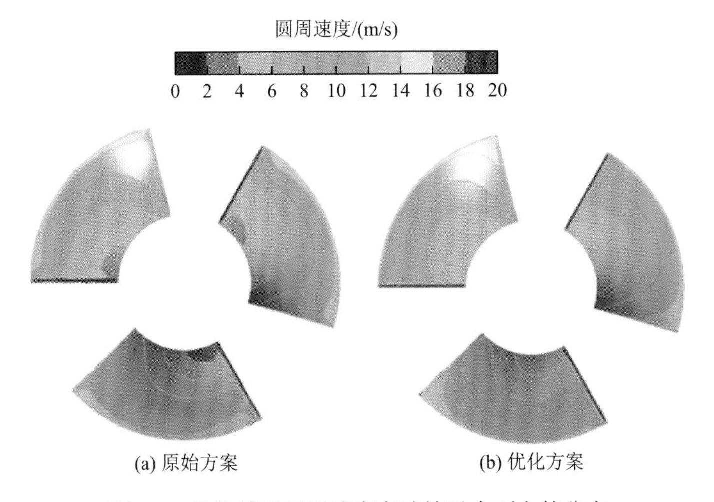

(a) 原始方案　(b) 优化方案

图 9.8　优化前后圆周速度在叶轮吸力面上的分布

图 9.9 为优化前后绝对压力在叶轮流道内的分布。叶轮流道内的高压区主要分布在叶轮进口边与叶轮压力面的交界处；而低压区则主要分布在叶轮进口边与叶轮吸力面的交界处。经过优化后，叶轮流道内的高压区面积明显减小，内部压力分布更均匀。

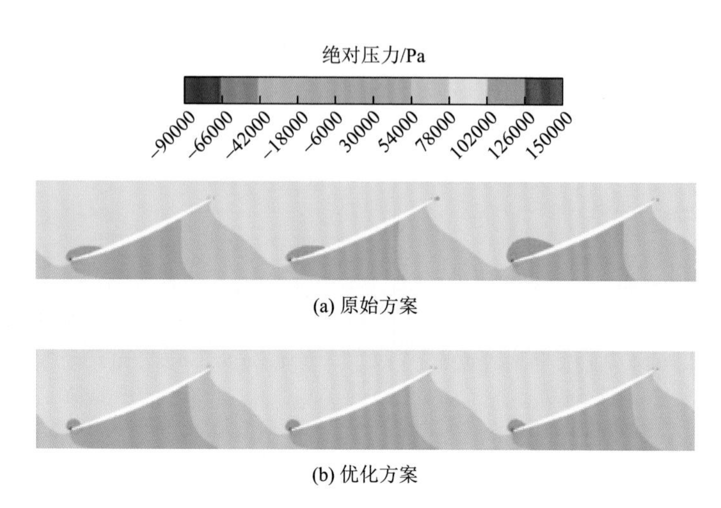

(a) 原始方案

(b) 优化方案

图 9.9　优化前后绝对压力在叶轮流道内的分布

综上所述，优化后，不仅轴流泵水力的性能得到明显提升，而且叶轮内部流场分布更加均匀，从而使得轴流泵运行的稳定性有所提高。

参 考 文 献

[1] Pei J， Meng F，Li Y，et al. Effects of distance between impeller and guide vane on losses in a low head pump by entropy production analysis[J]. Advances in Mechanical Engineering，2016，8（11）：1687814016679568.

[2] Pei J，Meng F，Li Y，et al. Fluid–structure coupling analysis of deformation and stress in impeller of an axial-flow pump with two-way passage[J]. Advances in Mechanical Engineering，2016，8（4）：1687814016646266.

[3] 孟凡，裴吉，李彦军，等. 导叶位置对双向竖井贯流泵装置水力性能的影响[J]. 农业机械学报，2017，48（2）：135-140.

[4] 孟凡，李彦军，邵勇，等. 流固耦合作用对双向流道泵装置流场影响[J]. 中国农村水利水电，2017，（1）：175-179.

[5] 陆荣. 超高比转速轴流泵多工况优化设计研究[D]. 镇江：江苏大学，2017.

[6] 石丽建，汤方平，刘超，等. 轴流泵多工况优化设计及效果分析[J]. 农业工程学报，2016，32（8）：63-69.

[7] 陆荣，袁建平，李彦军，等. 基于神经网络模型和 CFD 的轴流泵自动优化[J]. 排灌机械工程学报，2017，35（6）：481-487.

第 10 章　混流泵正交试验优化技术

本章采用正交试验设计方法对混流泵叶轮四个参数进行优化设计，并采用极差分析方法获得叶轮的最佳参数组合。

10.1　研 究 背 景

通常混流泵是一种比转数为 250～600 的泵型，其结构和性能介于轴流泵和离心泵之间，且吸收了轴流泵和离心泵两者的优点，补偿了两者的缺点，是一种理想泵型，因而广泛应用于电站、市政引水工程、石油化工工程等，在国民经济中起到重要作用[1-3]。我国正在规划兴建的黑龙江三江连通工程、珠江三角洲水资源配置工程等重大调水工程，其大型泵站的设计扬程均在 20～35m，所用的水力模型为比转数 260 左右的高扬程导叶式混流泵，然而目前这类比转数范围内的优秀水力模型几乎为空白[4, 5]。因此，研制开发高扬程低比转数导叶式混流泵水力模型对我国大型调水工程的发展具有重要的意义。正交试验是研究多因素多水平的一种设计方法，在叶片泵性能优化中应用较为广泛[6-8]。本章使用正交试验方法对高扬程导叶式混流泵叶轮的叶片进、出口安放角，以及包角和外径四个因素进行优化设计。

10.2　混流泵模型

10.2.1　计算水力模型

高扬程导叶式混流泵模型的设计参数为：额定流量 $Q_{额} = 1260\text{m}^3/\text{h}$，设计扬程 $H_d = 28\text{m}$，额定转速 $n = 1480\text{r/min}$，比转数 $n_s = 263$，叶片数 $z = 5$，导叶叶片数 $z_d = 7$，叶轮出口直径 $D_2 = 370\text{mm}$。数值模拟计算区域包括进水流道、叶轮、导叶及出水流道四个部分，如图 10.1 所示。由于本章正交试验优化拟采用 ANSYS BladeGen 进行三维造型及 ANSYS TurboGrid 进行网格划分，因此为了便于造型，将弯管出水流道改换为直管出水流道进行数值模拟计算对比。

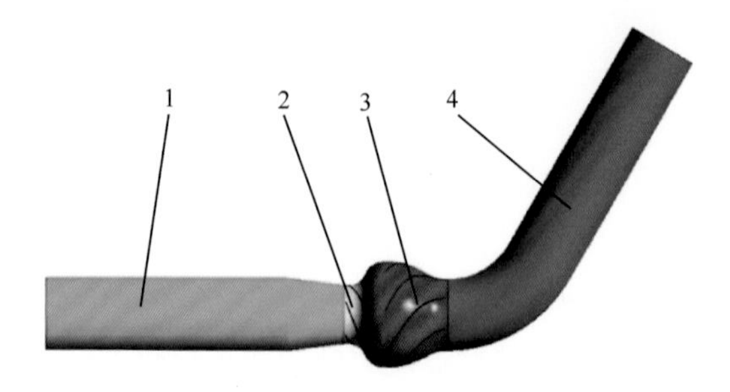

图 10.1　混流泵模型

1. 进水流道；2. 叶轮；3. 导叶；4. 出水流道

10.2.2　网格划分

采用三维造型软件 UG 进行三维造型并用 ANSYS ICEM 进行结构网格划分，叶轮和导叶的网格划分示意图如图 10.2 所示。

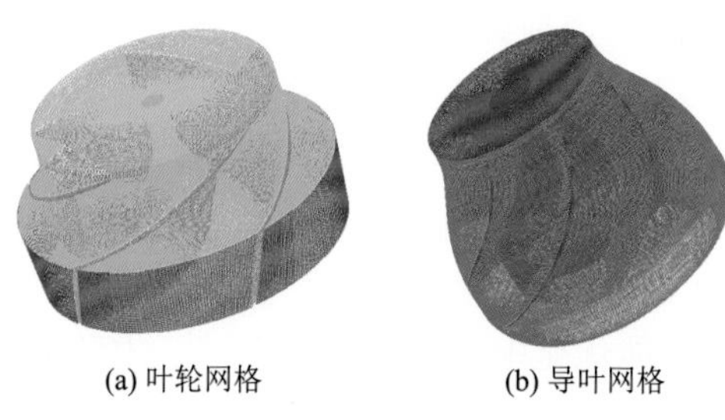

(a) 叶轮网格　(b) 导叶网格

图 10.2　叶轮和导叶的网格划分示意图

网格划分影响着模型的计算精度、收敛性和计算效率，因此在完成网格划分后对其进行网格无关性分析。选取五套不同网格数量的叶轮，利用 ANSYS 18.0 计算设计点处的扬程，模拟结果如表 10.1 所示。由表可以看出，叶轮网格数在达到 84 万之后，模拟得到的扬程趋于稳定，误差维持在 2.0%以内。因此，选用网格数量为 84 万的叶轮网格进行数值模拟计算。

表 10.1　网格无关性分析

方案	叶轮网格数量	扬程计算结果/m	误差/%
1	40 万	29.83	—
2	61 万	30.56	2.4
3	84 万	31.17	2.0
4	104 万	31.36	0.6
5	120 万	31.44	0.3

10.2.3　边界条件

采用 ANSYS CFX 对模型进行计算设置。流体运动的控制方程基于三维不可压缩的雷诺时均纳维-斯托克斯方程，应用标准 SST k-ω 湍流模型对方程进行封闭，该模型在广泛的流动领域具有更高的精度和可靠性。进口边界条件设置为 1atm，出口边界条件设置为质量流量，叶轮部分设置为旋转域，转速设定为 1480r/min，其他区域为静止域。固体壁面采用无滑移边界条件，靠近壁面区域采用标准壁面函数自动修正。

10.2.4　数值模拟结果及试验验证

出水流道分别为弯管和直管两种造型的数值模拟结果如图 10.3 所示。从图中可以看出，泵段分别采用弯管出水流道和直管出水流道时，扬程和效率在 $Q = 1008\text{m}^3/\text{h}$ 至 $Q = 1764\text{m}^3/\text{h}$ 工况段基本相同，误差均在 3%以内，这表明两种模型误差在允许范围内，将弯管出水流道改换为直管出水流道的方法可行。

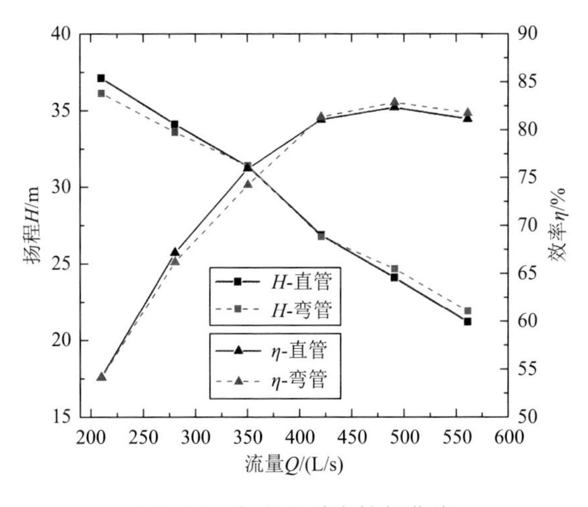

图 10.3　扬程和效率性能曲线

试验在中水北方勘测设计研究有限责任公司水力模型通用试验台进行，试验台满足国家标准，装置试验图如图 10.4 所示。数值模拟得到的外特性结果和试验的外特性结果对比曲线如图 10.5 所示。由图可知，数值模拟外特性曲线与试验外特性曲线的趋势基本一致，但是数值模拟的效率曲线相对于试验的效率曲线整体向大流量略微偏移，这可能是由试验时对模型泵叶轮装配角度调节所导致的。从整体来看，数值模拟结果与试验所得结果的误差保持在 5%以内，符合工程实际，说明该数值模拟方法可行。

图 10.4　装置试验图

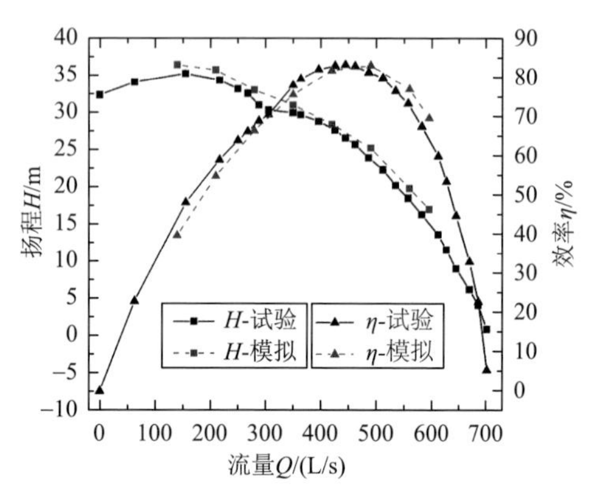

图 10.5　试验结果和数值模拟结果的对比

10.3　正交试验设计

正交试验是充分利用标准化的正交表来安排试验方案，并对试验结果进行计算分析，最终达到减少试验次数，缩短试验周期，迅速找到优化方案的一种科学计算方法。本节根据正交试验方案设计出 16 副叶轮，找出扬程和效率综合性能最优的方案并进行试验分析。

10.3.1　正交试验目的

（1）探索所选取的高扬程导叶式混流泵的各几何参数对设计工况点扬程和效率的影响规律。

（2）通过对正交试验结果进行极差分析并对本模型泵提出最优设计方案，提高其扬程和效率，改善内部流动状态。

（3）对比分析优化前后模型泵的水力性能及内部流动状态，验证最优方案的可行性。

10.3.2　正交试验因素和方案

本试验选取模型泵进、出口安放角，以及叶片包角和叶轮外径等四个因素进行正交设计，因素水平及设计方案分别如表 10.2 和表 10.3 所示。

表 10.2　因素水平表

水平	因素			
	A	B	C	D
	β_1/(°)	β_2/(°)	φ/(°)	D_2/mm
1	39	54	100	367
2	43	58	110	369
3	47	62	120	371
4	51	66	130	373

表 10.3　试验方案

试验序号	A（β_1）	B（β_2）	C（φ）	D（D_2）
1	39	54	100	367
2	47	62	100	371
3	51	66	100	373
4	43	58	100	369
5	43	66	120	367
6	51	62	110	367
7	47	58	130	367
8	39	66	130	371
9	51	54	130	369
10	39	62	120	369
11	43	62	130	373
12	43	54	110	371
13	47	54	120	373
14	47	66	110	369
15	51	58	120	371
16	39	58	110	373

10.4　正交试验结果分析

通过对 16 副叶轮数值模拟结果进行整理，对正交试验的结果进行分析，得出试验中四个因素对泵性能的影响程度，以此来找出影响泵性能的主要因素并提出最优方案，数值模拟结果如表 10.4 所示。

表 10.4　数值模拟结果

	试验序号							
	1	2	3	4	5	6	7	8
H/m	30.58	30.86	31.39	30.55	28.08	30.46	30.05	28.10
η/%	80.75	79.69	80.00	78.84	83.65	83.70	84.40	83.89
	试验序号							
	9	10	11	12	13	14	15	16
H/m	31.35	29.21	30.2	33.73	32.44	29.22	31.72	31.13
η/%	83.75	82.51	83.44	80.7	81.65	82.53	83.58	79.79

10.4.1　直观分析

由表 10.4 中正交试验的数值模拟结果可知，扬程最高方案为方案 12，但是效率较低；效率最高方案为方案 7，而扬程却不高。相比较之下，方案 9、方案 13 及方案 15 都有较高的扬程和效率，兼顾了扬程和效率，更符合本章优化目标。

10.4.2　极差分析

为了能更加直观地显示各因素水平对扬程和效率的影响主次顺序，以因素水平为横坐标，扬程和效率为纵坐标，得到如图 10.6 所示的水平指标关系。从图中可以看出，扬程的极差 $R_B>R_D>R_A>R_C$，效率的极差 $R_C>R_D>R_A>R_B$，由此可知，影响扬程的因素顺序为 BDAC，影响效率的因素顺序为 CDAB。因此，对扬程来说，影响程度最大的是 B（β_2）；而对效率来说，影响程度最大的是 C（φ）。就单个因素而言，因素 A 各水平对扬程的影响顺序为 A4A3A2A1，对效率的影响顺序为 A3A4A1A2；因素 B 各水平对扬程的影响顺序为 B1B2B3B4，对效率的影响顺序为 B4B3B1B2；因素 C 各水平对扬程的影响顺序为 C1C2C3C4，对效率的影响顺序为 C4C3C2C1；因素 D 各水平对扬程的影响顺序为 D4D3D2D1，对效率的影响顺序为 D1D3D2D4。

进一步分析可知，随着进口安放角 A（β_1）的增大，扬程和效率整体上有大幅提升，效率在进口安放角增大过程中略微降低之后提高。出口安放角 B（β_2）的减小能使扬程有较大的提升，这是因为出口安放角的减小会使叶轮出口速度的径向分速度增加。增大叶片包角虽然对提高效率作用明显，但是同时也会使扬程降低。随着叶轮出口直径 D（D_2）的增大，扬程明显提高，但是圆盘摩擦损失也会增加，使得效率降低。

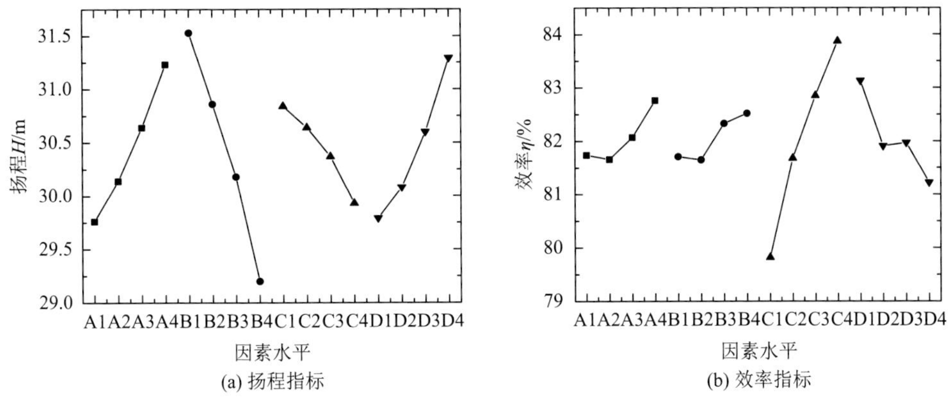

图 10.6　因素与性能指标的关系

综合上述分析，可以得到扬程最佳组合为 A4B1C1D4，即 $\beta_1 = 51°$，$\beta_2 = 54°$，$\varphi = 100°$，$D_2 = 373$mm。效率最佳组合为 A4B4C4D1，即 $\beta_1 = 51°$，$\beta_2 = 66°$，$\varphi = 130°$，$D_2 = 367$mm。本次正交试验的目的是在保证效率的情况下使设计工况点扬程最高，所以选择兼顾扬程和效率的组合 A4B1C4D3，并对设计优化方案进行数值模拟，得到其设计工况点扬程为 31.72m，效率为 83.50%，计算结果与第 15 组方案相差较小，将其与设计的全部 16 副叶轮方案进行对比，综合评出最优方案为第 15 组，扬程为 31.72m，效率为 83.54%。所以，可以确定最佳方案为 A4B2C3D3，即 $\beta_1 = 51°$，$\beta_2 = 58°$，$\varphi = 120°$，$D_2 = 371$mm。

10.5　优化方案分析

10.5.1　数值模拟性能曲线对比

图 10.7 为优化前后扬程和效率的对比图。由图可以看出，扬程随流量的增加而逐渐减小，原因是随着流量的增加，流体在混流泵内的速度也逐渐增加，导致流体与叶片的接触时间变短，做功时间也相对变短；效率先增大后减小，在流量为 1800m^3/h 左右时达到最高效率，最高效率点未发生偏移，表示混流泵的设计工况点并没有改变。优化后模型扬程在小流量工况低于原模型，在其他工况处高于原模型；优化后模型的效率大体上明显高于原模型，高效区得到拓宽，优化效果明显，满足优化目标。

10.5.2　叶轮内部速度流线图对比

图 10.8 为 Q/Q_d 分别为 0.8、1.0 和 1.2 工况下优化前后叶轮内部截面速度流线图。从图中可以看出，优化前叶轮流道内存在不同程度的旋涡，$Q/Q_d = 0.8$ 工况下旋涡范围最大，随着流量的增加，旋涡的数量及范围都逐渐减小。在 $Q/Q_d = 0.8$ 及 $Q/Q_d = 1.0$ 工况下，优化前在靠近叶片出口边处存在较大范围旋涡，流线分布不均匀，水力损失较大；优化后旋涡基本消失，流线顺畅且分布较均匀。在 $Q/Q_d = 1.2$ 工况下，优化前叶片进口边处存在少量回流，堵塞叶轮流道进口，从而造成水力损失，优化后回流消失，流线较为平稳。由此可以看出，适当增大叶片进口安放角及减小出口安放角有利于改善流体流态，提高叶轮水力性能。

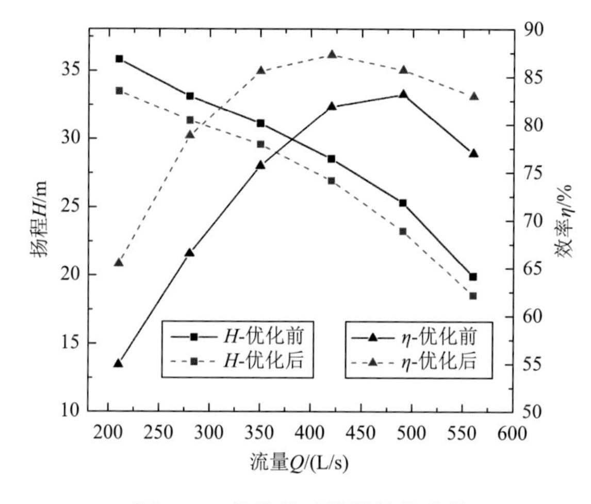

图 10.7　优化前后模拟性能曲线

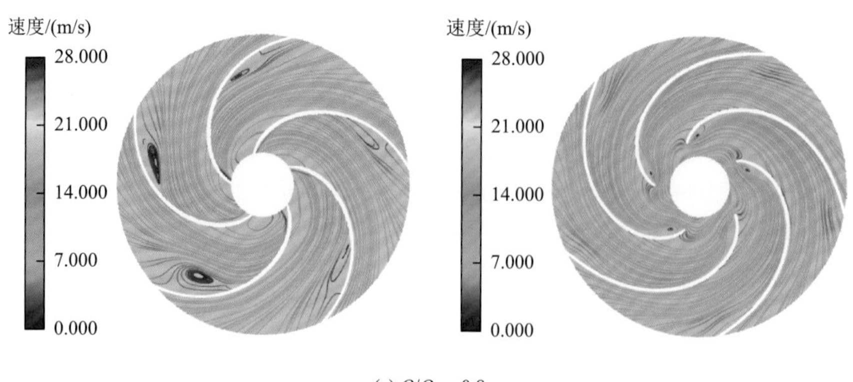

(a) $Q/Q_d = 0.8$

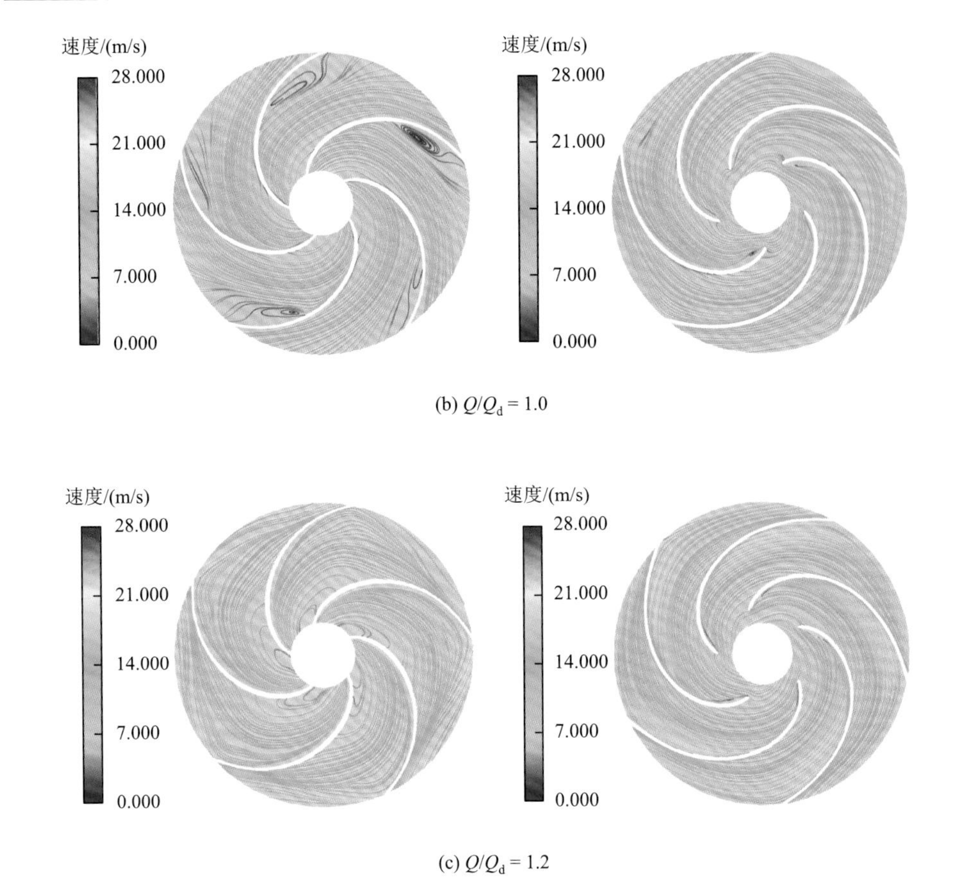

(b) $Q/Q_d = 1.0$

(c) $Q/Q_d = 1.2$

图 10.8　叶轮内部截面速度流线图

10.5.3　叶轮轴面湍动能耗散分布对比

流体流经过流部件产生的水力损失很大程度上表现为湍动能耗散。图 10.9 为优化前后模型泵叶轮轴面湍动能耗散分布图。由前面分析可知，优化前模型泵叶轮内部流动较为紊乱，有明显的旋涡等不稳定流动，这些在图 10.9 中也有所体现。从图中可以看出，优化前叶轮内部湍动能所占面积相对优化后而言更大，这是因为模型泵不稳定的内部流动所造成的湍动能耗散，从而使得泵的效率降低，并且随着流量的增加，湍动能耗散降低。在叶片进口边位置，湍动能耗散达到最大值，这可能是因为不合理的叶片进口安放角使得流体进入叶轮时撞击叶片进口边产生较大的撞击损失，从而产生局部湍动能，这种现象在增大叶片进口安放角后得到改善，提高了叶轮效率。

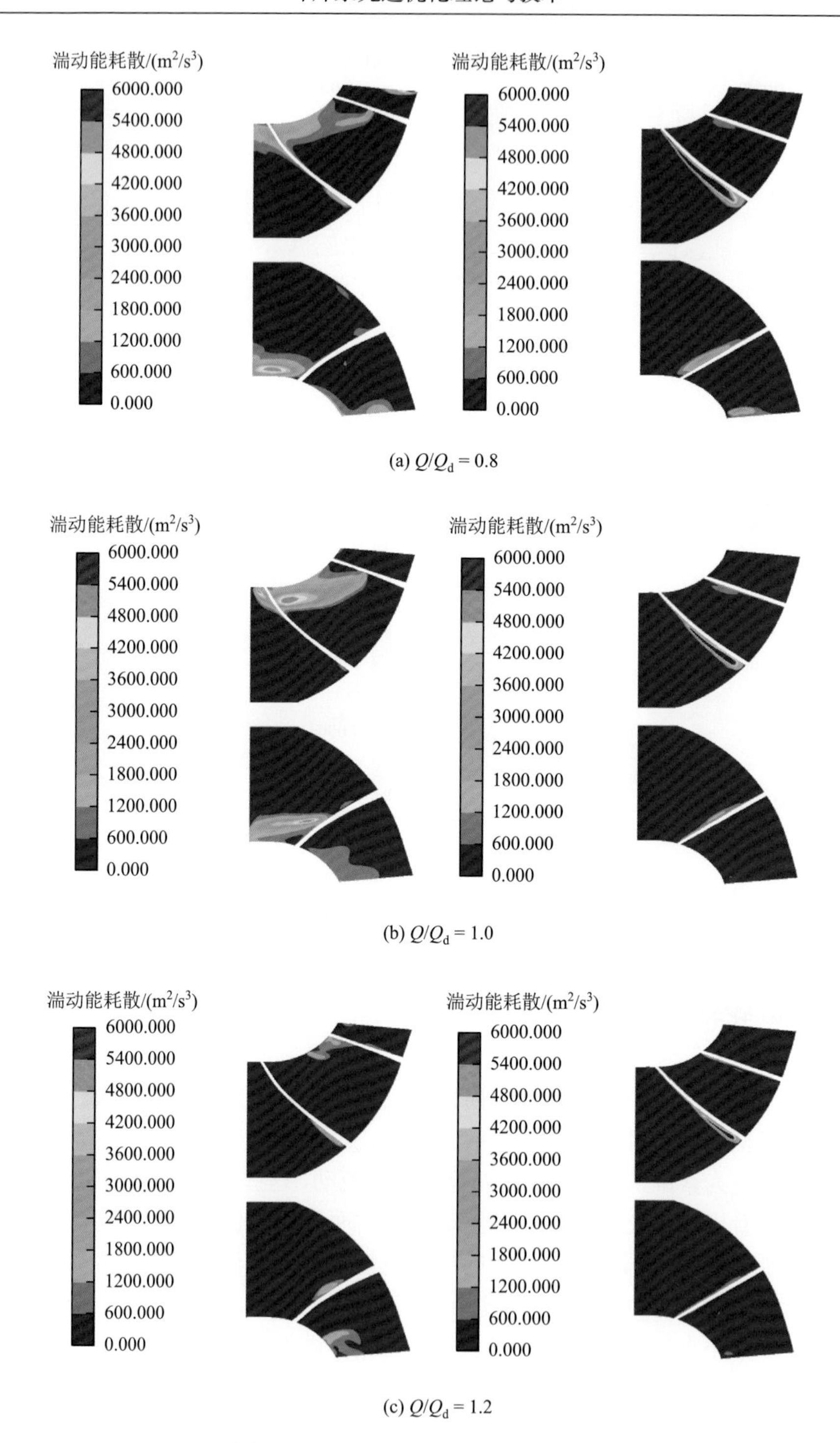

(a) $Q/Q_d = 0.8$

(b) $Q/Q_d = 1.0$

(c) $Q/Q_d = 1.2$

图 10.9　叶轮轴面湍动能耗散分布图

10.5.4　导叶表面速度流线分布对比

研究发现，叶轮和导叶之间存在相互影响，因此有必要对导叶内流场进行分析。图 10.10 为 Q/Q_d 分别为 0.8、1.0 和 1.2 工况下单个导叶片表面速度流线分布图。从图中可以看出，随着流量的增大，优化前后的模型导叶内旋涡面积增大，流动分离状况更加严重。优化前旋涡范围较大，阻塞流道，从而有较大的流动损失，而优化后 $Q/Q_d = 0.8$ 工况下旋涡基本消失，另两个工况下分离旋涡面积明显减少，流线分布更加平滑，流动损失减小。结果表明，与原模型相比，优化后的模型导叶回收速度环量的能力增强，减小了导叶出口的剩余速度环量，导叶内水力损失减小，水力效率得到提高。

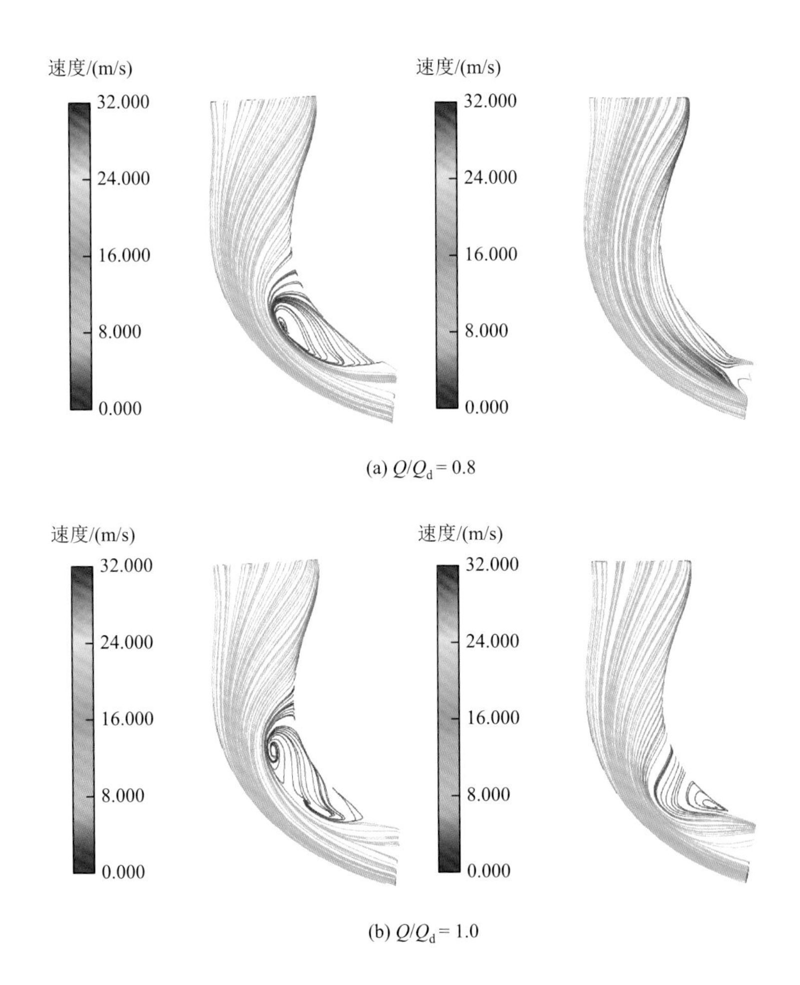

(a) $Q/Q_d = 0.8$

(b) $Q/Q_d = 1.0$

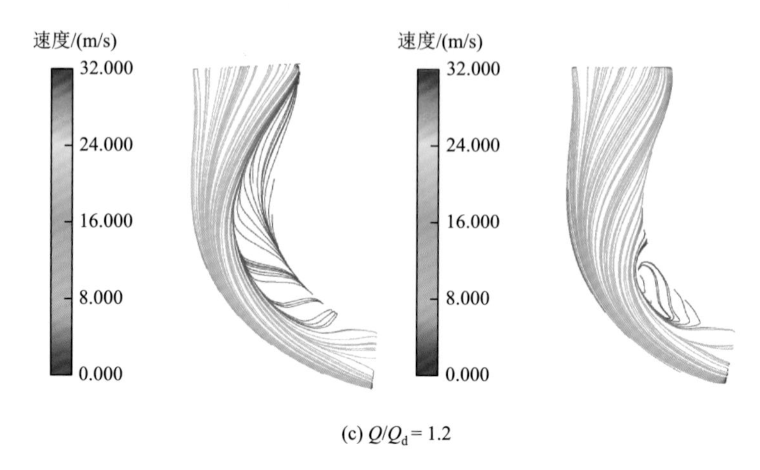

(c) $Q/Q_d = 1.2$

图 10.10　导叶表面速度流线分布图

参 考 文 献

[1] 关醒凡，杨敬江，袁建平，等. 高比速斜流泵水力模型试验研究[J]. 水泵技术，2002，(4)：3-8.

[2] 陈超，李彦军，裴吉，等. 多工况空化条件下混流泵装置压力脉动试验研究[J]. 中国农村水利水电，2019，(1)：158-163.

[3] 张文鹏，汤方平，石丽建，等. 不同导叶参数对混流泵水力性能的影响[J]. 水利水电科技进展，2017，(6)：36-41.

[4] 李志鹏，谢静波，易中强，等. 中低比转数混流泵设计与试验[J]. 农业机械学报，2001，32（3）：48-50.

[5] 贾瑞宣. 低比转速混流泵叶轮优化设计[J]. 排灌机械工程学报，2010，28（2）：98-102.

[6] Wang W，Yuan S，Pei J，et al. Optimization of the diffuser in a centrifugal pump by combining response surface method with multi-island genetic algorithm[J]. Proceedings of the Institution of Mechanical Engineers，Part E：Journal of Process Mechanical Engineering，2017，231（2）：191-201.

[7] Wang W，Yuan S，Pei J，et al. Optimum hydraulic design for a radial diffuser pump using orthogonal experimental method based on CFD[C]//ASME 2014 4th Joint US-European Fluids Engineering Division Summer Meeting，2014：V01AT02A002.

[8] Pei J，Yin T，Yuan S，et al. Cavitation optimization for a centrifugal pump impeller by using orthogonal design of experiment[J]. Chinese Journal of Mechanical Engineering，2017，30（1）：103-109.

附　　录*

附录 1　人工神经网络代码实例（MATLAB）

```
function [Net,Error]=Network_Train(net,param)
%% Store Global Parameters
   InputData       =param.InputData;
   TargetData      =param.TargetData;
   [~,PopSize]    =size(InputData);
   index          =randperm(PopSize);
   InputData      =InputData(:,index);
   TargetData     =TargetData(:,index);
   numTrain        =round(PopSize * param.PropTrain);
   TrainVariables =InputData(:,1:numTrain);
   TrainTargets  =TargetData(:,1:numTrain);
   TestVariables =InputData(:,numTrain+1:end);
   TestTargets   =TargetData(:,numTrain+1:end);


%% Train ANN
   net.trainParam.lr  =param.LearnRate;
   net.trainParam.epochs=param.MaxEpochs;
   net.trainParam.goal=param.Residual;
   if strcmp(param.WorkMode,'GUI')
      net.trainParam.showWindow=true;
   else
      net.trainParam.showWindow=false;
   end
```

*请访问科学商城 www.ecsponline.com，检索图书名称“叶片泵先进优化理论与技术”，在图书详情页“资源下载”栏目中获取本书附录中的程序代码。

```
    Net=train(net,TrainVariables,TrainTargets,'UseParal
      lel','yes');
    PredValue_2=sim(Net,InputData);
    if strcmp(param.WorkMode,'GUI')
       plotregression(TargetData,PredValue_2);
    end
    TrainValue=sim(Net,TrainVariables);
    TestValue=sim(Net,TestVariables);

    Ymax=max(TargetData);
    Ymin=min(TargetData);

    Error.Train   =std(mapminmax((TrainValue-TrainTargets)',
      Ymin,Ymax));
    Error.Test   =std(mapminmax((TestValue-TestTargets)',
      Ymin,Ymax));
    Error.Total   =std(mapminmax((PredValue_2-TargetData)',
      Ymin,Ymax));
    Error.Regression=regression(PredValue_2,TargetData);
end
```

附录 2　遗传算法代码实例（MATLAB）

```
function X_Best=GA_Pump(obj_fun,param)
%% ANNOTATION---------------------------------------------
  ----------
%{
    Input Parameters:
        #obj_fun:Handle of Objective Function
        #param:A Struct of Genetic Algorithm
            param.population:GA Population Size
            param.cross:Probability of Overlapping
            param.mut:Probability of Mutation
            param.gap:Probability of Gap
```

```
        param.maxgen:Maximum Generation
        param.err:Allow Tolerance of Iteration
        param.UB:Upper Bounds
        param.LB:Lower Bounds
    Output Parameters:
      #X_Best:Best Particle After Calculation
      #E_Best:Best Efficiency After Calculation
      #C_Best:Best Cavitation Factor After Calculation
%}
%% Storing GA Parameters------------------------------------
 ---------
   %Global Parameters
   ofun     =obj_fun;

   %GA Parameters
   Pop_Size =param.population;
   Dim_Size =length(param.UB);
   ProbCross=param.cross;
   ProbMut  =param.mut;
   ProbGap  =param.gap;
   EliteNum =uint16(Pop_Size*(1-ProbGap));
   CrossNum =uint16(Pop_Size*ProbCross);
   if mod(CrossNum,2)
      CrossNum=CrossNum+1;
   end
   MutNum   =uint16(Pop_Size*ProbMut);

   %Calculation Bounds
   UB       =repmat(param.UB,Pop_Size,1);
   LB       =repmat(param.LB,Pop_Size,1);
   MaxGen   =param.maxgen;
   Err      =param.err;

   %Matrix Initialization
   CrossPop =zeros(CrossNum,Dim_Size);
```

```
    MinF     =zeros(1,MaxGen);
    MeanF    =zeros(1,MaxGen);
    MinP     =zeros(MaxGen,Dim_Size);

%% GA Initialization-------------------------------------------
  ---------
    x0       =(UB-LB).*rand(Pop_Size,Dim_Size)+LB;
    fs       =ofun(x0);
    [~,index0]=sort(fs,2);
    x        =x0(index0,:);

%% Main Loop---------------------------------------------------
  ---------
    iter=1;
    tolerance=1;
    while iter<=MaxGen && tolerance>Err
        %% Select Elitism
        ElitePop =x(1:EliteNum,:);

        %% Cross Over
        S        =randperm(Pop_Size);
        ParentIndex=S(1:CrossNum);
        for i=1:CrossNum/2
            Par1Index=ParentIndex(i*2-1);
            Par2Index=ParentIndex(i*2);

            Par1=x(Par1Index,:);
            Par2=x(Par2Index,:);

            Pick1=rand;
            Pick2=rand;

            Kid1=Pick1*Par1+(1-Pick1)*Par2;
            Kid2=Pick2*Par1+(1-Pick2)*Par2;
```

```
    CrossPop(i*2-1,:)=Kid1;
    CrossPop(i*2,:)=Kid2;
end

%% Mutation
x        =rand(Pop_Size,Dim_Size).*(UB-LB)+LB;
MutatPop =x(1:MutNum,:);

%% New Population
x        =[ElitePop;CrossPop;MutatPop];
f0       =ofun(x);
[f,index]=sort(f0,2);
x        =x(index,:);


%% Algorithm Process
disp('----------------------------------------------
  ------------------')
iter
BestP    =x(1,:)
BestF    =f(1)
MinF(iter)=BestF;
MinP(iter,:)=BestP;
MeanF(iter)=mean(f);
semilogy(MinF,'r.')
hold on
semilogy(MeanF,'b.')
hold off

%% Update Tolerance
if iter~=1 && MinF(iter)<MinF(iter-1)
    tolerance=abs(MinF(iter)-MinF(iter-1));
end
```

```
        %% Step Up
        iter=iter+1;
    end
    X_Best=MinP(iter-1,:);
End
```

附录 3　基本粒子群算法代码实例（MATLAB）

```
function [xgbest,fgbest,fbest]=x_a_standard_PSO(f_objective,
 param)
%{
    Input Parameters:
        # ofun:objective function
        # param:a struct of PSO parameters include:
            param.wmax:Upper Bound of Inertia Constant
            param.wmin:Lower Bound of Inertia Constant
            param.UB:Upper Bounds of Swarm
            param.LB:Lower Bounds of Swarm
            param.size:Population Size
            param.C1:Individual Confidence Factor
            param.C2:Swarm Confidence Factor
            param.type:Maximization(1)or Minimization(0)
            param.err:tolerance
        # n_iteration:Number of Iteration in Each Circulation
        # n_circulation:Number of Circulation
    Output Parameters:
        # xgbest:Best Particle information
        # fgbest:Function Value of Best Particle
%}
%% Parameters Initialization
param.wmax=1.2;  % maximum of weight factor
param.wmin=0.4;  % maximum of weight factor
param.w=0.8;  % weight factor
param.c1=2; % personal acceleration factor
param.c2=2; % social acceleration factor
```

```
param.sampling='lhs'; % sampling lhs or random
param.err=10^-5;

%Storing PSO Parameters
maxnit =param.nit;% Set Maximum Number of Iteration
err  =param.err;% Set Tolerance of Iteration
sampling=param.sampling;% Set sampling method
dim  =param.dim;% Number of Variables
np   =param.np;% Population Size
w  =param.w;% Weight factor
wmax =param.wmax;% Upper Bound of Inertia Weight
wmin =param.wmin;% Lower Bound of Inertia Weight
c1   =param.c1;% Individual Confidence Factor
c2   =param.c2;% Swarm Confidence Factor


%Storing Bounds and initial
lb=ones(np,1)*param.lb;% Lower Bounds of Variables
ub=ones(np,1)*param.ub;% Upper Bounds of Variables
vmax=0.1*(ub-lb);
v=zeros(np,dim);    % Velocity Initialization
fbest=zeros(maxnit,1);

%% PSO Main Program


% PSO Initialization------------------------------------
  ----------Start
if strcmp(sampling,'lhs');
   xnormalizie=lhsdesign(np,dim);
   x=xnormalizie.*(ub-lb)+lb;
elseif strcmp(sampling,'random')
   x=lb+rand(np,dim).*(ub-lb);
end
f=f_objective(x);
```

```
    [fmin,index]=min(f);
    xpbest=x;
    fpbest=f;
    xgbest=ones(np,1)*x(index,:);
    fgbest=ones(np,1)*fmin;

    % PSO Initialization----------------------------------------
      ------------End

    % PSO Algorithm---------------------------------------------
      ----------Start
        ite=0;

        %!!!
        fbest(ite+1)=fgbest(1);
        %!!!
        Residual_Interface=figure('Name','Residual
Curve','NumberTitle','off','Position',[100 540 760 570]);
        plot(iter,fmin,'r*');
        hold on;
        set(gca,'FontSize',12);
        title('Residual Curve','FontSize',16);
        xlabel('Iteration Step','FontSize',14);
        ylabel('Residual','FontSize',14);
        grid on;
        xlim([1 Max_Iter]);
        xtickformat('%d');

        while ite<maxnit
            ite=1+ite;
            w=wmax-(wmax-wmin)/maxnit*ite;
            v=w*ones(np,dim).*v+c1*rand(np,dim).*(xpbest-x)+
              c2*rand(np,dim).*(xgbest-x);
            %update velocity
            v=max(v,-vmax);
```

```
        v=min(v,vmax);
        % update position
        x=x+v;

        x=max(x,lb);
        x=min(x,ub);
% update the objective value
        f=f_objective(x);
        [fmin,index]=min(f);

        % update the local best

            row=find(f<fpbest);
            fpbest(row)=f(row);
            xpbest(row,:)=x(row,:);


        % update the global best
        if fmin<fgbest(1)
            fgbest=ones(np,1)*fmin;
            xgbest=ones(np,1)*x(index,:);
        end

        disp('----------------------');
        display(['The current iteration is ',num2str(ite),'
          and the global best value is ',num2str(fgbest(1))]);
        %!!!
        fbest(ite+1)=fgbest(1);
        %!!!
        figure(Residual_Interface);
        plot(iter,fmin,'r*');


    end
end
```

附录 4　基本蝙蝠算法代码实例（MATLAB）

```
%% Parameters Initialization
param.size=20; %Number of the bat in the population
param.lb=-32; %lower bound(a number)
param.ub=32; %upper bound(a mumber)
param.Qmin=0; %Minimum frequency
param.Qmax=5; %Maximum frequency
param.r=0.6; %Initial pulse rate of Bats
param.A=5;   %Initial loudness of Bats
param.n_gen=200; %Number of generation
param.dim=2; %Mumb of variable

% Store the initial data
np=param.size;
Qmin=param.Qmin;
Qmax=param.Qmax;
n_gen=param.n_gen;
d=param.dim;
n_iter=0;
lb=param.lb.*ones(np,1);
ub=param.ub.*ones(np,1);
A=param.A.*ones(np,1);
r=param.r.*ones(np,1);
V=zeros(np,d);
e=0.01;
tor=1e-05;

%% Initialize the bat population and calculate the
 corresponding solution

x=rand(np,d);
   f=ackleyn3fcn(x);
```

```
[Fb,I]=min(f);
xg=ones(np,1)*x(I,:);
fg=ones(np,1)*Fb;
fbest=zeros(n_gen,1);

%% The bat algorithm begins

for i=1:n_gen
    Q=Qmin*ones(np,1)+(Qmax-Qmin)*rand(np,1);
    V=V+diag(Q)*(x-xg);
    x=x+V;
    % To judge whether bats fly out of the border.
    x=min(x,ub(1));
    x=max(x,lb(1));
    %Generate a local solution around the best solution
    for j=1:np
        if rand>r(j)
        x(j,:)=xg(j,:)+e*A(j)*randi([-1,1],1,d);
        end
    end                          %Get new population(global)
    Fn=ackleyn3fcn(x);       %Fitness
    row=find(Fn<f);   %The number of better bat in the
      population(a row)
    f(row)=Fn(row);   %Get new fitnesses of current
      population
    %
    A(row)=0.9*A(row);
    r(row)=r(row)*(1-exp(-0.9*i));
    Fbl=Fb;
    %To compare with the current best Bat
    [Fb,indice]=min(f);
    xg=ones(np,1)*x(indice,:);
    fg=ones(np,1)*Fb;
    if Fb<tor && abs(Fbl-Fb)<tor*0.1
        satinu=satinu+1;
```

```
            else satinu=0;
        end
        if satinu>=5
            break;
        end
    n_iter=n_iter+1;
        plot(i,Fb,'k*-');
        hold on;
end
disp(['best=',num2str(xg(1,:)),' fmin=',num2str(fg(1))]);
```

附录 5　多目标粒子群算法代码实例（MATLAB）

```
function [ParetoSolutions]=PSO_PBbG(UB,LB,objfun,varargin)
    %{
    Input parameters:
    # param:a struct of parameters of this algorithm
        # param.UB:upper bounds of variables
        # param.LB:lower bounds of variables
        # param.bound_type:'OPEN' for open interval or
          'CLOSED' for closed
                interval
        # param.ofun_type:type of multi-objective problem,
          'MIN' or "MAX'
        # param.PSO_Type:'ANNOpt' or 'TRID'
        # param.ANNTrainIter:Only need when PSO_Type is
          'ANNOpt',the
                iteration to start assistant ANN training,
                 lower than MaxIter
        # param.ANNTrainSwitch:Only need when PSO_Type is
          'ANNOpt',steps
                between ANN Training
        # param.ANNParam:Only need when PSO_Type is 'ANNOpt',
          a struct
```

```
            with explaination in file 'ANNTrain.m';
        # param.mode:process mode:'DEBUG' or 'RELEASE' or
          'CONTINUATION' or 'TEST' or empty
        # param.poplution:poplution size of particle swarm
        # param.MaxIter:maximum steps or iteration
        # param.objfun:handle of objective functions
        # param.LastData:data path of last step,only need
          in 'CONTINUATION'
            mode
        # param.factor_attrib:attrib of factors
        # param.tolerance:tolerance of iteration
        # param.core_num:Number of cores
        # param.objfun_name:objective functions names
        # param.Pareto_size:Maximum points on the Pareto
          frontiers


    Output parameters:
    # ParetoSolutions:Computational results
%}

    %% Define Global Variable
    global NET
    global p
    global DATA
    global CODE
    global PATH
    global N
    %% Create parallel calculation pool
    if isempty(gcp('nocreate'))
        PSO_PBbG_Pool=parpool('local',param.core_num);
    else
        PSO_PBbG_Pool=gcp('nocreate');
    end
```

```
%% Algorithm initialization
disp('Program mode:');
disp(param.mode);
% Storing global parameters
UB        =param.UB;
LB        =param.LB;
Dim_Size  =length(UB);
Pop_Size  =param.population;
Max_Iter  =param.MaxIter;
Obj_Fun   =param.objfun;
Residual  =param.tolerance;
Pareto_Size=param.Pareto_size;
CurrentErr=1;
iter      =1;

% Storing algorithm parameters
W_max=param.factor_attrib.w_max;
W_min=param.factor_attrib.w_min;
K_max=param.factor_attrib.k_max;
K_min=param.factor_attrib.k_min;
C1_max=param.factor_attrib.c1_max;
C1_min=param.factor_attrib.c1_min;
C2_max=param.factor_attrib.c2_max;
C2_min=param.factor_attrib.c2_min;


% Initialize factor matrix
W=0.8*ones(Pop_Size,Dim_Size);
C1=2.0*ones(Pop_Size,Dim_Size);
C2=2.0*ones(Pop_Size,Dim_Size);
K=1.0*ones(Pop_Size,Dim_Size);
v=zeros(Pop_Size,Dim_Size);

% Storing program parameters
```

```
% Generate initial particles
UB              =repmat(UB,Pop_Size,1);
LB              =repmat(LB,Pop_Size,1);
V_max            =0.7*(UB-LB);
x_normalize       =lhsdesign(Pop_Size,Dim_Size);
v(:,:,iter)=0.2*((2*rand(Pop_Size,Dim_Size)-1).*(UB
  -LB)+LB);
p(iter).variables=x_normalize.*(UB-LB)+LB;
p(iter).values    =Obj_Fun(p(iter).variables);
[~,numObjFun]     =size(p(iter).values);
[p(iter).ParetoBounds,Pareto_Index]=ParetoSolve(p(i
  ter).values,Ofun_Type,Mode);
p(iter).PB_variables      =p(iter).variables(Pareto_
  Index,:);
[p(iter).evaluations,x_gbest_index]=
ParetoEvaluate(p(iter).values,p(iter).ParetoBounds,
  Mode);
x_gbest       =p(iter).PB_variables(x_gbest_index,:);
[~,index]      =sort(p(iter).evaluations,'descend');

% Storing initial particles
p(iter).variables    =p(iter).variables(index,:);
p(iter).values      =p(iter).values(index,:);
p(iter).evaluations  =p(iter).evaluations(index,:);
p(iter).ParetoBounds =p(iter).ParetoBounds;
p(iter).PB_variables =p(iter).PB_variables;
x_gbest              =x_gbest(index,:);
x_pbest              =p(iter).variables;

% Update Pareto Frontiers
Pareto_Frontiers.values=p(iter).ParetoBounds;
Pareto_Frontiers.variables=p(iter).PB_variables;
[Pareto_Frontiers.size,~]=size(Pareto_Frontiers.val
  ues);
```

```
%% Start iteration
while iter<Max_Iter && CurrentErr>Residual
    % Update index of iteration
    iter=iter+1;

    % Storing Pareto Frontiers of last step
    Last_Pareto_Frontiers=Pareto_Frontiers;

    % Update velocity factors
    W=W_max-(W_max-W_min*2)* iter/Max_Iter;

    % Update velocity
    v=K.*(W.*v ...
        +C1.*rand(Pop_Size,Dim_Size).*(x_pbest-p(iter-
          1).variables)...
        +C2.*rand(Pop_Size,Dim_Size).*(x_gbest-p(iter-
          1).variables))

    % Velocity constraint
    vindex=v>V_max;
    v(vindex)=V_max(vindex);
    vindex=v<-V_max;
    v(vindex)=-V_max(vindex);

    % Update positions
    p(iter).variables=p(iter-1).variables+v;

    % Positions constraint
    pindex=p(iter).variables>UB;
    p(iter).variables(pindex)=UB(pindex);
    pindex=p(iter).variables<LB;
    p(iter).variables(pindex)=LB(pindex);

    % Update values
    p(iter).values=Obj_Fun(p(iter).variables);
```

```
    % Solve Pareto bounds
    [p(iter).ParetoBounds,Pareto_Index]=ParetoSolve(
      p(iter).values,Ofun_Type,Mode);
    p(iter).PB_variables           =p(iter).variables
      (Pareto_Index,:);

    % Update Pareto Frontiers
    Pareto_Temp.values=[Pareto_Frontiers.values;p(it
      er).ParetoBounds];
    Pareto_Temp.variables=Pareto_Frontiers.variables
      ;p(iter).PB_variables];
[Pareto_Frontiers.values,Pareto_Index]=ParetoSolve(
  Pareto_Temp.values,Ofun_Type,Mode);
Pareto_Frontiers.variables=Pareto_Temp.variables(Pa
  reto_Index,:);
    [Pareto_Frontiers.size, ~ ]=size(Pareto_Frontiers.
      values);

    % Pareto Frontier maintenance
    if Pareto_Frontiers.size>Pareto_Size
        Pareto_Frontiers=ParetoBoundsMaintenance(Pare
          to_Frontiers,Pareto_Size);
    end

    % Evaluate particles
[p(iter).evaluations,x_gbest_index]=ParetoEvaluate(
  p(iter).values,Pareto_Frontiers.values,Mode);

    % Update x_gbest and x_pbest
    x_gbest
    Pareto_Frontiers.variables(ceil
      (rand(Pop_Size,1)*Pareto_Frontiers.size),:);
    x_gbest(1:Elite_Num,:)=Pareto_Frontiers.variable
      s(x_gbest_index(1:Elite_Num),:);
    x_pbest=xPbestSolve(p,x_pbest,Pareto_Frontiers.v
```

```
      alues,Obj_Fun,iter,Mode);
    if ANN_Sign==1 &&(~isempty(ANN_gBest_Index))
        x_ANN_gbest=ANN_Pareto_Bounds.variables(ANN_g
          Best_Index,:);
    end



    % Resort the particles
    [~,index]=sort(p(iter).evaluations,'descend');
    p(iter).variables=p(iter).variables(index,:);
    p(iter).values=p(iter).values(index,:);
    p(iter).evaluations=p(iter).evaluations(index,:);
    x_gbest=x_gbest(index,:);
    x_pbest=x_pbest(index,:);

    % Display iteration process
    disp('-------------------------------------');
    fprintf('Current iteration:\n %d \n',iter);
    fprintf('Current residual:\n %.4f \n',CurrentErr);
    fprintf('Current  Pareto  size:\n  %d\n',Pareto_
      Frontiers.size);
    figure(Residual_Interface);

  %% Output Solutions
  ParetoSolutions   =Pareto_Frontiers;
End
```

索　　引